颈部较细的沙漏能够抓住每一粒时间之沙

即使沙子总量一样

也能拥有更长的生命

每个人的生命就像沙漏，里面装的沙子总量大致相当，不同的是，有的沙漏颈部较细，有的沙漏颈部较粗

JUST PUB

暗时间

思维改变生活

（第2版）

（纪念版）

刘未鹏　著

電子工業出版社
Publishing House of Electronics Industry
北京 • BEIJING

献给我的女儿刘鸾

序言

为什么人人都该学点心理学

卷帙浩繁的心理学著作，帮助我们理解世界，了解自己，品味人生

提到心理学，很多人脑海中的第一印象就是“心理问题”“心理咨询”“弗洛伊德”“抑郁症”“读心术”这些字眼，这是对现代心理学典型的误解（参见《这才是心理学》，*How to Think Straight About Psychology*）。实际上心理学早就超越了弗洛伊德时代，现代心理学注重使用现代科学技术手段（如 FMRI[1]）和研究方法（如受控随机实验[2]），跨学科研究人脑思维的特点以及和现实生活的关系。其中经济学和心理学联姻形成的交叉领域最是硕果累累，催生出了一大批优秀的研究者和著作，如理查德 · 塞勒（Richard Thaler）的《助推——我们如何做出最佳选择》(*Nudge*)，着眼于如何针对人们思维的固有弊端来创造性地制定一些经济策略，从而为大众的健康、经济和幸福谋福利：如著名的“明天储蓄更多”（Save More Tomorrow）计划就成功地促使大量没有储蓄习惯的美国人开始储蓄；如巴里 · 施瓦茨（Barry Schwartz）的《无从选择——

1
功能磁共振成像。

2
受控随机实验，是一种对医疗卫生服务中的某种疗法或药物的效果进行检测的手段。

为何多即是少》（*The Paradox of Choice : Why More Is Less*），用大量生动有趣的研究案例说明了很多时候选择少反而让人感觉舒服得多。再如研究创意点子流行之本质原因的《让创意更有黏性》（*Made to Stick*），其中剖析出的原因，了解一些社会心理学《社会性动物》（*The Social Animal*），和大脑记忆原理《找寻逝去的自我》（*Searching For Memory*）的人应该一眼就能看出端倪，书中更是开篇就引用心理学实验成果。而马尔科姆 · 格拉德威尔（Malcolm Gladwell）的几本全球畅销书（《引爆点》，*The Tipping Point*；《决断 2 秒间》，*Blink*；《异类 —— 不一样的成功启示录》，*Outliers*），其实也是在用大量活生生的案例佐证一些早就不新鲜的心理学原理。

心理学与日常生活息息相关的另一方面就是日常判断与决策（生活中需要进行判断与决策的地方远远多于我们的想象）（《决策与判断》，*The Psychology of Judgment and Decision Making*）。波普尔曾经说过：人生不过是解决问题（All Life is Problem-Solving）。而判断与决策又是其中最常见的一类 Problem-Solving。尽管生活中面临重大决策的时候似乎并不多，但另一方面我们时时刻刻都在进行最重大的决策：决定自己的时间和金钱到底投到什么地方去。例如，你能想象有人宁可天天花时间剪报纸上的优惠券，却对房价 1% 的优惠无动于衷吗？（《怪诞行为学》，*Predictably Irrational*；《别做正常的傻瓜》）再比如，你知道为什么当所持有股票的股价不可抑止地滑向深渊时我们却一边揪着头发，一边愣是不肯撤出吗？（是的，我们适应远古时代的心理机制根本不适应金融市场。）为什么我们会在小摊前和超市里为几块钱的交易踌躇半天，却在生活中的重大决策面前浑浑噩噩人云亦云呢？糟糕的判断与决策令我们的生活变得糟糕，然而这还不是最关键的，最关键的是我们很难学会质疑自己的判断，而总是能“找到”其他为自己辩护的理由（《错不在我》，*Mistakes Were Made, But Not By Me*）。

此外，在这个信息泛滥的时代，我们经常面临另一个问题：如何在信息海洋中筛选有价值的信息，以及避免错误的信息左右我们的大脑（Critical Thinking[3]）？（对此我在豆瓣上有一个名为“学会思考”的豆列[1]。）

3
批判性思维，指那种能抓住要领，善于质疑辨析，基于严格推断，富于机智灵气，清晰敏捷的思维方式。

人类大脑是目前已知最为复杂的系统，而大脑又是思维的基础，对这个系统的研究是一件极其迷人的事情，像我们这样的芸芸众生，纵使不去做研究，学习一些这方面的科普知识，对于学会正确地思考也有极大的益处。

大脑是我们最重要的工具，要正确利用这个工具，唯一的途径就是去了解它，尤其是了解它的弱点。与很多人的直觉相反，我们的思维有着各种各样的弱点和陷阱（Cognitive Bias [4]），我们解决日常问题的思维方式也并不总是最优的（Bounded Rationality [5]），我们感觉正确的事情有很多都是错的，我们习以为常、天经地义的行为也未必就是合乎效益最大化原则的。这里摘抄一段我在豆列上的导言：

4
认知偏见，指人类认知和决策系统的系统性偏差。

5
有限理性，指介于完全理性和非完全理性之间的在一定限制下的理性。

> 我们的思维有很多很多的弱点，我一向认为，正确的思维方式，是一切高效学习的基础。错误的思维方式得到的结论则很有可能是谬误。
>
> 人总喜欢沿袭以往习得的经验，并通过类比来进行外推。第一次在一个地铁终点站坐地铁的时候，看着从远方开来的地铁，我心生疑惑——这车每节车厢都这么长，待会儿怎么调头呢？（我心里嘀咕：没看到铁轨终点有一个大大的 U 形弯来调头啊？）当车开动时，我终于意识到原来车是两头都能开的。
>
> 人也喜欢从关联当中寻找因果。有一次我和老婆去银行取款，到了 ATM 室的自动门前，我开玩笑地拿着手头的饭卡去刷了一下，然后门居然开了。我顿时来了劲，立即得出一个结论：这个刷卡装置不安全，至少不是能够专门识别银联卡的。我甚至飞快地泛化出了一个更具一般性的理论来解释这个现象，即可能所有带有磁性的卡都可以用来开门。老婆看我得意洋洋，就泼过来一盆冷水：不一定是你的卡刷开的啊，你不刷卡试试看。我不信，说怎么可能呢，心想我刷卡，门就开了，还有比这更明显的因果关系吗？但出乎我意料的是，我走出门，这次没刷卡，门也开了——原来是感应门——原先这个 ATM 室的确是刷卡门，但后来改成了感应门，刷卡的那个装置只不过没拆掉，残留在那里而已。

> 总地来说，
>
> 人类的思维充满着各种各样的捷径，每一条捷径都是一把双刃剑。一方面，它降低了大脑的认知复杂性（笼统地看一个问题要比细致的分析简单得多），有助于迅速做出绝大部分时候都正确的判断；但另一方面，它也常常导致人们把大部分情况下成立的法则当成了放之四海而皆准的。可以说，有多少条捷径，就有多少种谬误。
>
> 人类的情绪也在很大程度上影响着人类的思考。比如，如果你憎恶一个人，你往往就会反对他的所有立场，反之亦成立。
>
> 人类大脑经过长时间的进化，先天就具备一些特定的“思维定势”，以便人类在面对进化过程中经常出现的适应性问题时能够不假思索地迅速做出反应。然而，在现代社会，很多这类思维定势已经不适应了（《本能》，*Mean Genes*；《影响力》，*Influence*；《摇摆》，*Sway*；《进化心理学》，*Evolutionary Psychology*）。
>
> 人类不可避免地受着各种偏见的影响，其中有些偏见是有一定适应价值的“思维定势”（如事后聪明式偏见），而有些则是大脑认知机制的“缺陷”。

以上，构成了人类思维中的种种谬误。而学会思考，就是学会认识这些谬误。

对于人类思维的种种谬误之处，在西方有一门历史悠久的学科，叫做批判性思维（Critical Thinking）（《学会提问》，*Asking the Right Questions*）。早在古希腊时代，亚里士多德就已经对人类语言中的各种各样的谬误有了一定的认识（譬如，“我们无法讨论不存在的东西，所以所有的事物都是真实的。”），并对辩论中存在的各种谬误进行了归类。

豆瓣豆列“学会思考”中的书，有一些介绍人类思维工作的机制，认识这些机制是学会正确思考的大前提；有许多是关于人类推理（Reasoning）过程中存在的形形色色的谬误（*Nonsense, Crimes Against Logic*），唯有认识到这些谬误，才能避免它们，唯有避免了思维的谬误，才能进行正确的思考。

最后，心理学的另一大分支，心理咨询，也是值得我们学习的领域。与很多人对心理咨询的刻板印象不同，现代心理咨询越来越着眼于改善普通大众的生活（家庭、职场、亲密关系，等等），以提高人们的幸福感。现代心理咨询在理论上涵盖的内容也越来越宽泛，例如基于正念（Mindfulness）的流派已经成为职场减压方面颇受欢迎的实践，而在家庭和亲密关系方面，心理咨询领域的洞见更是数不胜数。从本质上来说，心理咨询的核心价值在于帮助个体实现旧有的心智模式更新，为此则首先需要打开心智的黑盒（详见“逃出你的肖申克（八）：打开心智的黑盒”），而心理咨询中种种从体验和觉察出发的技术，其目的便在于此，因此了解这些知识有助于我们更深刻地了解我们的心智如何工作及如何改变。

奇妙的是，心理咨询理论和进化心理学居然有着深刻的原则层面的关联。进化心理学的大原则之一便是我们的基因演化步调远远慢于现代社会的变化速度，因此我们每个人都带着石器时代的大脑生活在信息社会，从出生起便在基因层面和我们所处的大环境有着种种错配。例如为什么孩子们需要学校提供的规则和结构才能好好学习，因为文字、数学这些是人类“后天”发明创造出来的，而并不是我们生物学层面的一阶功能（奔跑、打猎、社会合作，等等），即并非所有人类社会所共有的属性，因此人类基因对于这些二阶技能并没有天然的驱动和倾向性，故而常常需要一些外部的结构和驱动才会去持续做。

类似地，我们的内在心智结构（对世界、他人、价值观等的内在模型）往往是在童年、青少年成型的，然而我们在这些早年阶段所经历的家庭环境和社会环境却未必和成年之后所经历的环境匹配，此时类似于进化心理学中所说的“基因—环境”错配效应便出现了，只不过在时间跨度上不是 20 万年，而是 20 年。例如一个人若在学校或家庭经历了非常严厉的环境，对错误的容忍程度极低，甚至宁可接受你不做，也不能接受你做错，那么如此形成的心智模式，便可能与职场上对创造性的需要和敢于承担的需要不匹配，进而造成很大的困扰。如果进一步，从小被（过分）强调努力是最重要的，甚至比结果还重要，这便可能在现代职场上导致盲目、低效的努力和对结果的轻视。而企业 KPI 必然是主要以结果为导向的，个人心智的内部 KPI 如果还在只看花多少时间和努力上，那便会形成认知—环境错配（尽管时间 / 努力和结果常常是正相关的，但并非总是如此）。

我非常喜欢的一本书 *Exiles from Eden: Psychotherapy from an Evolutionary Perspective* 便是从进化论和人类学的角度去探讨心理咨询的本质的，其核心观点是：现代人类的种种心理困扰本质上源于我们从社会层面已经走出了伊甸园，然而从基因层面却并没有。书中提出了很多有洞见的观点和基于人类学的观察（这里不展开赘述），非常发人深省。

虽然人类走出了伊甸园，虽然人类基因的演化速度缓慢无比，但人类最强大的地方在于构建了一套独立于基因演化速率的系统 —— 文化，从而可以以千百倍的迭代速度，去跟上剧烈变化的时代环境。然而即便是文化，和个体相比，也仍然是个行动迟缓的庞然大物（所以才存在文化和社会变化脱节的情况），个体的心智，可以说是在这三个层面中最敏捷的一层，因此个体的认知和环境是最可能第一时间重新匹配的，而实现这一点的关键便在种种心智科学的著作中。

扩展阅读

[1] 豆瓣豆列“思考的技术与艺术”：详见勒口处“本书网址链接合集”第 1 条。

目录

第三篇　打造你的核心竞争力

第四篇 跟波利亚学解题

第一篇

暗时间

暗时间

如果你有一台计算机，装了系统之后便搁置一旁，你觉得这台计算机被实际使用了吗？没有。因为 CPU 整天运行的就是空闲进程。运行空闲进程是一天，运行大数据量计算的程序也是一天，对于 CPU 来说同样的一天，价值却是完全不一样的。

大脑也是如此。

善于利用思维时间的人，可以无形中比别人多出很多时间，从而实际意义上能比别人多活很多年。我们经常听说“心理年龄”这个词，思考得多的人，往往心理年龄更大。有人用 10 年才能领悟一个道理，因为他们是被动领悟 —— 只有当现实重重撞到脸上了才感到疼，疼完之后还是不记得时时提醒自己，结果时过境迁，很快便抛之脑后。等到第二次遇到同一个坑时早忘了曾经跌过跟头了，像这样的学习效率，除非天天摔坑，否则遗忘的速度总是快过吃亏长的记性。善于利用思维时间的人则能够在重要的事情上时时主动提醒自己，将临时的记忆变成硬编码的行为习惯。

每个人的手表都走得一样快，但每个人的生命却不是。衡量一个人活了多少年，应该用思维时间来计算。举个极端的例子，如果一个人一出生就待在一个专门建造的保护室里，没有社会交往，没有知识获取途径，度过了 18 年，你会不会认为他成年了？

认为时间对每个人是均等的是一个错觉，认为别人有一天，我也有一天，其实根本不是这样。如果你正在学习一门专业，用自己所投入的天数来衡量，很容易产生一种错觉，认为投入了不少时间，然而，其实“投入时间”这个说法本身就是荒唐的，**实际投入的是时间和效率的乘积**。你可以“投入”很多时间在一件事情上面，却发现毫无进展，因为你没有整天把要做的事情、要学习的东西常驻在大脑中，时刻给予它最高的优先级。你走路的时候、吃饭的时候、做梦的时候，心心念念想的就是这件事情，你的 CPU 总是分配给它，这个时候你的思维时间就用到了极致，你投入的时间就真正等于了实际流逝的时间，因为你的 CPU 是满载的。

我们每个人的生命就像一个个沙漏，里头装的沙子总量是相当的（大家的寿命都差不多），不同的是，有些人的沙漏颈部较细，有些人的沙漏颈部较粗。那些颈部较细的沙漏能够抓住每一粒时间之沙，虽然沙子总量一样，但相对却拥有更长的生命。

如果你有做总结的习惯，在度过一段时间之后总结自己在某某领域投入了多少时间，建议千万不要粗略地计算有多少天下班后拿起书来翻看过，因为这样你也许会发现书倒是常翻，但领悟却不见得多深，表面上花的时间不少，收益却不见得那么大。因为看书并记住书中的东西只是记忆，并没有涉及推理，**只有靠推理才能深入理解一个事物，看到别人看不到的地方，这部分推理的过程就是你的思维时间，也是人一生中占据一个显著比例的“暗时间”**。

你走路、买菜、洗漱、坐车、逛街、出游、吃饭、睡觉，所有这些时间都可以成为“暗时间”，你可以充分利用这些时间进行思考，反刍和消化平时读过看过的东西，让你的认识能够脱离照本宣科的层面。**这些时间看起来微不足道，但日积月累将会产生巨大的效应**。

能够充分利用暗时间的人将无形中多出一大块生命，你也许会发现这样的人似乎玩得不比你少，看得不比你多，但不知怎么地就是比你走得更远。比如我就经常发现一些国外的牛人不仅学习牛，连“业余”玩儿的东西也都搞得特牛，一点都不业余（《如何做出正确决定》[1]，*How We Decide* 一书提到斯坦福大学

1
本书从神经科学的角度介绍了人类做出决策的思维机制及漏洞；书中有很多有趣的例子和心理学实验。

的一位理论物理学博士，同时也是世界扑克大赛的前六名保持者，迄今累计拿了六百多万美元奖金），你会奇怪，**这些家伙到底哪来的时间，居然可以在不止一个领域做到卓越?**

程序员都知道，任务切换需要耗费许多额外的开销，通俗地讲，首先需要保存当前上下文，以便下次能够顺利切换回来，然后要加载目标任务的上下文。如果一个系统不停地在多个任务之间来回倒腾，就会耗费大量的时间在上下文切换上，无形中浪费了很多时间。

相比之下，如果只做一件任务，就不会有此损失。这就是专注的人比不专注的人在时间利用效率上高得多的原因。任务切换的时间开销看似非常不明显，甚至很多人认为“多任务”是件很好的事情（有时候的确是），但日积月累起来就会发现，消耗在切换上的时间越来越多。

另外，在开始一件任务时，大脑必须要有一定的时间来“热身”，这个时间的长短因人而异，并且可以通过练习来改变。举个例子，你看了一会书之后，忽然感到一阵无聊，忍不住打开浏览器，10 分钟后你想起来还要继续看书，但要恢复到当时理想的状态，却需要一段时间来努力集中精力，把记忆中相关的知识全都激活起来，才能进入“状态”，因为你上了 10 分钟网之后这些记忆已经被抑制了。如果这个“热身”状态需要一刻钟，那么看似 10 分钟的上网闲逛其实就花费了 25 分钟。

如果上面看书的例子还不够生动，对于程序员来说其实有更好的例子：你写程序写得正嗨，忽然被叫去开了一通会，写到一半的代码搁在那儿。等开完会回来你需要多久才能重新进入状态？又或者，你正在调试程序，已经花了 20 分钟把与这个 bug 可能相关的代码前前后后都理解了一遍，心中构建了一张大致的地图，就在这时，呃，你又被叫去开了个会，开完会回来，可想而知，又得花上一些时间来回想一下刚刚弄清楚的东西了。

当然，迅速进入状态的能力是可以锻炼的，根据我个人的经验，至少可以缩短到 3 ~ 5 分钟。但要想完全进入状态，却是很难在这么短的时间内实现的。所谓完全进入状态，举个例子：你看了 3 个小时的书，或者调试了半个小时的程序之后，往往满脑子都是相关的东西，所有这些知识都处在活跃状态，换言之，你大脑中所有相关的记忆神经网络都被激活了，要达到这样一种忘记时间流逝的“沉浸”状态（心理学上叫作“流体验”），不是两三分钟的事情。而一旦这种状态被破坏，无形中效率就会大打折扣。这也是为什么我总是倾向于创造大块的时间来阅读重要的东西，因为这样有利于“沉浸”进去，使得新知识可以和大脑中与其相关的各种既有知识充分融合，关联起来，这种关联对于深刻的记忆非常有帮助。

要充分利用暗时间，不仅要能够迅速进入状态，另一个很重要的习惯就是能够长久保持状态（思维体力）。《数学领域中的发明心理学》[2]（*An Essay On The Psychology Of Invention In The Mathematical Field*）中有一段介绍庞加莱的思考习惯，很有代表性。庞加莱经常在海边休假或走路时在脑海中思索数学问题，解答经常就在这些时候忽然闪现。虽然我和庞加莱是没法比的，但也常常在路上想出答案，这真是一种愉悦的体验。

2
本书的作者也是著名数学家，数学家写数学创造的心理学，还有比这更适合的么？

能够迅速进入专注状态，以及能够长期保持专注状态，是高效学习的两个最重要的习惯。

很多人都有这样的体验（包括我自己），工作之后，要处理的事情一下子多出了很多，不像在校园，环境简单，生活单纯，能够心无旁骛地做一件事情而不被打扰。一方面，工作中需要处理的事情变多，导致时不时需要在多个任务之间切换；另一方面，即便能够把任务的优先级分配得比较合理，也难免在做一件事情的时候心中忽然升起另一件事还没做的焦虑来，因为没做完的事情会在大脑中留下一个“隐藏的进程”，时不时地发个消息提醒你一下，中断你正在做的事情。当然，把待办事项缓存到“外部存储器”如待办清单（To Do List）可以有效缓解这个问题。

因此这里就涉及最后一个高效的习惯：抗干扰。只有具备超强的抗干扰能力，才能有效地利用起前面提到的种种暗时间。抗干扰能力也是可以练出来的，上本科那会经常坐车，所以我就常常拿着本大部头在车上看，坐着看或站着看，事实证明在有干扰的环境中看书是非常锻炼专注能力的。

另外，经常利用各种碎片时间阅读和思考，对迅速集中注意力和保持注意力都非常有帮助。记得很久以前曾经和朋友们饶有兴趣地讨论“马桶时间”的利用，包括在卫生间放个小书柜。估计很多读者朋友都心有戚戚焉吧。

设计你自己的进度条

设计你自己的进度条

进度条的设计原理，想必很多人都知道：同样的耗时，如果中间不给任何进度提示，只是在完成之后才弹出一个完成消息，那么整个过程就容易让人焦急烦躁，导致一些人干脆把程序关了了事。如果有不断更新的进度条，那么用户对整个过程耗时的主观感受就会远低于实际值，也不会郁闷到直接关掉程序。（你有多少次在银行办理业务的时候，看着工作人员把一堆材料不停地倒腾来去，心里多希望柜台小窗口上可以投射一个进度条？）

心理学研究也一再表明，人们对于确定性有很高的渴望，以至于不确定性本身就是焦虑和痛苦的来源，有时候人们甚至宁可选择确定的痛苦，也要避开不确定性。

没有进度提示的话，我们便无法确定这个等待什么时候才是个尽头。如果有不断推进的进度条，对于什么时候达到 100%，我们就会有一个粗略的估计，这个估计是一颗定心丸，让我们知道这事情总会并且会在不久的将来完成。

做事情也是同样的道理。善于规划的人，会将目标分割成一个个的里程碑，再将里程碑分割成待办事项。流行的 GTD 方法学，核心的理念就在于，对任务进行分割，就有了进度条，你就知道，事情在不断地推进，你总会完成任务或达到你的目标，你会有一个时间估计。

反之，如果不做分割，整个任务或目标对你来说就只有两种状态——“完成”和“未完成”，如果碰巧是一个过程比较漫长的目标，那么你会发现自己的进度条总是“未完成”，一次又一次的等待未果会耗尽你的耐心，让你下意识地心生疑惑，“这事什么时候才能完呢？”没有分而治之，你就不知道未来还需要付出多少努力才能达到目标，这会让你心生怯意，不敢进一步投入时间，免得血本无归。在这样的心理下，不少人就会选择保守策略——退出，以免到头来花了时间还一事无成。

而所谓的规划其实就是针对这种心理弱点的做事方法。如果能够清晰地界定整个目标的几个重大步骤，并对每个步骤的耗时做出靠谱的上界估计，你就不会对不确定的未来、时间投入感到恐惧，就不会被这种不确定感压迫到过早退出。

不要过早退出循环

尝试新事物，总是会遇到各种各样的困难，不同的人会在碰壁不同的次数之后退出。用程序员的话来说就是：我们都在 for 循环，区别在于你是什么情况下 break 的。有的人退出阈值高，这是能坚持的一类人；有的人退出阈值低，这类人很可能遇到一些障碍就退出了。

过早退出的原因往往在于对未来的不确定性，对于投入时间最终无法收到回报的恐惧，感受到的困难越大，这种恐惧越大，因为越大的困难往往暗示着这个任务需要投入的时间越多。所以其实我们都是直觉经济学家，当我们说“畏难”的时候，其实我们畏惧的不是困难本身，而是困难所暗示的时间经济学意义。

然而，我们的情绪大脑毕竟比较原始，仅根据碰壁的次数或硬度来判断事情的难易并不一定靠谱。如果你遇到困难，不妨利用互联网，借助群体的智慧，看看别人当时是怎么想怎么办的。**绝大多数情况下你并不孤单，你遇到的问题早就有人遇到过，你踩过的坑里尽是前人的脚印**，不要仅仅因为一时摸不着头绪，找不着出路就退出，这不是知情决策（Informed Decision），问一问自己做出退出的决策是否基于足够的信息，是否做了足够的调查，至少，有没有求助过搜索引擎。

模仿高德纳先生的名言：**过早退出是一切失败的根源**。

兴趣遍地都是，专注和持之以恒才是真正稀缺的

很多人看了《我是一只 IT 小小鸟》[1] 书中的故事之后得出这样的结论：兴趣最重要。不过，在我看来，关键不在于他们拥有超过常人的兴趣，而是他们拥有超过常人的毅力。

1 IT 界草根程序员的成长故事。

其实人天生就对新事物怀有好奇心，很难找出谁对任何事物或领域都未产生过兴趣。然而不同的是，有些人的兴趣火花只能持续几天，当遇到第一个困难、第一道坎的时候，它们就熄灭了，然而另一些人的兴趣火花会变成火苗，火苗会变成火种，一直稳定地燃烧很多年。**区别他们的并不是兴趣的有无，而是他们的性格里面有没有维持兴趣的火种一直燃烧下去的燃料**。

一个人有专注和持之以恒的性格，即便在一个没有多大兴趣的领域也能成为专家（更何况，兴趣的很大一类来源就是“我擅长做这件事情”）；反之就算有兴趣也很快会被一些冷水浇灭。

生活中的选择远比我们想象的要多

唐雅薇的故事中，有这么一个细节吸引了我的注意：当时她正在找工作，对女生在 IT 行业的发展很迷茫，恰逢微软的郭蓓菁女士到他们学校演讲，演讲结束后她就立即奔上讲台拦住郭女士询问女生与 IT 的问题。

这是一个细节，但我相信不是所有人都有勇气上去拦住名人问普通问题的，我们会给自己找很多很多的理由和借口，我想最常见的应该是两个原因：

1. 如果被批评了自尊心会受到打击。
2. 认为问了也问不出特别的信息。

然而事实却是相反：

1. 自尊心受到打击算不上实质性的损失。
2. 你想不出能问出什么特别的信息并不代表就真的问不到重要的信息。**别把不知道当成没有**。

一个小小的思维差异，可能导致一些人在遇到困惑时原地打转，难以突围，而另一些人则会得到宝贵的经验，站在别人的肩膀上越过了障碍。唐雅薇从郭女士那儿得到了最宝贵的信息：女生在 IT 行业也能有很好的发展。信心，是这样一种奇怪的东西，就算你没有确切地证明未来会更好，你也会坚持下去，不会过早退出循环；而来自过来人的信息则是信心最靠谱的保障。

你有没有意识到，在平常的生活中，你所做出的选择比你想象的要多得多呢？有没有想过有一些看似细小的选择可能会产生巨大的影响？

想想看，试一下，是不是真的没什么损失，还有可能得到巨大的回报呢？

靠专业技能的成功是最具可复制性的

坚持不懈地专注于一个领域，只需要选择一个还算靠谱的方向，然后专心致志地钻下去，最后必然能成为高手。世上有很多成就带有偶然因素和运气成分，或与出身环境有关，但至少这一样被无数人复制了无数遍，否则就不会存在学校和教育了。

反思是让人得以改进自己的最重要的思维品质

很多人在成年之后甚至未及成年，性格就难以再发生大的变化。性格是这样一种自我实现和强化的陷阱：如果你不容易专注，你会发现生活中处处都是分散你注意力的东西，你的思维难以在一件事情上停留半小时，于是你的时间变得琐碎，很难在一个领域有长久的积累和深入的思考，这样的现实可能会让你感到沮丧，让你更加无法专心，也可能会让你感到焦虑，为了避开焦虑你又会去寻求其他的刺激，结果是恶性循环。

反思是改变自己的第一步，我们常常容易发现别人的问题，别人的错误，却难以发现自己思维中的问题，因为我们很少会把自己的思维当成目标去思考。

程序员们大概都知道能修改自身的程序，**而程序能修改自身的前提就是，首先这个程序必须有办法能够指向自身**。

饿死在干草堆之间的驴子

有很多在迷茫期的同学，迷茫都是相似的：面前有两条路，到底选哪一条？“转行还是不转行？”“学 C++ 还是学 Java？”“做管理还是做程序员？”有些问题其实不是问题，比如学 C++ 还是学 Java，答案是都学，而且还不只学这两种。有些问题不是一个泛泛的答案能够回答的，比如转行还是不转行，需要考虑很多自身的因素。

但更要命的是，有人会因为无法做出决定就推迟决定，然而实际上**推迟决定是最差的决定**，在推迟决定期间，时间悄悄流逝，你却没有任何一条道路上的积累，白白浪费了时间。

如果你有一些钱不知道花在 A 还是 B 上，你先不做决定，没问题，因为钱还是你的，**但如果你有一些时间，不知道花在 A 上还是 B 上，不行，因为过了这段时间，这段时间就不是你的了**。

所以，不管有多纠结，也不要从纠结中逃离，试图推延决定，既然终究是个痛苦的决定，就痛一回，好好思考和调查之后做出一个决定并坚持下去，只要不是太不靠谱的行业（相信也没谁会在纠结之后却选了一个不靠谱的行业），经过积累，你总会成为高手。

一生的知识积累，自学的起码占 90%

在这本书中你会看到“自学”这个词反复出现。程序员行业是最适合自学的行业，网络是程序员的天堂，网络上的资源、工具，比课堂上的多出何止百倍。如果说还有一种职业，并不需要传统的教育就可以成才，估计非程序员莫属了。作为程序员，如果没有查过维基百科，没有看过几本英文原版电子书，没有在国内外主要邮件列表里面提过问题吵过架，没有用技术博客记录学习的独特体会，没有订阅技术牛人们的博客，怎么好意思说自己身在这个行业呢？

最后，看完了书还是抱怨“说起来容易做起来难”的，**怪自己，不怪书**。

一直以来伴随我的一些学习习惯

阅读与思考

1. 使用搜索引擎，查询维基百科。遇到问题最先想到的，也是学习某样东西做功课最先用到的工具。这虽然是一个很简单的经验法则，但是你会吃惊地发现如今还有多少人没有形成主动搜索和调研的习惯。**信息时代学会使用搜索引擎，学会区分信息的质量，几乎如同会自主吃饭一样重要**。可能有人会因为不确定自己查到的内容是不是可信，害怕错误的信息进入自己的大脑，害怕被误导，但这不是不培养这个习惯的理由，而只是说明更需要去培养搜索、调研、信息甄别、主动思考的能力，不然永远是因噎废食。

2. 看书挑剔，只读经典。如何选择经典，可以到网上做做功课，看看评价，综合分析一下。书籍是我们获取知识的主要来源，**选择书籍时做足功课是对我们自己的时间负责**。这和购物时对比各个品牌是一个道理。只不过奇怪的是，我很少见到有人买书像买衣服那样精挑细选。

3. 做读书笔记。一是总结自己阅读时候的思考（包括闪念），二是摘录书中的好例子。注意是“例子”，不是“道理”，因为同一个例子或故事不同的时候去重读，可能会有不同的感触和思考，而道理则经过了作者的思维加工，相当于加了一层滤镜。有了 Evernote / OneNote 之类的工具来管理笔记，非常便于回顾，加深理解。**很多时候，仅仅是用自己的语言重新表述一下就能极大地加深印象和理解**。我觉得，人与人学习的差距不在资质上，而在思考的时间和深度上（后两者常常也是相关的）。**获得多少并不取决于读了多少，而取决于**

思考了多少、多深。

4. "读"是为了更好地"想"。在阅读中，我们对知识进行再次的深度加工；书的内容是材料，思维是工具，**阅读的过程就好比是使用思维工具对书的内容做各种科学实验：这本书提出了这个观点，它给出了哪些支持证据，如果要证伪这个观点又需要哪些证据，有没有相关图书或文献提供证据，我有没有可能从自身的生活经验、对世界的观察体会，去对命题进行证实或证伪**，等等。这些思维实验的过程其实就算是刚开始接触一个领域进行阅读的时候都是完全能够开展的，并不是因为是初学者就要以匍匐于地的姿态进行全盘接受式的自我洗礼。学会享受这个思考过程中的愉悦感，便不会仅仅满足于"学到了""这个观点很新鲜"，或者"啊！作者说的恰恰正是我想的"，而是**从被动阅读进入了真正的主动阅读**。在这样的阅读中，一篇文本可能会帮助纠正我们知识体系中有问题的结论或预设，可能会为我们已经相对确立的结论提供更深刻的佐证，可能会帮助我们弥补知识体系中的短板，进一步反思我们的知识体系中那些含糊、广而泛之的初步结论，可能打开了另外一条新的知识分支。

而另一方面，即便是文章本身看上去毫无逻辑、观点极端、论证偏颇、结构松散，也未必就对我们的思维成长没有益处，因为一篇文章并不是一个整体，如果打散了看，可能它在某一句话上提出了一个你从未去关注的视角，在某个极端上述说了一个你从未设想过的体验，在某一个论证上掰开了你从来没有思考过的隐含节点，甚至某个（你认为是）谬论激发了你去整理和梳理自己既有的知识体系并对其进行反驳，这些对我们的思维和心智的成长都善莫大焉。

因此，我喜欢看论证严谨、立论端正的科学类文章，但同样也很喜欢看论证松散、经验主义、论点奇峰的文章。因为对我来说，真正没有太大意义的噪声不是这些，而是那些人云亦云、一知半解、浅尝辄止的内容。

如此我们的思维才得以真正的成长，而不是成为他人观点的跑马场，东边说打雷西边说下雨，无所适从。

刚开始这是一个痛苦的过程，因为我们在阅读的时候会无意识地过滤掉不符合我们的既有知识和心智结构的知识，以我们情感所中意的方向对事实和观点进行“再解释”，而对不合我们立场、预期和情感诉求的观点弃之如敝屣，对合我们立场、预期和情感诉求的观点则不细究其论证过程。

常常，我们看上去在阅读思考，然而内心的**情感探照灯**其实只是在字里行间寻找认同感，寻找评判中的**自尊加持**，寻找（只）吻合自己期许、令自己心安的断言结论。当我们内在的视线因为这样的心理诉求而聚焦在文章中的结论性语句上时，文中的逻辑、视角、材料便都成为一片模糊的光点。

缺乏思考的阅读其实很多时候和看电视没有太大区别，我们的指尖划过屏幕，文字一行行流淌过我们的大脑，正如一帧帧电视画面，而内心固着的东西仍然固着，无视的东西依然无视，模糊的东西依然模糊，经验和知识之间的鸿沟仍然长存，于是再好的文章，也是**道理穿肠过，执念心头坐**。稍微好一点的，则也常常是留脑不留心，因为**缺乏深度介入的阅读，只不过是符号记忆，并没有和内心的深层结构整合，一到临事，还是原来的一套自动模式**。

5. 提到思考，我有一个小习惯。在走路、吃饭、洗澡、做家务时思考；还有睡前放一个问题在脑子里面，在思考中迷糊入睡。这样一来，往往在不知不觉中多出来大量的思考时间。

将思考变成习惯还有一个很大的好处 —— **避免焦虑**。卡耐基用《人性的优点》一整本书讲了一个有效的做法来避免焦虑 —— 底线思考法（“如果最坏的情况也不过如此，又有什么可担心的呢？”）。然而实际上还有另一个有效的做法同样可以避免焦虑，而且还能一举两得，那就是投入地做另一件事情。不去想“喜马拉雅山上的猴子”的方法并不是使劲地告诉自己不去想“喜马拉雅山上的猴子”，因为那样就等于想了那只猴子，正确的做法是想些别的。用别的东西充满工作记忆，其他的神经活动自然会被抑制（大脑的一个模块处于活跃状态便会抑制另一些模块）。

所以，感到焦虑的时候不妨思考吧，可以去分析到底是什么让你如此焦虑，在不知不觉中，大脑的工作重心就从情绪模块转向了推理模块。此外，随着对问题的认识因为思考的深入而深入，你也更有可能找到解决根本问题的钥匙，而不是在焦虑中无所适从。

6. 多看看心理学与思维的书，因为它们是跨学科的。知识分两种：一是我们通常所谓的知识，即领域知识；二是关于我们的大脑工作机制的知识，后者不妨称为元知识，虽说这也是领域知识，但跟其他领域知识不同的是，它能有效指导我们学习其他所有的领域知识。

7. 学习一项知识，必须问自己三个重要问题。

1） 它的本质是什么？

2） 它的第一原则是什么？

3） 它的知识结构是怎样的？

8. 学习和思考的过程中常问自己的几个问题和自省。

1） 你的问题到底是什么（提醒自己思考不要偏离问题）？

2） OK，到现在为止，我到底有了什么收获呢（提醒自己时不时去总结、整理学习过的东西）？

3） 设想自己正在将东西讲给别人听（有声思考；能否讲出来是判断是否真正理解的最佳办法）。

4） 设想需要讲给一个不懂的人听（迫使自己去挖掘知识背后最本质、往往也是最简单的解释）。

5） 时常反省和注意自己的思维过程。尤其是遇到无法理解或解决的问题之后，最需要将原先的思维过程回顾一遍，看看到底哪个环节被阻塞妨碍了理解，问题到底出在哪里，并分析以后需要加强哪方面的思维习惯，才不会在同样或类似的情况下被绊住。对此，将思维的大致脉络写下来是一个很好的习惯。

6） 养成反驳自己想法的习惯。有了一个想法之后，习惯性地去反驳它，问自己“这个难道就一定成立吗？”“有没有反例或例外？”“果真如此吗？”“A

一定导致 B 吗？”之类的问题。

7）人的思维天生就是极易流于表面来理解事物的（参见 *The Psychology of Problem Solving*[1] 第 11 章）。觉得自己理解一个问题了吗？条件反射性地问自己：你真的理解了吗？你真的理解了问题的本质？问题的本质到底是什么？目前我的理解是什么？我对这个理解感到满意吗？这样的理解到底有什么建设性呢？等等。

1
一本研究人类解决问题的思维机制的系统性著作。

时间和效率

1. 趁着对一件事情有热情的时候，一股脑儿把万事开头那个最难的阶段熬过去。万事开头难，因为从不了解到了解一些基本的事实，是一个新知识暴涨的阶段，这个时候的困难是最大的。有人熬不过去，觉得困难太大就放弃了。不过，狂热的兴趣可以抵消对困难的感觉，所以趁着对一件事情有热情的时候，开一个好头是很重要的（这并不是说持之以恒就不重要了）。这就如同冲浪，你需要在大浪到来时抓住机会。当然，这也许是因人而异的，对我来说，我会在对一件事情有浓厚兴趣的时候非常专注地学习，完成很多基础工作，后面就会顺利一些了。

2. 重要的事情优先（详见史蒂芬·柯维的《高效能人士的七个习惯》[2] 或《要事优先》）。尽量避免被琐事骚扰，不重要的事情能不做就不做。有时候，紧急的事情之所以显得紧急，往往只是当事人觉得必须马上做完，或干脆就是紧他人之急，最糟糕的就是纯属性格上的原因，觉得每件事情都得第一时间完成。很多看上去紧急的事情实际上并不是真的“不能再拖了”，有的干脆就不需要或并不值得去做。有很多事情都是可以先放一放甚至完全省掉的，否则，就整天被所谓“紧急”的事情牵着鼻子走了。

2
史蒂芬·柯维的成名作。

3. 重要的事情要创造比较大块的时间来完成。比如读一本好书，或者掌握一个重要的知识点，最好不要把时间切得太琐碎了，否则看了后面忘了前面，不利于知识的组织与联系。

4. 善于利用小块时间。也就是《奇特的一生》中所说的"时间下脚料"，如何利用前面讲的几个方法。当然，也要善于创造整块时间（如通过"要事优先"原则）。

5. 重视知识的本质。以软件行业为例，知识芜杂海量，而且总是在增长变化，很多人感叹跟不上新技术。应对这个问题的办法只能是：**抓住不变量**。大量的新技术其实只是一层皮，背后的支撑技术都是十来年不变的东西。底层知识永远都不过时；算法数据结构永远都不过时；基本的程序设计理论永远都不过时；良好的编码习惯永远都不过时；分析问题和解决问题的能力永远都不过时；强大的学习能力和旺盛的求知欲永远都不过时；良好的思维方式永远都不过时。

6. 重视提前积累的强大力量。计划订长一点，自然就可以获得更多准备的时间。设想你若干年后会在做什么事情、需要哪些技能，现在就开始准备。**你比别人往后多看一年，你就比别人早一年的时间来准备，这个差别是巨大的**。一**个五年计划便可以让你早获得从现在开始的五年准备时间**。**五年中每天腾出半个到一个小时专心于某一件事情，认准一个方向，每次走一点，其实不要说五年，两年就会起到宏大的效应**。反之，如果每次总是只盯着明天要做的事情去准备，那么你的准备缓冲区永远不会超过一天，当遇到那些需要长期积累的专业技能时，你才发现自己根本没有准备好。我写博客的时间间隔很长，但总结一段时间的学习和思考的习惯一直都没有停止（博客文章对我来说是学习和思考的副产品，我并不为写文章而写文章），所以几年下来竟也写了不少东西。这就是一个简单的例子。你大致还可以从我的博客看出来我一段时间关注的东西。一般来说，在一段比较长的时间里（少则半年至一年——譬如对心理学与思维的关注；多则几年——譬如对编程技术的关注），我的业余时间会被一个主题所充斥。反之，如果不知道目的是什么，就不知道往哪个方向上使劲，就容易做无用功。

7. 抬起头来。人的思维是非常容易"只见树木不见森林"的。时不时抬起头来审视一下自己正在做的事情，问一问它（对现在或未来）有什么价值，是不是你真正希望做的。你学到的东西到底是什么？

它们重要吗？你需要在这个时候学习这些吗（见第 2 条）？你的时间就是你的资源，你投入这些资源来掌握知识，到底用来掌握哪些知识是一个很重要的问题。仅仅遵循兴趣是不够的，人会对很多次要的东西产生兴趣，并一头钻进去浪费好多时间。所以**判断**一样东西值不值得学习是很重要的。

8. 退订信息源（公众号、微信群、微博、知乎等），减少信息推送引擎造成的“被动阅读”。无差别关注大量信息源是个时间黑洞。就算仅仅是走马观花地扫一遍，也会无形中消耗掉大把时间。人有一个特点，**我们一旦订阅了某个信源之后就会倾向于不肯退订它**，心想也许某天那里会蹦出一个重要的信息。这其实是源于人们不肯“关上一扇门（即便门内的收益概率极小）”的心理（参见《怪诞行为学》[3]），这种心态也被称为 FOMO（Fear Of Missing Out，唯恐错过）；而实际上，关上一扇门，有时反而能够增大收益期望。仔细审视你关注或订阅的信源，有哪些是真正有价值的，把那些没价值的或价值很小乃至不值得一看的，全都退订掉。不要舍不得，那些整整一周都没出现什么内容让你眼前一亮的信源，很大的可能是永远也不会出现。就算可能，也别担心你会漏掉什么宝贵信息，**真正宝贵的信息在其他来源你也会接触到的**。

3
丹 · 艾瑞里（Dan Ariely）的成名作，书中集结了他颇具特立独行意味的众多行为经济学研究成果。

9. 有时间吗？总结总结最近得到的新知识吧。一般来说，我在一段时间内学习的一些东西总是会在这段时间内一直在脑子里打转，一有时间空隙（譬如走路、吃饭）它们就会自己蹦出来，促使我去进一步思考和总结。永远不要认为自己对一项知识的把握足够深刻，“理解”的感觉很多时候只是假象。学会反问自己对知识到底掌握了多少，是很有价值的（如何反问，前面的总结中有提到）。

10. 有时间吗？看本书吧。（传统的）阅读和思考永远优于所谓的在互联网上汲取新知识，后者往往浅表、不系统，乃至根本没价值。

11. 制订简要的阅读计划。选出最近认为对你最有价值的书，先总览一下，决定阅读的顺序（哪些章节可以优先阅读），然后每天看一点，并利用走路、吃饭、坐车或其他不适合带着书和笔的时间来总结看过的内容，建立知识结构，抽取知识本质，与大脑中以往的知识建立联系。

阅读方法

1. 根据主题来查阅资料，而不是根据资料来查阅主题。以前读书的时候是一本一本地读，眼里看到的是一本一本的书，现在则是一章甚至一节一节地读，眼中看到的不是一本一本的书，而是一堆一堆的章节，一个一个的知识主题。按照主题来阅读，你不再是老老实实地看完一本书再看另一本，而是非常频繁地从一本书跳到另一本书，从一处资料跳到另一处资料，从而获知多个不同的人对同一个主题是如何讲解的。例如我有段时间学习蒙特卡罗算法，来回查了十余份资料，其中有三四篇论文和六七本书。这是因为书再经典，你也不能指望它对其中每一个主题的介绍都是尽善尽美的，有些书对某个主题（知识点）的介绍比较到位，有些书则对另一些知识点介绍得比较到位。而有时候一篇紧凑的论文比一本书上讲得还要好。我的书按主题分类，每个主题下面都有一堆书，当我需要学习某个主题的知识时（譬如贝叶斯学习或神经网络），我会翻开涉及这个主题的所有书，索引到相关章节，然后挑讲得好的看。那么，如何判断资料的好坏呢?

2. 好资料，坏资料。好资料的特点：从问题出发；重点介绍方法背后的理念（Rationale），注重直观解释，而不是方法的技术细节；按照方法被发明的时间流程来介绍（先是遇到了什么问题，然后怎样分析、推理，最后发现目前所使用的方法）。坏资料的特点与之相反：上来就讲方法细节，仿佛某方法是从天上掉下来的，他们往往这样写“我们定义…… 我们称……我们考虑…… 我们进行以下几个步骤…… ”。根本不讲为什么要用这个方法，人们最初是因为面对什么问题才想到这个方法的，其间又是怎样才想出了这个方法的，方法背后的直观思想又是什么。实际上一个方法如果将其最终最简洁的形式直接表达出来，往往丢掉了绝大多数信息，这个丢掉的信息就是问题解决背后的思维过程。至于为什么大多数书做不到这一点，我将在后面“知其所以然：为什么算法这么难”一文中试着分析。

3. 学习一样东西之前，首先在大脑中积累充分的“疑惑感”。即弄清面临的问题到底是什么，在浏览方法本身之前，最好先使劲问问自己能想到什么方法。一个公认的事实是，你对问题的疑惑越大，在之前自己做的思考越多，当看到解答之后印象就越深刻。记得大学里面的课本总是瀑布式地将整个知识结构一览无余地放在你面前，读的过程倒是挺爽，连连点头，读完了很快又忘掉了，为什么？因为没有带着疑问去学习。

4. 有选择地阅读。很多人觉得我读书速度很快，其实我只是有选择地阅读。这里的选择体现在两个地方，一是选择一本书中感兴趣的章节优先阅读，二是对一本书中技术性较弱或信息密度较低的部分快速地略读。一般来说，除了技术性非常强的书，大多数书的信息密度很低，有很多废话。有的书整个就可以略读，因为其中有意义的地方并不很多（但又不能绝对不读，毕竟还有一些重要的东西）。譬如《专注力》[4] 我花了不到两小时就读完了，主要是看里面的一些例子，作者的解释我发现不需要细看，有了例子自己就可以分析，没有作者的解释先入为主反而可以分析得更彻底些。另一方面，读《社会性动物》就花了好几天，因为书中思辨密度很高，值得仔细分析甚至参与作者的思考。一般来说在阅读的时候应该这样来切分内容。

4
从心理学层面介绍专注力的原理。

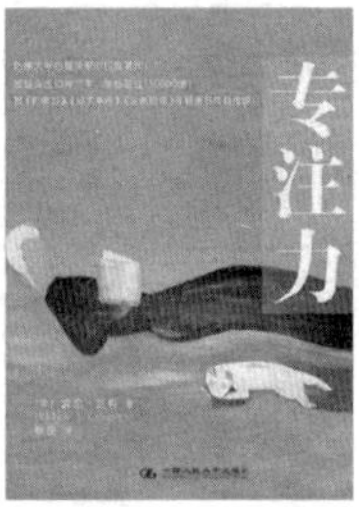

1） 问题是什么？

2） 方案是什么？

3） 例子是什么？

如果是需要解释一个现象的（譬如《黑天鹅》），那么

1） 现象是什么？

2） 解释是什么？

3） 支撑这个解释的理由是什么？

4） 例子是什么？

一般来说，这一二三四用不了多少字就可以写完了（假设只举一两个精要的例子），这样的无废话著作的典型是《合作的进化》[5]。那为什么有些书，明明核心观点就那点东西（顶多加上几个精要的例子罢了）却写得长得要命呢？因为人的思维都有一个“联想”的特点，写着写着就容易旁逸斜出，而且作者自己也往往觉得引申出去显得自己挺厉害的，这时候很多与主题无关的废话就掺和进来了。因此，阅读时就应该有选择性地滤掉那些不相干的废话。此外还有一种可能性就是大量冗余的例子。一般来说组织得比较好的书会有详细的目录和索引且一目了然，根据目录就可以先滤掉一部分（比如某个子章节的内容你以前是看过的），然后有时候作者还会举很多冗余的例子，如果你觉得印象已经够深刻了，这些例子完全可以不看。一些书就非常厚道，对每个观点只辅以一两个最经典的例子，譬如《这才是心理学》[6]（旧译《对“伪心理学”说不》）这样的书我最喜欢。

5
短小精悍，论文式的小册子，从理论、算法和实证的角度证明了为什么人类社会中的合作模式是这样的。

6
这本书系统性地纠正了大众群体对现代心理学的种种误解，并提供了许多经典而有趣的实验和例子。

5. 阅读的分类。**我一般把书分为两类，一类是知识的，另一类是思维的**（当然，还有第三类，就是娱乐的，不作讨论）。一般来说我更倾向于阅读培养思维的，譬如《你的灯亮着吗》《决策与判断》《别做正常的傻瓜》《这才是心理学》《数学与猜想》《学会提问》（*Asking the Right Questions* [7]）……**因为思维方面的东西是跨学科的，任何时候都用得上，反之如果思维没有培养好，学习东西也容易走错方向或事倍功半**。当然，话说回来，光看思维方面的书，不去选择一门或几门领域知识，也是思而不学则殆。所以这里所谓“更倾向于”是指时间分配方面的。

7
批判性思维的经典入门书，出到第八版。

6. 利用时间碎片：任何一点时间都可以用于阅读。举个例子，我从家里出发到公司的路上一般需要 10 分钟左右，我发现可以读 2 ~ 5 页书（而且还不是小说类，而是知识类的书）。即便往少了算，每天 2 页，200 页的书 3 个月也就读完了。（而事实上有多少人一年下来也读不完一本书呢？）点滴的时间汇聚起来就是一个“长尾”，想一想，每天有多少个这样的 10 分钟。一个典型的上班族，每天通勤、吃饭、上厕所加起来的时间不少于 1 小时，如果善加利用，3 个月又可以读完多少本书呢？（豆瓣上有一个小组：“走哪都带着书”。）利用这种方式阅读，**读完之后就像根本没有花任何时间一样**。另外还有个关键就是不能停，要让这个习惯变成每天吃饭睡觉一样，因为一旦停下来，就不知道什么时候才会再拿起书来读了。“三天打鱼，两天晒网”，到最后往往会变成了“整天晒网，永不打鱼”。一本再厚的书，只要每天看一点，总有看完的一天，而且完全算得出多久就能看完。反之则永远没有开始的那一天。而朗读版图书的出现，更增加了利用这些时间的可能性。

7. 为什么看不懂？如果看不懂一项知识，一般有如下几个可能的原因。

1） **你看得不够使劲**。对此古人总结过 —— 读书百遍，其义自见。虽然这个规律不是任何时候都成立的，但是从认知科学的角度看是完全可以解释的。我们在阅读的时候，注意力往往会有选择性地关注其中的这一些“点”，而忽略了那一些“点”，于是一遍看下来可能因为那一些忽略导致无法理解整体，或者干脆看的时候就没注意其中一些很重要的细节。此外，大脑理解一样东西需要一定的处理时间，人脑的处理速度很慢，神经冲动传输速度每秒百米左右，所以不能指望看到哪懂到哪。最后，我们可能因为思维定势只从某个特定的角度去看一句话而忽略了从不同角度去理解的可能性。对于这类情况，仔仔细细地再多读两遍，试着去多理解两遍，往往会恍然大悟：“哦！原来是这样！”

2） **其中涉及你不懂的概念**。这是技术性的不理解，这种情况就需要交叉索引。如果一句话中用到了你不懂的概念，那就去查，现在很多书都是电子书，直接搜索一下，或者纸质书看一下书末的索引就行了。奇怪的是，很多人看不懂也不分析一下为什么不懂，就直接放弃了。正如解决问题一样，问题卡住解决不了，第一时间要做的就是分析到底为什么解决不了，而不是直接求救。

3） **作者讲述的顺序不对**。你接着往下看，也许看到后面就明白了前面的。

8. 如何在阅读之前就能大致评估一本书的质量。在深入阅读之前能够迅速评估一本书的质量可以节省很多时间。基本上有几个线索。

1） 看作者。靠谱作者写的书一般都不错。

2） 看目录和简介。一份好的目录和简介能够透露这本书质量的相当一部分信息。目录结构是否清晰，是否直白（而不是装神弄鬼），都是衡量的线索。

3） 看亚马逊上的评价，需要注意的是，除了看整体打分，更要看打分最低的人是怎么说的，因为小众意见往往有可能来自那些真正懂行的人（除了来踢馆的），如果在打分最低的评价里看不到真正有价值的反驳意见，就可以相当肯定书是不错的了。

4）看样章。购书网站上一般都可以随机浏览一些章节，表达是否清晰，论证是否严谨，内容是否深刻，基本上读几页就能看出来。

9. 如何找到好书。有几个线索。

1）同一作者的著作。

2）亚马逊相关推荐和主题相关的书单（类似豆瓣的豆列）。

3）一本好的著作（或者一份好的资料——不管是书还是网页）在参考资料里面重点提到的其他著作。

4）有时对于一个主题，可以搜索到好心人总结的参考资源导引，那是最好不过的。

知识结构

1. 抓住不变量。

我喜欢把知识分为本质和非本质的。本质知识需要提前深入细致掌握牢靠；非本质知识则可以概览，需要进一步了解细节时再深入查手册。

如何区分本质的和非本质的知识，想必绝大多数时候大家心里都有数。举几个例子：对程序员来说，本质的知识包括硬件体系结构，操作系统一些重要的实现机制，主流编程范式（OO、FP）是为了满足什么需求出现的——是为了解决什么问题，是怎么解决的，自身又引入了哪些新的问题，适用哪些场景。这些我认为都是本质的。我想补充的一点是，并不是说对硬件体系结构就要了解到逻辑门、晶体管层面才行（其实要了解到这个层面代价也很小，一两本好书就行了），也并不是说就要通读《计算机系统结构：一种定量的方法》（*Computer Architecture: Quantitative Approach*）才行。**关键是了解那些重要的思想（长久不变的东西），而不是很细的技术细节（易变的东西）。**《深入理解计算机系统》（*Computer Systems: A Programmer's Perspective*[8]）就是专门针

8
从程序员角度介绍计算机系统架构和工作原理的经典著作。

对程序员的需求总结出那些本质知识的好书。

再来说一下为什么需要预先牢靠掌握这些本质的知识。

1）根据周思博（Joel Spolsky）的说法，编程语言技术是对底层设备的封装，然而封装总是会出现漏洞的，于是程序员被迫下到“下水道”当中去解决问题。一旦往下走，漂亮的 OO、N 层抽象就不复存在了，这时候不具备坚实的底层知识就无法解决问题。简而言之，这些底层知识会无可避免地需要用到，既然肯定会被用到那还是预先掌握的好，否则一旦用到再查是来不及的，因为**本质的知识也往往需要较长时间消化掌握**，不像 Ruby 的 mixin（混入）或 closure（闭包）这类知识点，翻一下手册就能掌握。英语也是这样的本质知识。在 PyCN 社区中曾看到一个招 Python 开发人员的帖子将英语列为必备技能，并未将自然语言处理列为必备技能，正是因为英语不是可以临阵磨枪的东西，而且作为知识的主要载体，任何时候都少不了它。如果不具备英语能力，这就会成为个人知识结构的短板或瓶颈，而且由于需要长时间才能获得这项能力，所以这个瓶颈将长时间存在。另一方面，在问题解决的过程当中，如果不先行掌握必要的基础和本质层面的知识，甚至连思考都无从开始。再强的分析能力也并不是每个问题都能分析出该用哪些知识然后再去查相应手册的，很多时候是在工具和问题之间比较、联想，试探性地拼凑来解决问题；这就使得一个好的既有知识基础变得至关重要。

2）如果你不知道某个工具的存在，遇到问题就很难想到需要使用这样一种工具，底层知识就是使用最为广泛的工具，在编程当中遇到某些问题之后，如果缺乏底层知识，你甚至都不知道应该补充哪些底层知识才能解决问题。

3）首先必须熟悉你的工具，才能有效地使用它。须知合适的工具之强有时是无可匹敌的，但这一切得以“了解你的工具”为前提，甚至得以“了解目前可能有哪些工具适合你的问题”为前提。一门编程语言，你必须了解它的适用场景、不适用场景，比如继承能解决你的问题不代表继承就是最适合的方案，**须知问题是一个复杂系统，解决方案往往总是引入新的问题**。你必须了解它支持的主要编程范式，它的缺陷和陷阱，如果不知道陷阱的存在，掉进去也不知道怎么掉的。这些都是本质知识，如果不事先掌握，指望用的时候查手册，是很浪费时间的，而且正如第 2 点所说，正因为你不知道这些知识（如适用场景），所以以次优的方式使用一门语言自己可能还茫然不知。最简单的例子是，如果你不知道语言支持 foreach，那么可能每次都要写一个冗长的循环，较常见的例子是不知道有很方便的工具库可以解决手头的问题，于是傻乎乎地自己写了一堆代码。人的评价标准常常是，**只要解决了最醒目的问题并且引入的新问题尚能忍受，就行**。注意，熟悉并非指熟悉所有细节，而是那些重要的，或者无法按需查找的知识。比如上面提到的：适用场景、不适用场景，编程范式，主要语言特性，缺陷和陷阱。

当然，以上作为程序员的本质知识的列表并不完备，关键是自己在学习新知识的时候要带着第三只眼来敏锐地判断这项知识是不是不变量，或不易变的量，是在用到时查手册即可，还是需要提前掌握（一些判断方法在上文也有所提及），并且学会在纷繁的知识中抽象出那些重要的、本质的、不变的东西。前文也提到，在学习新知识的时候常常问自己三个问题：本质是什么；第一原则是什么；该知识的（体系或层次）结构是什么。

另外还有一些我认为是本质知识的例子：分析问题和解决问题的思维方法（很难读一两本书就掌握，需要很长时间的锻炼和反思）、判断与决策的方法（生活中需要进行判断与决策的地方远远多于我们的想象）。波普尔曾经说过：All Life is Problem-Solving，而判断与决策又是其中最常见的一类 Problem-Solving。尽管生活中面临重大决策的时候并不多，但另一方面我们时时刻刻都在进行重大决策，如，决定自己的日常时间到底投到什么地方去。如，你能想象有人宁可天天花时间剪报纸上的优惠券，却对于房价 1% 的优惠无动于衷吗（《别做正常的傻瓜》[9]《怪诞行为学》）？如，你知道为什么当手头股票的股价不可抑止地滑向深渊时我们却一边揪着头发一边愣是不肯撤出吗（是的，我们适应远古时代的心理机制根本不适应金融市场）？糟糕的判断与决策令我们的生活变得糟糕，这还不是最关键的，最关键的是我们从来不会去质疑自己的判断，而是总能“找到”其他为自己辩护的理由（《错不在我》，*Mistakes*

9
生活中无处不存在有趣的心理学现象，你知道很多时候我们直觉上认为正确的决定都是荒谬的吗？

Were Made (*but not by me*) [10])。又如，现在是一个信息泛滥的时代，于是另一个问题也出现：如何在海洋中有效筛选好的信息，以及避免不好的信息左右我们的大脑（*Critical Thinking*）。关于以上提到的几点我在豆瓣上有一个专门的豆列（“学会思考”）。

10
本书作者是著名社会心理学家，雄辩地阐释了人类心理方面顽固的自我辩护动机。

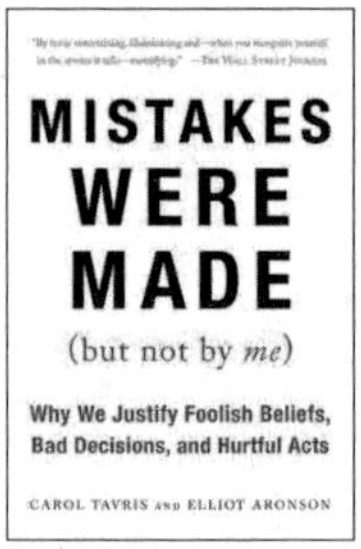

> 一个小提示：学习一个小领域的时候，时时把“最终能够写出一篇漂亮的综述”放在大脑中提醒自己，有助于在阅读和实践时有意无意地整理知识的结构、本质和重点，经过整理之后的知识理解更深刻，更不容易忘记，更容易被提取。

习惯的养成

最后，关于习惯的养成，必须要说明的是，经常看到有些人评论说，说起来容易，做起来哪有那么容易啊！（另一个无关习惯的“说起来容易做起来难”则是因为纸上谈兵不可能算计到现实中的所有因素，但那是另一个问题。）对此我要说的是，做起来当然不容易，所谓江山易改，本性难移。人的性格和认识事物的框架是长期积累养成的，并且人们非常珍视自己的信念（英语里面表达不相信某个东西“I don't buy it”）。从进化心理学上说这是有依据的，一个经过时间检验的信念往往是更靠谱的。可惜的是靠谱不代表最佳，一个信念能让你活下来并不代表能让你活得最好，详见《本能》(*Mean Genes*) [11]，更多的例子参见《理性犯的错：日常生活中的 6 大思维谬误》(*How We Know What Isn't So*)。我们评判一个信念的标准是赫伯特 · 西蒙（Herbert Simon）所说的“满意即可（Satisficing）”原则，并不是最优原则。

11
从进化论的角度解释了当今人类社会的种种“悲剧”。亚马逊评分极高的科普读物。

话说回来，为什么说起来容易做起来难，是因为“说”只是理性上承认正确，并没有考虑到我们每个人大脑中居住的那个非理性自我。这个自我以强大的情绪力量为动机，以习惯为己任，每时每刻都驱使着我们的行为。因为它掌握了“情绪”这个武器，所以我们只能时时把它当大爷。理性是情感的奴隶。那么，是不是就是说无法克服既有习惯了？以我的经验（以及观察到的别人的经验），还是可以克服的。第一条就是认识到习惯的改变绝不是一天两天的事情，承认它的难度。第二条就是如果你真想改掉习惯，就需要在过程中常常注意观察自己的行为，否则习惯会以一种你根本觉察不到的方式左右你的行为，让你功亏一篑。有一个认知技巧也许可以缓解更改习惯过程中的不适，即把居住在内心的那个非理性自我当成你自己的孩子（你要去培养他），或者你的对手（你要去打败他）也行。总之不能当成自己，因为每个人都不想改变自己。这里举一个认知技巧的例子，李笑来老师在《把时间当作朋友》中提到他一个朋友用另一个认知技巧来克服背单词的枯燥感：

> 因为，一共要搞定 20000 个单词，而因此可能获得的奖学金是每年 40000 美元左右 —— 并且连续四年没有失业可能（后来的事实是，他直到五年之后才获得了博士学位）。当时美元兑换人民币的汇率差不多是 1:8，也即每年奖学金相当于 320000 元人民币。而如果一年的税后收入是 320000 元人民币的话，那么税前就要赚取差不多 400000 元人民币，每个单词应该大约值 20 元人民币 —— 这还只不过是算了一年的收入而已。
>
> 所以，他终于明白背单词是非常快乐的。他每天都强迫自己背下 200 个单词。而到了晚上验收效果，每在确定记住了的单词前面画上一个钩的时候，他就要想象一下刚刚数过一张 20 元人民币的钞票。每天睡觉的时候总感觉心满意足，因为今天又赚了 4000 块！

注意，这跟自我欺骗不同。一来，我们的情绪系统只能这般对付。*Synaptic Self*[12] 中提到，大脑中的新皮质[13] 在进化历史上是较为新近的年代才进化出来的，跟底层较原始的模块（如主管情绪的杏仁核）之间的神经网络沟通并不是合作无间的，这就解释了为什么有些事情我们明明知道是对的，但就是不能说服自己，情绪还是在那里不依不饶地驱使你去做另一件事。二来，我们知道在干什么，所以不能算欺骗。总之，对于习惯的改变，除了最重要的一日三省，加上一些认知技巧（其实每个人都是自己的心理学家，你可以自己看看能不能想出什么法子），并没有什么速效银弹，但是，知难而不退嘛，值得做的事情几乎总是如此☺。

12
从神经科学角度介绍关于记忆、自我的生物学基础。

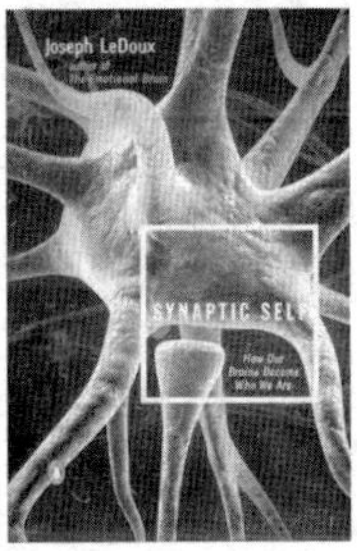

13
新皮质（neocortex），所谓“理性”居住的地方，尤其是前额叶。

最后，分享下我个人的阅读“分级系统”：

1. 高质量期刊的论文。
2. 公认的经典教材[14]。
3. 英文维基百科[15]。
4. 领域权威科学家本人写的（例如 Bessel van der Kolk M.D. 的《身体从未忘记》，*The Body Keeps The Score*）。
5. 专业科学记者写的（例如 Maia Szalavitz 的 *Unbroken Brain*）。
6. 有大量且丰富经验的、真诚的一线实践者写的。
7. 本专业的 Ph.D 背景或在读的优秀学生或学者写的。
8. 非本专业的业余深度爱好者写的。
9. 既不专业也非业余爱好的、KPI 驱动的作者写的。

14 靠经典教材打好基础，就算是业余学习，自己不做领域研究，那也是有能力鉴别好和坏信息的。举个例子，进化心理学不要一上来看什么《生猛的进化心理学》，得看进化心理学学科创始人 David Buss 写的教科书 *Evolutionary Psychology: The New Science of Mind*。

15 维基百科之所以位置靠前，有几个原因：1. 引用非常详实，就算你怀疑它本身的内容，也可以从引用部分查源头，况且大量条目本就是领域专家写的。2. 链接跳转形成网络，容易对学科整体鸟瞰。3. 在主题上，有时候比教科书的垂直深入性更强。4. 常常比书籍更新、更实时。

扩展阅读

[1] 豆列“思维改变生活”：详见勒口处“本书网址链接合集”第 2 条。
[2] 周思博（Joel Spolsky）的文章：The Law of Leaky Abstractions。
[3] 豆列“思考的技术与艺术”：详见勒口处“本书网址链接合集”第 3 条。

如何有效地记忆与学习

你所拥有的知识并不取决于你记得多少，而在于它们能否在恰当的时候被回忆起来。

让我说得稍微详细一点：学习新知识并将其存放在大脑中，**最终的目的是要在恰当的时候能够想得起来并去使用**。因此，学习的有效性显然应该这样来衡量：当需要用到学过的知识的时候，相关的知识是否会自动从你脑海中“蹦”出来，最起码——能否通过**有意识地搜索**将它们提取出来。

这看似简单，其实没那么简单。否则，就不会有“掉书袋”“读死书”这种修辞手法了。

为了更深入地说明这一点，以下是几个关于学习与记忆机制的著名实验。

《找寻逝去的自我》(*Searching For Memory*)[1] 上提到过这样一个例子。

1
第一本关于人类记忆的系统性著作。

假设这样一个任务：给你一个单词（如 brain），要你寻找它的押韵单词（如 train）。一段时间之后问你记不记得当时给你的单词是什么，你可能会不大记得了。然而，如果当时不是要你寻找押韵单词，而是要你联想该单词的含义或功能（如 brain 的功能），那么事后你回想起当时是什么单词的可能性就大大增加了。

对此，一个靠谱的解释是：**后一种记忆编码方式（称为精细编码）提供了更多**

的提取线索。所谓条条大路通罗马，**任何一个线索被触发都可能顺藤摸瓜地拎出整条记忆来**。

这是 1975 年弗格斯·克雷克（Fergus l. M. Craik）和安道·托尔文（Endel Tulving）等心理学家做的一个关于记忆的浅层深层加工的经典实验[1][2]：

> 给出同样一组单词，让一组被试数一数每个单词有多少个音节，让另一组被试阅读单词的含义（或者设想单词可以用在哪里），之后让两组被试回忆这组单词，猜哪一组能够回忆出更多？

这是一个被广为认可的记忆机制，即：**我们在记忆的时候将许多线索（例如当时的场景、问题的背景，甚至所处的语言环境、空间位置）一并编码进了记忆，事后能否提取出这段记忆很大程度上取决于提取线索是否丰富，以及在回忆时是否重现了记忆时的线索**。

原则上，在上面提到的两个实验中，两组被试都接触到了同样的单词，都记忆了同样的知识，但在记忆时将哪些线索、多少线索和该记忆进行了挂钩，决定了事后回忆（提取）该记忆的成功与否。

联系我们日常的经验，不难注意到，死板的记忆方式和我们常说的“理解记忆”正对应了不同的编码方式。书呆子记忆就是死记硬背，到最后如果你问他某书某章节讲了什么内容，哪个例题怎么解，他都能倒背如流，但遇到具体的问题或问题稍作变动就傻眼了，因为他记忆时根本没有深入理解知识，在他眼中，解题过程其实和电话号码簿也没啥区别，也许他唯一编码了的提取线索就是这个答案来自哪一章、哪一节或哪一个问题。

然而**对于理解记忆的人来说，知识中包含了精细的概念、逻辑、一般的解题原则、通用的解题手法、背景知识、类似的问题等无数的记忆和提取线索**，而不是某段孤立的、任意的文本序列。（当然，众所周知，理解记忆的另一个重要特点则是记住一般性原理之后，其他细节即便遗忘了也可以自然推导出来，从而无需费力去记忆。）

缺乏线索的记忆就像记忆海洋中的孤岛，虽然在那里，但是难以访问。而富含线索的记忆则是罗马，条条大路通罗马。

古希腊（或者古罗马）有一种著名的记忆法就是利用空间位置线索来辅助记忆，我曾经用过类似的手法，在小规模临时记忆任务中似乎相当好用，具体是这样的：我有一个习惯，经常跑到实体书店看看有没有新书，浏览之后觉得不错的再考虑从网店购买。有时候我会一下看到好几本书，手头又没有带纸笔，怎么有效地记住几本书的书名呢？我发现要记 4 本书以上就比较困难了（具体数目可能因人而异），至少回头要想好久才可能想全。但我发现通过回忆当时手拿这本书翻看时所站的位置、朝向等信息能够有效地帮助自己提取记忆。

事实上，不仅是位置，有研究表明**就连当时的环境、味道、声音都被作为提取线索和记忆编码在一块了**。例如，考试环境和学习环境不一致可能会影响发挥（记忆的提取）。

科学松鼠会上有一篇科普文章“气味与记忆——非一般的亲密”[3] 中提到：

> 我们的回忆很多都是和气味连接在一起的。当闻到某一种味道时会突然想起以前的一些事情，比如端起一杯香热的巧克力饮料，想起了最初品尝巧克力的情景，将一块黑褐色的糖放入嘴中，浓浓的滑滑的，有一些甜蜜和温馨；再比如，夏天在暴雨来临之前，浓郁的泥土和小草味道，会不会让你回忆起小时候因为没有拿伞被大雨淋透的感觉，甚至串联起回家挨揍的记忆，屁股上还有点火辣辣的痛。而当我们想起过年，鼻腔里是不是也会有厚厚的爆竹烟火味道，仿佛立马置身于热闹的大年夜。尤其是在社交活动中，我们经常会因为某一种味道想起一个熟悉的人，甚至是几十年没见的老朋友。

的确如此，我有时候会在看小说时放上一段背景音乐，之后每当听到这段音乐就想到当时看到的那段情节。

我们**甚至会把语言背景作为线索编码进记忆**[4]。一项有趣的研究，使用双语询问有多个答案的问题，例如：

“说出一个举起一只手并遥望远方的雕像”（“Name a statue of someone standing with a raising arm while looking to the distance.”），或者“在一个著名的悲剧爱情故事中，双方因为家庭不同意最终双双殉情，故事的主角是……？”（“In a famous love story, what were the names of two lovers who died because of family disapproval?”），被询问的人皆是熟练的双语使用者。

结果显示提问所用的语言会影响答案，例如第一个答案可能是“自由女神像”，第二个答案则可能是“梁山伯和祝英台”或“罗密欧与朱丽叶”。用英语询问导致被试更有可能给出英文环境中的答案，中文同理。

另一方面，在回忆的时候如果不能呈现当初记忆时的某些关键线索，就可能导致所谓的**线索依赖性遗忘**（Cue-dependent Forgetting）。在线索依赖性遗忘中，你的大脑里并非没有存放目标记忆，只是线索不对，无法提取出来而已。

对此，有**一个生动的比方**：你要到图书馆去找书，如果不知道索引号、作者名、书名等信息，你就找不到想要的那本书，尽管这本书就静静地站在图书馆里的某排书架上。当然，严格来说你是可以找到的 —— 一本一本翻看，看到那本书你自然会注意到是你想要的，不过很可惜我们的记忆系统似乎并没有这么一个方便的线性遍历机制 —— 如果我问你，“对于数学你都记得哪些东西？”你能有次序地一个不漏地告诉我吗？

我有记笔记的习惯，我的电子笔记本里有大量的文本片段，按照主题组织，方便检索。然而总有那么一些时候，我记得有某段材料，记得它的主题和大致说什么，但是缺乏某个关键字，结果就是遍寻不着，往往只能到处翻，同时提醒自己下次在上面多加几个**自己熟悉**的关键字，比如用**自己的话**来概括一下主旨，因为自己和作者的习惯用词往往不一样。在阅读作者的文字时，你也许下意识里会用自己的习惯词汇来重新表述这段文本，并存放在记忆中，结果一段时间之后再需要寻找时，大脑中只记得自己的说法，却不记得作者原话了，然而为了检索到原始文本你必须要知道作者是用什么词汇来表述的。为了弥补这个缺陷，可以在存放文本时加上自己的一段概述，这似乎是一个不错的方案——我们平时在学习和记忆的时候也经常听到类似的提议：用自己的话复述一遍之后理解得更深刻。实际上是更容易记住和提取出来——知识还是那些知识；此外用自己的话复述也常常触发与自己的知识体系中其他知识的联系，进而编码进更多的记忆提取线索，这也是另一个好处。（参见本书“书写是为了更好地思考”。）

另一个经典实验则是关于抽象在知识的学习和提取中的作用的：

先让被试（皆为大学生）阅读一段军事材料，这个材料讲述一小撮军队如何通过同时从几个不同方向小规模攻击来击溃一个防守严实的军事堡垒。事实上这个例子的本质是对一个点的同时弱攻击能够集聚成强大的力量。然后被试被要求解决一个问题：一个医生想要用 X 射线杀死一个恶性肿瘤，这个肿瘤只能通过高强度的 X 射线杀死，但这样又会伤及周围的良好组织。医生应该怎么办呢？在没有事先给出军队例子的被试中只有 10% 想到答案，这是基线（Baseline）。然后，在先前学习了军队例子的被试中，这个比例也只增加到 30%，也就是说只有额外 20% 的人“自动”地将知识进行了迁移（自己就能触类旁通）。最后一组是在提醒之下做的，达到了 75%，即比“自动”迁移组增加了 45% 之多（需要别人提醒）。

这个实验说明，知识的表象细节会迷惑我们的眼睛，阻碍我们对知识的迁移运用（推广），在这个例子中，两个问题领域表面上是不相似的，但本质上是一样的。然而就是因为表面上不相似，而我们的记忆提取很大程度上又依赖于一些表象上的线索来提取，因此这些表面不相似性便阻碍了我们在问题之间进行类比，并将在一个情境下掌握的道理运用到另一个情境下。

这就意味着，一方面，我们在**从既有经验中总结知识的时候，应利用适当的抽象来得出适用范围更广的知识**（而不仅仅是“一个萝卜一个坑”）；另一方面，

在遇到新问题的时候，同样应该对问题进行抽象，触及其本质，去除不相干因素避免干扰，从而有效提取之前抽象出来的知识。

通俗地来说，这就是举一反三、触类旁通的解释。

前文说的是记忆的机制、为何记忆的质量有高低、什么样的记忆和学习更有效。下面介绍一些具体的实践方法，关于**如何更有效地从日常经验中总结知识，以及怎样才能真正学以致用 —— 让知识能在你需要它们的时候自动从大脑中“蹦”出来，而不是搜肠刮肚半天还是没有头绪。**

1. 养成习惯，经常主动回顾一段时间学到的东西。这不仅有利于巩固长时记忆，而且一段时间之后的回顾，你可能因为学习了新的知识而对原先的认识有了进一步的看法，通过回顾，可以整合新旧知识，得到新的启发。

2. 创造回忆的机会。我知道第一条不顶用，没有人（好吧，很少有人）能够真正坚持执行。所以有了第二条 —— 创造回忆既有知识的机会。具体来说就是通过如下方法。

1）经常与别人讨论，或者讲给别人听。经常和朋友讨论交流，说说一段时间总结的东西，这样别人也学到新东西，你也从别人那里学到新东西，并且彼此在表达的过程中都强化了自己的记忆和理解，从而达成双赢。除了面对面的交流，一个好的邮件列表和 BBS 也是不错的途径。（详细解释可参看本书“为什么你从现在开始就应该写博客”一文提到的观点及相关论述：“教是最好的学”。）

2）整理笔记。经常整理你的笔记 —— 如果你没有做笔记，现在就开始 —— 整理之前的笔记，一来巩固已经淡化的记忆，二来给你重新审视知识的机会。我常常发现对知识的首次记忆往往是有偏颇的，只看到了一个方面，或者只关注了一个点，一段时间之后再回来看，往往能够跟这段时间以来的一些新思考和知识结合起来，得到更多的东西。留心一下，你会发现记忆其实很脆弱，而且我们对事物的首次理解几乎肯定是不深入的。为了更好地创造整理笔记的机会，你可以使用一个不整理就难以检索的电子笔记软件，乍看上去这虽然麻烦了一点，但这迫使你隔一段时间就要重温知识，并分类 —— 你的记忆同样如此：分类良好的信息更容易提取。

3）书写。将一段时间学习的知识按照一个主题系统地“串”起来，可以大大地丰富知识之间的关联，**平添无数提取线索**。我经常做这个事情，本书的文章几乎都是此类文章，例如我始终关注一个主题：**学习思维相关的科学（认知科学、心理学、行为经济学，等等）如何能帮助我们进行更好的判断、决策、学习、记忆和生活，**我将这个大的主题分为一些小的主题，例如“逃出你的肖申克”主要总结思维中的盲点，以及如何避免这些盲点，从而成为更好的独立思考者，做出更好的判断与决策。“打造你的核心竞争力”系列则是按照小主题总结一些思维相关的知识，目的仍然是如何成为更好的独立思考者，对事物进行更理性的判断。（关于书写的好处，详细解释可参考“书写是为了更好地思考”。）

3. 设身处地“虚拟经历”别人经历过的事情。我们的自传式记忆似乎是有某种单独存储机制的，一个证据是一些因基因上其他缺陷而导致所谓“天才综合征”的家伙具有超强的自传式记忆（注意，不是超强的一般记忆，而是自传式记忆）。另外我们在日常经验中也知道，我们的记忆中关于哪些是自己的性格或做事方式，哪些是我们所了解的朋友的性格或做事方式，我们可是分得清清楚楚的。我们可以在不同场景中非常快速地揣测“某某在这种情况下会怎么想”（这被称为 theory of mind），却不会将其与“我自己会怎么想”混淆起来，证明在我们的记忆中，关于自己的知识和关于别人的知识是泾渭分明的。

对于经验知识的学习来说，光是看别人做或听别人说还不够，**往往到了自己就想不起来**，结果就是你**虽然学到了知识，它却不会在恰当的时候从你大脑中蹦出来，**属于“死”的知识。为什么会这样，可能的原因很多，其中一个关键的原因也许是“别人的事情”和“自己的事情”在大脑中的加工方式是不一样的，别人撞墙你也许不仅不疼还会幸灾乐祸，自己擦破皮就龇牙咧嘴了；别人的糟糕事情似乎永远不会发生在自己身上。所以我们总是难以从别人的经验中获得自己的教训。一个弥补的办法是**努力设想自己处于别人的境地**，经历别人所经历的事情，感受它们，**使它们和你的情绪记忆挂钩**（进化赋予我们的情绪是提取记忆的绝佳线索，也是强化记忆的最佳催化剂），虽然仍然不够亲身经历那么深刻，但或许是我们能做到的最佳办法了。由于我们真切地设想了自己处于这些场景中，**在我们设想的场景中我们是第一人称视角**，所以当以后遇到类似场景的时候就更容易回忆起当时的感受。

当然，另一个经常提及的方法就是实践，比起刚才提到的"虚拟实践"而言，实际实践的印象自然要深刻得多。不过并不是所有的时候实际实践都是必要或可能的。例如，你并不需要自己经历一次倾家荡产才能领会到什么是金融市场中正确的风险控制——你甚至只需要在纸上演算一番就有数了。有证据表明非洲的一种鱼甚至都能使用简单的推理来替代实际经历，例如，如果它和鱼 B 有过一次冲突并失败了，如果它观察到鱼 B 和鱼 C 有一次冲突，鱼 B 失败了，它就能直接意识到自己不是鱼 C 的对手，从而避免所谓"直接去经历一下"而可能导致的灾难性后果（这里的进化价值是显而易见的）。

此外，很多时候你也无法真正遍历每条人生路径看看会发生什么，你没有这样的时间资源，你只能通过别人的"替代经验"，自己的"虚拟经历"，来获得尽量多的信息。

4. 抽象和推广。如果一件事情就是一件事情，那么我们永远也无法学习到"未来"的知识，结果就是每堵墙都要自己撞一遍试试硬度。人类大脑最杰出的能力之一就是强大的归纳推理（Inductive Reasoning），或者我们常说的：泛化、推广、举一反三、抽象。意思都差不多，都是将特例中得到的规律推广到一般情况。前文关于 X 射线杀死肿瘤的那个实验充分说明了抽象的价值所在，不加抽象的话，知识总是会和无关紧要的表面细节挂钩，被约束在一个狭窄的特定场景中，难以迁移，而抽象则使其在知识树（设想一棵倒长的树，根在上）中上升一个或多个层次，从而得以运用到更多的分枝上。同样，遇到具体问题，也别忘了将问题抽象一下，剔除无关细节，使问题也从一个特定的分枝往上抽象，从而碰到之前泛化过的结论。

以上这段介绍本身就有点抽象，不妨举一个例子：我们从大量的经济决策中得到一条适用范围很广的规律——经济决策可以抽象为对投入/回报比例的考量。这是知识获取阶段的抽象；而在问题求解阶段，我们遇到决策问题就可以从投入/回报这个维度上来考量，而不是像没头苍蝇一样这个选项看着想想也对，一会儿又觉得那个选项看看也对。如果不懂得看到问题的本质（如经济决策），便很难利用之前推广出来的结论（如投入/回报、风险估计，等等），而是会被我们的原始大脑中一些可预期的非理性所控制（例如从众、从权威，甚至最可怕的行为陷阱——“推迟决策”），成为正常的傻瓜。

5. 联系/比较自身的经历。将别人的经历或通过阅读和观察得来的经历与自身的经历进行比较，常常可以得到很有价值的结论。**“观察”和“比较”本身就是获得知识的重要途径**，例如：我之前做过某件事情，但不知道什么原因失败了；有一天我看到或读到某个人做类似或同样的事情，他成功了。我通过比较两人的差别，可以相对靠谱地推测到底是什么导致了我们的成功概率的差异。

值得注意的是：

1）样本大小很关键。比较的样本越少越容易产生错误归因，最好多多观察，多多比较和总结。

2）警惕“沉默的证据”、事后偏见、自利归因。读他人的传记时，不管传记是本人写的还是传记作家通过访谈写的，都会有意无意地犯事后偏见，例如最常见的是将成功归因为个人能力，忽略机遇因素，将偶然看作必然。

巴菲特的自传《滚雪球》[2]开篇就提到巴菲特小时候第一次滚雪球的场景，“1939年的冬天，9岁的巴菲特在院子里玩雪。他把少量的积雪铲到一块，揉成一个雪球，然后把它放在地上慢慢滚动，雪球越滚越大……从此，巴菲特再也没有停下脚步，目光投向白雪皑皑的整个世界……”（虽然你可以说这只是一种修辞或衬托，但不可否认的是它背后隐藏的是一种无法抗拒的归因倾向。）这种

2
《滚雪球》

手法读来令人倍感深沉，仿佛冥冥之中有一条强大而确定的因果之线，穿越60 年光阴，将人一生所有的事情串在一起，令人肃然起敬。然而这并不是事实，从单个体的观察角度来说，外界的不确定性因素实在太多了，机缘巧合的事情太多了。然而无论是作者本人还是“客观”作家都很难抵抗这种演绎手法的诱惑，可叹的是这是我们能够了解他人的经历，拥有“虚拟”的多重经历的唯一途径。

观察、对照、阅读，并始终记得带着你的理性去审视知识（包括本文），这才是真正有效的学习。

扩展阅读

[1] Craik&Tulving 的论文：*Depth of processing and the retention of words in episodic memory*。

[2] Craik&Tulving 的实验：Level of Processing - Craik & Tulving (1975)。

[3] 参见文章：“气味与记忆 —— 非一般的亲密”。

[4] 关于把语言背景作为线索编码进记忆的文章：*Language context guides memory content*。

我在南大的七年

跨进大学校门的第一天，我知道，我自由了。

父亲是个对新事物有强烈兴趣的人，村里第一台电视机是他自己组装的，当时全村人都跑过去看，电视机只能收到一个台，CCTV。我们家的座机电话是村里第一个装的。“大哥大”刚出现的时候，他也是第一个买来用的，当时的移动电话真是贵得离谱。

父亲告诉我的第二件最重要的事情是：遇到任何问题，找书去就行。他在自己的专业领域中完全是自学的。在不属于自己的专业领域中（后来买了电脑之后需要学习如何架设公司网站，如何做网上营销，如何进行电子财务管理，如何使用各种作图软件制图，等等）也全都是靠买书自学。

为什么说到这两件事情，因为这是对我影响最重大的两个习惯。第一个习惯给了我学习新东西的强烈动机，有了热忱和兴趣，做事情就不觉得累，就自得其乐。第二个习惯则给了我学习任何新东西的方法 —— 不会么？查书去。当然，学习一门专业并不完全通过看书就行，但这毫无疑问是至关重要的一个途径。父亲几乎会修任何家用电器和机械，从电冰箱到空调，到摩托车，他的书橱里塞满了字典厚度的大部头书，全是各种电工手册。所以我从小对大部头的书就没有畏惧感，觉得是理所当然的求知途径。

长大后，回忆小时候给自己带来深刻影响的东西，除了以上提到的两点，我发现至关重要的其实还是父母两人都具备的同一样性格：**遇到麻烦和困难的事情**

从不退却。父亲在自己的专业领域中从来都是兵来将挡水来土掩，他从事的是电气方面的设计工作，每一单工作几乎都有独特的挑战和困难，所以克服这些困难成了最稀松平常的事情。而母亲尤其如此。作为一个典型的农村妇女，母亲在家庭里承担的事情和苦难却远远超过了她应该承担的范畴，包括帮助父亲处理生意上的各种困难和问题，然而我从来没见过她放弃任何一件事情，她总是在不停地想办法，想出路。遇到特别困难的事情晚上睡觉也在不停琢磨；我也从来没见过她抱怨事情有多难（只见过她抱怨社会和环境）。在这样的影响之下，我竟也意识到困难只是最正常不过的生活状态，而一步一步跨过障碍则是最自然的方法。

在我高三那年（1999 年），父亲买了台电脑，我立即对这个神奇的事物产生了强烈的兴趣。《电脑爱好者》和《电脑报》一期不落，都会买来细读，有时看到各种小工具、技巧还会摘抄下来，回家到机器上捣鼓。那个时候我并不知道这样单纯的兴趣会把我引向一条专业的程序员道路。

后来，高三的时间变得越来越紧张，分配给兴趣的时间越来越少，但兴趣的火花一直都没有熄灭。

跨进南大校门的第一天，我知道，我自由了。

这个自由并不是说我可以做任何事情了，而是我得到了一个重要的决策自由权，即关于如何利用我的时间。

高考的时候我报了计算机系，但分数差了几分，失之交臂，被调到第二志愿专业 —— 信息与计算科学。当时以为这个专业是跟计算机相关的，结果发现是数学系，后来听不少同学提到都上了同样的当。

这里出现了一个歪打正着的事情：我本意并不是上数学系，如果当时知道这个专业是数学系，我可能就不会填报了。但正是因为这个错误，我在数学系好歹也接受了一些数学基本功的训练（尽管这个训练的基础是大一上的不多的几节数学分析课，以及每次临考前宿舍哥们例行的“包夜”看书），回过头来看这个基本功，在后来还是帮了不少的忙，甚至有一阵子我对数学本身到了很感兴趣的程度。不得不说，这段学习的经历是很锻炼抽象能力和逻辑思维的。另一方面，困难如数学都学了，对其他学科就不觉得难，不会望而却步。

这是我成长过程中的幸运之一。后面还会提到，还有好几次更大的幸运。

大一上学期很快过去，大一下学期学校要开一门C++课程。我利用假期先把课本基本啃掉了，当时动机也很简单，先啃掉，就不用上课了嘛。

另一件事情是我经常喜欢去逛书店，看到侯捷的《深入浅出MFC（第2版）》[1]，书里的读者评论中很多人说这本书好，我当时也对C++有一些基础认识和好感，所以就买下来啃了。一方面侯捷先生写的书的确图文并茂，深入浅出，很有意思；另一方面理解一样复杂的东西是个智力挑战。所以看着看着倒是觉得兴致盎然，却不知就这么和C++结下了不解之缘。

1 台湾著名技术作家侯捷的成名作，深入阐述MFC的原理。

这是另一个歪打正着：为什么说是“歪打”呢？因为MFC的设计也并不能说就是C++的最佳实践，另一方面若是以用为本的话也未必就要把MFC的原理摸个透。所以搞不好现在来看我就不会细读这本书。为什么说是“正着”呢？因为理解一个费解的东西，本身需要长时间投入注意力，无形中练了理解能力和思维体力（专注），虽然MFC不是最佳设计，但理解里面的代码却加强了我对C++本身的认识，这是基本功；也提升了我对C++的兴趣，这是动力，后来这个动力又驱使我去深入学习了大量系统底层知识，从操作系统代码一直看到硬件体系结构。

大二发生了几件重要的事情：一是我在《程序员》杂志上发表了第一篇技术文章，是剖析Boost源码的。我已经不记得是什么时候、通过什么途径知道Boost这个库的，总之是知道了，然后受到侯捷先生剖析源码的影响，也去看源代码，发现很难，越是难就越是觉得有趣，跟踪代码到凌晨四点，居然越看越精神了，后来火速写了一篇源码剖析文章，发给《程序员》杂志的技术主编孟岩先生，孟岩先生给了我很大的鼓励，于是我很来劲。后来一鼓作气分析了 N 个库，写了一系列剖析 Boost 源码的文章，至今在网上还随处可以搜到这个系列。

这是第三个歪打正着。按理来说，研究语言技巧并不是程序员最佳的时间投入方法。所以现在我可能不会去做这件事情，会认为有更好的时间投入途径，但当时就一头扎了进去。为什么说也是正着呢？因为虽然这也许不是最佳的投入时间的办法，但总归比什么都不专注要强得多，至少这么一深入，对语言的缺陷和陷阱有了更深刻的认识，也培养了对代码的亲切感，以及跟踪调试的耐心（是的，是耐心，而不是技巧）。

后来我在博客上总结自己学习编程中走过的弯路，孟岩先生提到，是不是弯路，不是那么容易界定的。

的确，也许真的有更好的路，但事前真的很难判断哪条路是最优的，我们能做到的，是把一条路走透了、走深了，只要不是一条太不靠谱的路，深入的过程中总会有很多的收获。只要不是太顽固，善于反省，总有一天也会逐渐意识到越来越靠谱的路。

除了发表第一篇技术文章，大二我还利用业余时间做了一些技术翻译，寒假我坐在家里每天晚上翻译半章 *Effective C++*（在并未签约的情况下），后来我把译稿发给出版社的编辑时，被告知文笔还显生硬，拒了。

同一时间，我继续啃诸多 C++ 和系统底层知识的大部头书，一段时间里我的书架上全是这类书，根本不像个数学系的学生。2003 年非典疫情那阵子，我把饭钱都拿来买了书，为什么买得这么疯，也是受父亲的影响，是他告诉我买书永远不用心疼，因为是长远投资，收益远远大于这点金钱投入。那段时间我边看边写一些代码玩，有模仿 Windows 核心编程的小程序，有尝试并失败的小游戏，也有用于分析室友玩的游戏文件的工具，还有为上机考试写的库，总之玩得不亦乐乎。不像很多知名的程序员在学校里面就写了被人广为使用的工具，那个时候我完全没有这个意识，也不知道什么是开源，自娱自乐而已，所以没有系统训练编码素养，比较盲目。

大二下半年还发生了一件重要的事情，我在 CSDN 上开了一个博客，开始写学习 C++ 和编程的过程中的一些总结。这个博客我一直写到离开南大，伴随了我整个 7 年的学习和成长，回过头去看就像时光机一样，能够看到一路过来我关注了些什么，当时是怎么想的，以及对一些事情的看法是怎么改变的。这些如果当时没记录下来，就会逐渐忘掉，也就无法参照过去的自己，对未来提供更好的借鉴了。所以我一直把记录当作一个很重要的工具。另外我也通过这个博客认识了很多真诚的朋友，走出校门之后得到了他们诸多帮助。

后来，学校提供了转系到软件学院的机会，我立即报名了。后来的两年便在软件学院度过。但其实反正在数学系时我也是自己安排时间，所以无甚区别。

大三大四发生了几件重要的事情：一是荣耀先生邀我合译 *Imperfect C++*，我很乐意地接了下来，可没想到这本书比我想象的厚得多，600 页，而且排版也很密，我给自己安排了每天六七页的量，大概花了半年多才译完。中间有一段时间停滞，荣耀先生给我鼓劲，告诉我如果觉得做不下去了，就硬着头皮坚持，然后就类似于麻木了、适应了，那种望而却步的感觉会逐渐自动退去。惊人地简单，但事实就是如此，硬着头皮，过了那个情绪上最艰难的时候，也就适应了。这本书译完之后，还是有不少的收获，但我总觉得**对性格上的磨炼才是最有价值的收获**。

二是我开始看英文原版书。之前，由于高中不靠谱的英语教育，我恨死了英语，大二的校内四级课程还挂了科（直到大四才补考通过）。但对技术本身的热爱压过了对英语的反感，我还是硬把一整本影印版啃下来了，而且看得津津有味，这本书便是 Jeffrey Richter 的《Microsoft .NET 框架程序设计》（*Applied Microsoft Windows .NET Framework programming* [2]）。这之后，我就不再反感和恐惧英语了，这是其一，**其二是我开始意识到英文的技术资料有多么丰富。这件事本身看上去不太起眼，却是我获取信息方式的一个引爆点（Tipping**

2
Jeffrey Richter 的书是每个程序员书架上必然会有的。

Point），一旦熟练掌握了语言这个平台，面前就是一扇大门，通向一个海量的信息源。后来我的信息获取绝大多数均通过阅读英文资料获得，其中尤数维基百科和英文版图书为多。另外还有一个收益后面会提到。

大四快毕业的时候又发生了一件事情，微软的 Eric Jiang 通过我的博客找到我，推荐我去面试，我当时随随便便就把粗糙的简历给发过去了，结果差点被 HR 给直接刷掉。后来，电话面了两轮，远程 Coding 一轮，然后记得就是飞到北京面试，住在北航招待所。北京的面试又面了好几轮，有考察底层知识的，有考察 C/C++ 和 .Net 的，还有考察算法、编码素养的。总之就是公认的基本功考察。遗憾的是最终我还是没能通过面试。自己后来总结，结论是算法基本功太差，连什么是动态规划都不知道（当时是真的连听都没听过），编码素养也不够。这部分也是因为本科的学习方法太业余，不够系统，什么好玩干什么，倒不是说兴趣驱动不好，只是缺乏系统的规划，不清楚也不关心这个领域的蓝图，也弄不清什么是重点。后来在读研阶段总算好好恶补了算法，弄清了一些基本的概念和思维方法。编码素养的问题也是到了读研的时候才开始思考和学习。

在本科阶段，其实我也浪费了很多时间，事实上，是只花了很少一部分时间来学习。之所以还多少学了点东西，完全是仰赖了专注的习惯，而这个习惯其实又是从小受父亲耳濡目染养成的。父亲会花一整天揣摩一个问题，父亲跟我说过他以前组装电视机时的故事 —— 一切都似乎组装正确，但电视机就是不工作。他苦思冥想，不得其解，当晚，半夜从睡梦中醒来，想到了问题的症结所在。所以，在啃一些底层知识时如果弄不懂，我也会一遍遍读，然后用走路吃饭坐车的时间在脑子里一遍遍去反复琢磨。我有很多重要的习惯受到父亲的影响，这些习惯自己一般觉察不到，却默默影响了平时一点一滴的时间分配和学习轨迹，这些习惯从纸上很难学到，但耳濡目染却会自然而然地学会。

每当有人提到我本科就做了不少事情的时候，我就会说其实我本科真的浪费了很多时间，而另一方面，这也说明，要掌握一门专业知识，其实每天花一点时间，专注、积累和持之以恒也就够了。后来研究生阶段才算真正开始惜时了，于是经历了两年高密度的学习和思考，心智才成熟了不少。

大四期间，和很多人一样，我也准备考研，因为一来也很茫然，二来也希望能有一个宽松的环境继续沉浸在自己的兴趣中。但四年来我都是自己安排时间，逃掉了无数的课，已经对模式化的做题考试产生了抵触，所以考研的复习也没怎么认真准备，那年考研的数学题又偏难，一下慌了神，结果居然把一整页题压在草稿纸下忘了做，心理准备有多不充分可见一斑。考完数学我很沮丧，那么大分值的题目没做（其实按我当时准备之不充分，就算没忘了做也是做不出来的概率更大），数学肯定过不了了，接下来的专业课就没去考了。后来想想其实还是应该去考一考，多少能为下一年积攒经验。

再后来就工作了，没去成微软，经同学张振推荐，去了南京西门子。心里的打算还是边工作边考研，为什么考研，动机也简单，我心理上还没准备好，本科只顾着埋头学好玩的，也不看路，不知道自己到底想要什么样的工作，想做什么样的事情。去西门子之后更是觉得如此，觉得效率很低，做的事情也并不是我乐意的，每天还要在班车上浪费两个小时，于是没过多久就辞掉了工作，打算复习考研。那时候距离研究生考试大概还有半年多时间，所以我中途不紧不慢地又翻译了 *Exceptional C++ Style*，占用了不少时间，到最后时间很紧了，就剩两三个月，我才开始认起真来，回想起来这是糟糕的时间管理。结果我不得不做了最坏的打算：顶多调剂去软件学院读研（我报考的是计算机系，而当时软件学院的录取线要低于计算机系），考虑到我反正是自己安排时间，在哪读差别应该不大。幸运的是，最终一分不差地过了线，算是蹭到了计算机系里。虽然如此，还是觉得这种惊险不要发生的好，以后在其他事情上或许就不会有这么幸运了，及早准备总是很重要的。

读研的两年半，是我自己觉得心智成长最迅速的一段时间。这里也有几件很幸运的事情。一是我的导师陈家骏先生给了我很大的自主空间，于是我得以有时间安排一些重要的自主学习，这段时间对我来说很重要，我学习和思考了很多东西，为个人以后的发展做了很多准备，倒是没帮导师做什么事情。所以，硕士毕业时既感激也愧疚。

另一件事情是认识了同实验室的师兄陈怀兴，严格来说是他先来找我聊天的，可见那个时候我仍未意识到与人交流的重要性，后来，建立了 Google 邮件讨论组后，越发意识到与他人交流的重要性，也开始主动寻找、参与和组织交流。陈怀兴在算法上很有造诣，也是 TopCoder 上的常客和牛人，当时我也正在为以后的工作面试准备一些算法基础，经常找他讨论，获益很多。有一句话说：**看一个人，只要看他读的书和见的人**。还是很有道理的，这两者是一个人成长中最有价值的信息来源。

研一下半年，女朋友找工作需要用到营销方面的知识，于是我帮她找书，偶遇《影响力》[3]。这本书打开了我的视野，让我开始关注一个很有价值的领域：我们如何思考，如何正确地思考。这个领域有很多有意思和有价值的书，我利用近一年的时间，陆陆续续阅读了几十本相关的书（我把这些书整理了之后，以豆列的形式放在豆瓣上），对思维的特点和缺陷，以及如何思考有了很多的了解，这些知识后来很大程度上让我更清晰地认识自己，以及在学习和生活中面临的各种问题。

3
Amazon 上极受欢迎的一本大众心理学读物。

同样也是研一下半年，我建立了一个 Google 邮件讨论组 TopLanguage，一开始是因为平常没人讨论问题，憋得难受，希望有人能够说两句，无心插柳柳成荫，后来这个讨论组的交流越来越多。创建近 5 年后，组内成员已经近 6000 人，5 年里我也从中受益颇多，其中最大的收益有两个：一是讨论能够激发自己进一步的思考，也促使自己更清晰地表述自己的观点或问题。倒不是说别人就一定告诉你什么新东西，而是讨论对你思维的刺激。二是交流中认识了不少朋友，后来快毕业的时候也受朋友颇多帮助。我一直把创建邮件讨论组看作研究生阶段做得最有意义的事情之一。

此外，我有意识地提前准备了英语，因为我相信要想进入好的外企，口语不过关很可能成为一块短板（当然，英语作为承载最多技术知识的平台语言还有更大的价值），包括阅读、书写和口语。我当时想了一个方案，可以不用额外花时间来学习英语：阅读的训练蕴含在平时的英文技术资料的阅读中，尽量读英文的，一来英文资料更加一手和全面，二来也顺便练阅读。书写的训练蕴含在去国外邮件列表发技术帖和自己写的英文博客文章中。口语的训练则蕴含在平时的娱乐中——美剧，有一个暑假我几乎天天开着美剧《老友记》入睡，另外学校有国外过来的团队演讲我不再错过，而是主动参加，有一次还带他们出去逛南京，说了一整天英语，回头路上听中文都像英文。虽然这样的机会很少，但似乎每次对口语感觉的提高帮助还挺大。后来在微软亚洲研究院的面试最后一轮就是英语的，而且是偏技术的，好在提前准备了，最后顺利地表达出了自己的想法。

去微软亚洲研究院面试，是因为幸运地认识了微软亚洲研究院技术创新组项目主管邹欣老师。邹老师和他组织的团队在那段时间写了《编程之美——微软技术面试心得》，书中有很多很有意思的题目，而我那段时间恰和陈怀兴讨论算法，在讨论组里也组织了专题的讨论，有了一点粗浅的思考，于是和邹欣老师邮件交流，由于对邹老师领导的技术创新组做的事情很感兴趣，所以找工作的时候便向他毛遂自荐。

承蒙邹老师推荐，时隔三年我再次获得了去微软面试的机会。这一次，由于研究生期间做了一些长远准备，心里有底了很多，也就比较冷静了，当年知识体系的漏洞，我花功夫补了补，面试比较顺利。面试的时候邹欣老师详细介绍了技术创新组的工作，我更加感兴趣了，所以尽管已经有另外几个也不错的选择，但内心还是迅速做了决定。大约一周后，HR 给了我 Offer，我毫不犹豫就接受了。

我想，虽然有很多人本科就明白自己想做什么，我多花了两年多，总还不算太晚。

第二篇
逃出你的肖申克

逃出你的肖申克

篇首语

逃出你的肖申克（图片来自 flickr）

“逃出你的肖申克”是写作时间跨度超长的一个系列，从我大量阅读心理学、认知科学、神经科学方面的书籍开始，一路阅读一路书写，不知不觉竟跨越了8年时间。对于我们的思维如何工作，又如何进而影响个人生活中的方方面面，我有着深深的着迷（而事实也证明广义上的心理学是一个太有趣的学科，例如这个系列最受欢迎的文章之一“从视觉错觉到偏见”就被广为转载，在网上有着巨大的访问量）。

虽然我个人并非心理学科班出身，但因此可以避开做研究中难免的烦琐的技术细节，而能从局外人的角度纯粹去欣赏它，反倒更有乐趣。即便从现实的角度来说，心理学也俨然已成为当下社会的显学（我最爱的科幻作家刘慈欣在《三体》系列中甚至也涉猎了进化心理学）。其实仔细想想这也很容易理解，所谓心理学就是关于人脑如何工作的科学，而既然社会是由一个个的人构成的，而人的行为很大程度上又由我们的大脑所支配，那么从这个根本上去理解很多问题便会非常深入本质，所以在科研方面心理学正在渗透进越来越多关于“人”的科学，形成一个个蓬勃的交叉学科，例如行为经济学（甚至还有叫神经经济学的）、计算神经科学，等等，AI 领域则同样也频频借鉴认知科学和神经科学领域的概念（例如注意力机制，长短时记忆网络等）。此外，对于个体而言，心理学的现世价值更是无处不在（甚至可以说都被炒作得有些泛滥了），例如职场中的人际关系，决策判断，问题解决，家庭中的亲密关系、育儿等。

“逃出你的肖申克”系列便是源于这些年我在泛心理学方面的阅读和思考。其中有我自己的思考，但更多的是对我看过的知识的归纳和贯通，这个系列的文章有一个鲜明的特点，就是其中有无数的引用和外链，因为我觉得能在一篇文章中归纳的东西实在太少，我更希望通过这一篇篇综述式的文章，为读者打开一扇扇窗。

逃出你的肖申克一

亲身经历才能明白？

—— 每个人心中都有一座肖申克[1]

1
肖申克监狱，源于电影《肖申克的救赎》

为什么我们常说很多时候一定要亲身经历了之后才能明白

1. 切身体验。亲身经历一个负面事件带来的情绪反应要比看着或听说别人遭受同样一个事件所感受到的强烈得多，形成的情绪记忆也更为持久。我们一定程度上的确能够感同身受（人类大脑中的“镜像神经元”是该机制的核心），但心理学实验同样也表明，一个人无法从强度上真正感同身受别人的痛苦，《错不在我》中就讲了这么一个聪明的实验：

> 即便两者实际上程度一样，我们自己所感受到的痛苦也总是比观望别人的痛苦要强烈得多。一个古老的笑话是这样说的：别人断了条腿没啥大不了的，我们断了片指甲就要大呼小叫了。这个笑话碰巧生动地描述了我们大脑的神经系统的工作方式。英国的神经科学家们曾经做了这么一个实验：将人们配对进行“以牙还牙，以眼还眼”实验，每对被试食指上都夹着一个夹子，实验者通过这个夹子往其中一个人的食指施加一定的压力，然后让他施加同样的压力给他的同伴。结果是没有一个人能够做到公平，尽管他们很努力地试图做到，然而他们总是施加更大的力道给他们的同伴 —— 他们心里认为这正是他们所受到的力道。研究人员认为这一效应是我们的神经处理机制的自然副产品。这个实验有助于解释一个我们常常注意到的现象：两个人你打我一拳，我还你一拳，结果很快拳头的力道就会越来越重，从打闹变成了真正的打架。每一方都认为自己是在公平地还以颜色，而实际上他们却并不是以牙还牙以眼还眼，而是以眼还牙，结果再弹回来的时候那家伙就想卸你的腿了。

好友徐宥曾经历过一次 7 个小时的肾结石折磨，他在博客中这样描述自己的感受：

> 有句话叫感同身受。我没有体验过肾结石的那种痛苦前，只是道义上支持三鹿宝宝的维权；现在，我真心地支持三鹿宝宝维权行动。我甚至很想折腾一下那些往奶粉里面加三聚氰胺的人，那些知情封锁消息几个月的人和那些不许家长维权的人。有生之年，得给那些害人之人，一人冲杯三聚氰胺奶粉，让他们“感同身受”一下这种绞痛，认识一下自己干的是不是人事。

2. 别人口中的故事。别人口中的故事也许只是事情的一个方面，难免受到他们自己观念的影响而产生偏见，我们每个人都戴着有色眼镜看待这个世界，客观且全面地描述一件事极少有人能做到。别人的故事也许只是他们的想法，你自己亲身经历同样的事情也许完全又是另一种想法了。

3. 为什么。别人在告诉你一个道理的时候往往只能告诉你**怎么**做，而难以说清**为什么**要这么做，遑论“为什么一**定**要这么做”了，毕竟他们自己也不一定能说清。在听到逻辑严密、无法辩驳的证据之前，你很难说服自己 A 选项优于 B 选项，直到最终自己在某一条路上撞了南墙才肯死心。

4. 世界是复杂的。世界是复杂的，更何况，很多时候人们根本无法确切地向你保证 A 选项一定优于 B 选项。比如，好好学习并不一定会有好的前程，而不好好学习也并不一定以后就一塌糊涂。吸烟不一定短命，不吸烟也不一定长寿。坚持到底不一定就胜利（甚至有可能万劫不复），而不坚持到底也不一定就失败（学会放弃也是很重要的）。这是一个复杂的世界，各种因素错综复杂，互相影响，用单一因果来解释事件几乎总是不恰当的，要想靠谱地搞清因素 X 和因素 Y 之间的关系，唯一方式就是通过随机控制实验。

5. 未来是不确定的。人类天生有一种寻求确定性的需要，以及控制周遭小世界的需求。我们总是希望听到“你只要这样这样，以后就一定能够怎样怎样”这类令人窝心的话。然而与我们的控制错觉[2]相反，这个世界有太多因素是不

2 控制错觉是指人们高估自己控制事件的能力的倾向。

确定的，除了自身的因素比较可控，外界的机遇因素几乎完全不可控制或预测。我们最多只能**做好头脑准备，尽量不错失机遇**。也正因此，你几乎永远也听不到足够有说服力的证据来告诉你“你只要……，就一定能够……”，因为事情的结果并不是仅取决于个人因素的。**个人因素往往只是结果的一个既非充分又非必要的条件**，所谓谋事在人，成事在天；**但无需悲观，因为毫无疑问，改善个人因素的确能够大大增加结果发生的概率**。

6. 别人的道理，自己的事情。我们常常说类似这样的话：“你说的没错，但是并不适用于我这里的情况”，自己的事情和别人的事情往往总是有着这样或那样或小或大的差异。如果我们先入为主地不想听取别人的意见，就很容易自己说服（欺骗）自己说“情况不一样，所以道理不适用”，而实际上到底哪些情况不一样，为什么道理不适用，是不是真的不适用，我们根本就不去深究了。另外，朋友给出的道理或故事总是与其当初经历的情境细节有着千丝万缕的联系，你记下了朋友的道理和故事，同时也就将这个道理与其当时经历的情境线索给挂钩起来了，于是当**类似的情境**发生时，你的记忆系统就能够根据情境线索提取出朋友当时说给你听的那些道理（《追寻记忆的痕迹》）。然而，这种记忆提取机制同时也有其弱点，假如你经历的情境跟朋友当初经历的情境相似性不大（尽管本质上可能是一回事），你就不会想起他曾经说的那些道理。这就是很多时候我们发现自己道理是听了一堆，结果自己生活中却不会用的原因。而所谓的“活学活用”，就是要善于抓住知识本质，触类旁通，将道理外推到表面不相似但本质一样的问题领域，对此 *The Psychology of Problem Solving* 的第 11 章举了这样一个例子：

> 先让被试（皆为大学生）阅读一段军事材料，这个材料讲述一小撮军队如何通过同时从几个不同方向小规模攻击来击溃一个防守严实的军事堡垒。事实上这个例子的本质是对一个点同时进行弱攻击能够集聚成强大的力量。然后被试被要求解决一个问题：一个医生想要用 X 射线杀死一个恶性肿瘤，这个肿瘤只能通过高强度的 X 射线杀死，但那样又会伤及周围的良好组织。医生应该怎么办呢？如未给出先前军队的例子，被试只有 10% 想到答案，这是基线（Baseline）。然后，在先前学习了军队例子的被试中，这个比例也仅仅只增加到 30%，也即只有额外 20% 的人“自动”

地将知识进行了迁移（自己就能触类旁通）。最后一组是在提醒之下做的，达到了75%，即比“自动”迁移组增加了 45% 之多（需要别人提醒）。

这个例子说明，知识的表象细节会迷惑我们的眼睛，阻碍我们对知识的迁移运用，在这个例子中，两个问题领域表面上是不相似的，但本质上是一样的。然而就是因为表面上不相似，而我们的记忆很大程度上又是依赖于一些表象上的线索来提取的，因此这些表面不相似性便阻碍了我们在问题之间进行的类比，阻碍了我们将在一个情境下掌握的道理运用到另一个情境下。

我个人就有这样的体会，我在学习专业知识时遇到问题第一反应就是上 Google 或维基百科查资料。然而，在实际生活当中遇到一些生活问题时，往往第一时间想到的却不是 Google，而是之前解决生活问题时建立起来的习惯，比如询问身边的朋友，虽然我曾经总结并告诉自己“遇到任何知识性问题，第一时间问 Google ”。怎么会这样呢？生活问题难道不也是问题？难道不也应该联想到对待专业问题的方法吗？可是我们的记忆系统的特点决定了不是这样的，生活问题就是生活问题，大脑会第一时间将我们之前怎样解决生活问题的方式提取出来，这个优先级要远远高于一个更一般的策略 —— Google，只有当没有特定策略的时候，大脑才会退而求其次寻求一般性策略。

还有更生动的例子：有一次在豆瓣上看到某人日记里面提到一个讲座，后面写了一些感想，但讲座的链接没有给出，于是我第一反应就是留言问他要链接，但是实际上呢？只要把讲座的关键字扔到 Google 上就行了。我可是 Google 的重度使用者啊，怎么会忘了这个呢？！

事实上，**我们在解决问题的时候一般有两个思维步骤：**首先根据问题情境线索从记忆系统当中提取以往成功过的方案（沿袭类似情境下用过的可行方法），然后评估该方案能否解决当前的问题，能够解决就中止记忆搜寻。这个过程被称为满意即可（Satisficing）[3] 原则，由诺贝尔经济学奖得主赫伯特·西蒙提出。在刚才提到的日记问题中，留言询问作者是我在成为 Google 重度使用者之前建立起来的、针对这类情境的特定习惯，甚至也可以说是我们每个人的第一习

3 术语“满意即可”（Satisficing）是“满意”（Satisfying）加上“够用”（Sufficing）的结合体，是在 1957 年由社会科学家赫伯特· 西蒙（Herbert Simon）提出的，他用这个词来形容人们在各种经济和社会状况下的行为。

惯（如果一个人详细说到某件事情，他肯定知道个中究竟），而且这个方法的确满足满意即可原则。因此，在这样的思维方式下，我不假思索地就沿袭了旧习惯，而没有成功地将在另一个问题领域建立的更好的方法推广到这个问题中来。如前面所说的，要是这个日记不允许留言，并且我不认识这个作者，我可能就会立即想到去 Google 了。

如何解决这个“知识经验跨情境迁移失败”的问题？除了多多反省观察自己，在面对问题的时候多抽象其本质也是一个有力的办法，因为前面那个 X 射线的例子显示，正是表面不相似性阻碍了知识的迁移运用，我们常说有些人善于看到事物的本质，这样的人往往就是那些聪明人，因为他们更能够举一反三，将一个地方领悟的道理推广到另一个看上去很不一样的地方。

7. 认知失调与自我辩护。如果我们在听到别人的道理之前已经有了一个心理上的倾向，那么即便别人给出一个有一定说服力的理由，根据认知失调理论，我们也会竭力为自己辩护；又由于世界是复杂的，所以我们几乎总是能够找到辩护的借口——“上次报纸上说一个英国老太太每天必吸一支烟，活了一百多岁呢。”(《错不在我》)

8. 失败即成功。有时候，我们的确需要在撞南墙的过程中总结出经验教训（特别是对于尚未有人走过的路），并到达成功的彼岸。从信息收集的角度来说，世界上没有成功或失败，由失败揭露出来的信息一点也不比成功事件中的信息少，或许往往还能有更多收获。

9. 情绪对照。经历了失败之后，我们在做正确的事情时便会觉得更“死心塌地”。如果没有经历失败后的糟糕记忆，我们就算理性地认识到目前的做法是更合适的，也很难从情绪上强烈地感受到这么做的“正确感”。

10.天性。我们有很多根植于大脑中的天性是进化选择出来的（《本能》《进化心理学：心理的新科学》[4]《怪诞行为学》《别做正常的傻瓜》《摇摆：难以抗拒的非理性诱惑》[5]《行为经济学》）。在判断与决策时，这些天性的优先级总是最

4
《进化心理学：心理的新科学》，进化心理学系统著作。

5
关于人类思维盲点的有趣案例和研究。

高的。然而，由于这些天性是在远古社会选择适应的，并不适应短短几百年我们才迈入的现代社会，所以我们总是听到内心里有两个声音在吵架。比如我们的天性是目光短浅，只看到眼前利益（也许这对物质匮乏的远古社会是适应的），所以即便有时候别人说服我们应该往长远考虑一些，他自己就吃过只看眼前的亏，然而你的内心里有一个声音仍然在高叫着“管他呢！”。

如果在你没有很多钱的时候，有人告诉你，钱多的人并不更加幸福；钱与幸福感几乎不相干。你会相信吗？就算他拿出非常严谨、权威、科学的心理学研究结果（《撬动幸福》），也许你没法反驳，但你内心仍然还会有另一个声音在高喊：“管他的，还是让我先发了财再来担心这个问题吧。”我们似乎有两个大脑：一个理性大脑（由进化年代较为新近的大脑皮质构成，具备自我意识、分析、计划、抽象、语言等复杂的功能）和一个原始大脑（由进化年代较为久远的大脑区域构成，适应于远古社会，主管情绪及一些原始的需求和条件反射，如生存、繁衍、道德直觉等）。这两个区域并不总是合作无间的，面临两难决策时内心往往会有两个声音在争吵，就是它们在吵架 —— 理性的大脑告诉你应该这么做，但是原始的直觉却大喊应该那么做。到底怎么做呢？如果别人通过严格的心理学实验告诉你幸福与钱并不相干，你会怎么看？在无可辩驳的证据面前你的理性大脑被说服了，但是你的另一个大脑却根本不买账，它的工作机制是：没钱就用焦虑来驱动你，让你寝食不安，等你挣到钱了，就给你短暂的满足感，之后让你迅速习惯于这点满足感，迫使你把目光投向更多的钱（进一步用焦虑来驱使你去赚更多的钱）。为什么你自己的大脑会跟你过不去呢？为什么它总是不让你开心呢？很简单，如果你总是感到满足的话，就不会去进取，在一个残酷的优胜劣汰的竞争环境中，你的这种不思进取的基因很快就会被淘汰。经过了漫长的筛选和淘汰，如今剩下来的基因几乎都是挣钱机器（《本能》）。用数学的语言来说，自然选择过程试图最优化的目标函数并不是“幸福感”，而是“繁衍概率”。

贪婪、嫉妒、短视、投机，这些天性也许在远古社会曾经成功地让我们的祖先占取了生存繁衍优势（并不像某些宗教里说的这些是所谓“原罪”，它们只不过是适应于特定社会背景的进化心理机制、判断与决策的启发式方法而已），然而现代工业社会的环境已经发生了根本性改变，分享、合作、交流、长远、诚实，这些才是在现代社会获得成就的方法，但由于我们的天性还没为这个社会准备好（进化是需要时间的，人类进入现代社会的时间太短，才区区数百年，和漫长的几十万年相比就像一瞬，进化的齿轮——需要经过一代代的繁衍来驱动——根本还没来得及跟上社会形态变化的脚步，所以我们仍然在使用着适应远古社会的心理和生理机制），因此，**我们常常需要用理性的声音去说服内心的原始人**。

11.习惯。我们常说，“说起来容易，做起来难”。习惯的力量远远大于我们的想象，很多时候我们都会有这样的体会：听到一番很有道理的话，但没过几天，发现自己又变回原来的老样子了。甚至自己在一次困境中领悟出了一些很重要的道理，决定在下次遇到类似情况的时候不再犯以前犯的错误。然而，当真正遇到下一次情况时发现自己又无意识地犯了同样的错误，谁说人不会两次踏入同一条河流？

亲身经历了就一定明白吗

1. 很傻很天真的条件反射。条件反射是一个很傻很天真的系统——我们碰了一鼻子灰之后往往就会选择放弃自己的做法。然而其实撞了南墙并不就一定意味着做法不对，可能只是时运不济。**没有得到好的结果并不代表你的过程就错了**。有人勤奋学习却发现中学同学撞大运成暴发户了或找了个好老公，于是得到悲观结论说学习没啥用。可以想见，如果他因此就改变做法，整天等着机遇降临，同样也可能会一败涂地。同样，**结果正确也并不代表方法就一定正确**。在金融市场里面这样的情况尤其显著，让大猩猩来选择股票也有运气好的时候（《黑天鹅》，*The Black Swan*[6]），如果大势利好则更是如此。但难道这就代表所用的方法是正确的了吗？客观的做法是：**看重过程，而不是看重单次的结果——因为再好的过程也可能会偶尔失利，但从长远来统计，好的过程总体上必然导致更好的结果**（《别做正常的傻瓜》第 12 章：“抓住老鼠的一定是好猫吗——结果偏见”对此有介绍）。

6
《随机致富的傻瓜》作者的另一本著作。

7
为什么我们会有各种各样错误的信念而且还坚信不疑呢？

2. 认知偏差。我们有着各种各样系统的认知偏差，我们经常对事物做出错误的解释和归因（即便自己是亲历者），有时甚至反而是“当局者迷，旁观者清”。李笑来老师曾经讲了他亲身经历的一个有趣的故事：

> 我的教练臂围是 43 厘米，几乎和常人的大腿一般粗。有一次他告诉我他练习的诀窍——握哑铃的时候，一定要把手掌边缘贴到靠体侧的那一个哑铃片上。这样的话，哑铃的另外一端将自然地向外翻转一个很小的角度，臂屈伸的时候恰好可以使肌肉获得最大的曲张刺激。然后他得意而灿烂地笑着说，“多简单啊！”而我却突然明白了另外一件事：他的成功其实并不是来自这个所谓“简单而神秘的技巧”，因为我认识另外一个健身教练臂围 45 厘米，我从来没看到那个 45 厘米臂围的教练用这种方法握哑铃。但他们都成功了。（摘自《心智力量的差异》）

8
为什么我们能在瞬间做出靠谱的决策。

事实上，很多成功者自己的总结都不靠谱，就是因为他们自己也难以对自己的成功进行正确的归因，比如我们都有这样一种倾向：将失败归因于外界因素，将成功归因于自己的能耐（心理学把这个称为自我服务偏差）。此外，人类的思维有着各种各样的认知偏差，不管是成功者还是失败者，只要没有对人类思维和心理机制的基本了解，都难逃认知偏差的影响。作为一个开始，你也可以从《理性犯的错：日常生活中的 6 大思维谬误》[7] 开始阅读一些经典的思维谬误。

9
人类直觉思维的强大之处。

3. 情绪系统。我们之所以强烈地依赖于需要亲身体验一个负性事件来学习，是因为**我们平常的决策与判断强烈地依赖于情绪系统的输出**，如果一个事情“感觉上没错”，那么我们无论有多好的理由也很难说服自己不去做它，如果一个事情“感觉上不对”，则无论有多好的理由也很难说服自己去做它。这种对情绪系统的强烈依赖使得理性的证据在强烈的情绪面前显得异常无力。事实上，我们的直觉的确有不少时候是很灵的（《决断 2 秒间》，*Blink*[8]；《直觉思维》，*Gut Feelings*[9]），但也有不少时候是失灵的（前文已经有例子了）。对于直觉的意见，正确的做法不是全盘照收或一概不听，而是将它当作参考，然后利用理性大脑对其进一步检验（Critical Thinking）。我们在一定程度上是能够驾驭情绪的，毕竟情绪系统只是我们的进化工具箱中的决策系统之一，而不是全部。始终别忘了情绪系统只是一个比较粗糙的判断决策系统，并且它很多时候是为了适应远古社会而非现代社会的（《本能》）。

不需要亲历也能明白——理性的力量

我们对于事物的思考深度常常是不够的，在浅层次的思考之后，如果我们的情绪系统已经给出倾向或感到满意了，那么很少有人会继续深入地思考事情的另一面，而开始着手行动。这种匆忙的态度往往是失败的起源，在碰壁之后，我们被动地“让事实告诉了我们”某方案是行不通的，**让事实替代我们进行了思考和推理**，我们从失败当中获得了信息，知道了为什么之前的方法是不恰当的，这就是一些时候我们认为要亲身经历才能明白的原因。然而，这并不意味着任何时候我们都只能“做了之后才发现……”，人类最强大的能力就是**社会学习**——

普通人从自己的错误中学习，聪明人从别人的错误中学习。

人类最强大的另一个能力则是归纳和推理——

A few lines of reasoning can change the way we see the world.

我们可以理性地思考、权衡各个选择的利弊，而不仅仅满足于情绪上的判断。假设面临两个选择，我们可以结合别人的经历，利用自己的推理能力，推断 A 或 B 选项可能带来的各种利弊。对于其中不确定的因素，我们可以进一步从别人那里收集更多的信息好让判断更靠谱，或者可以对风险的上下界进行一些估计。总之，尽量让我们大脑中假想的角色经历虚拟的失败，从而避免在现实中碰一鼻子灰。

我们在大脑中走得越远，在现实中就走得越稳。**我们在大脑中失败的次数越多，在现实中失败的次数就越少**。

直到实在没法事先知道答案（你所面临的问题是任何前人都没有探索过的），

才必须亲自探险，那个时候，我们就不再是在重复别人走过的老路，而是探索者和创新者。

尾

人最重要的能力之一就是能否从**别人**的错误中学习，能从别人的错误中学习的人往往可以迅速走在别人的前面，**在别人跌倒的地方跳过去**，而不是重蹈别人蹚过的泥潭。

在信息社会，所有人的经验教训、知识以前所未有的速度，以互联网为媒介传播开来，不论什么主题，总能迅速找到一堆书籍、论坛、网页，然而能否从中获取知识，从噪声中萃取信号，就看你有没有一双具有辨识力的眼睛和善于思考的心智，否则在海量的信息面前真的就只能弱水三千只取一瓢了。

扩展阅读

[1] Wikipedia：Sunk costs（沉没成本）。
[2] Wikipedia：Fallacy of the single cause（单一因果谬误）。
[3] Wikipedia：Cognitive dissonance（认知失调）。
[4] 有关两个大脑的论述：*Of Two Minds When Making a Decision*。

逃出你的肖申克二

仁者见仁智者见智？从视觉错觉到偏见

《心智的构建：脑如何创造我们的精神世界》（*Making Up the Mind*[1]）和 *The Tell-Tale Brain*[2] 上讲了这么一个简单但深刻的实验：

1 一本引人入胜的关于大脑和思维的科普著作，作者是英国伦敦大学的教授，世界领军神经科学家之一。

2 《脑中魅影》作者的另一本著作。

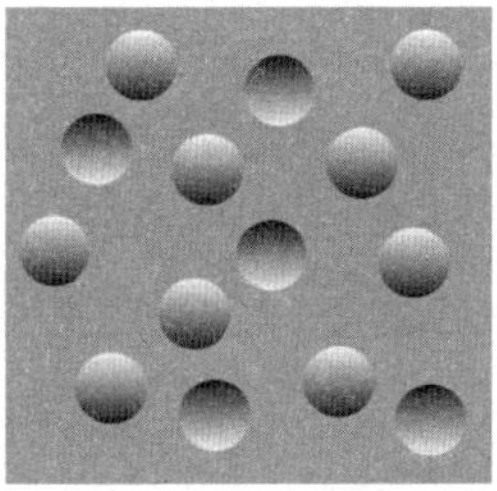

来源：*The Tell-Tale Brain*

我们看到这张图片的第一反应是：5 个凹坑，其他都是凸的。

现在仅仅将图片转动 180 度：

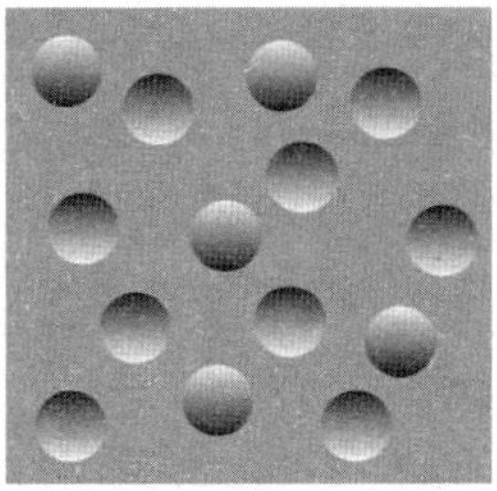

来源：*The Tell-Tale Brain*

凸凹感就完全互换了。

为什么同一幅图片，仅仅转动了 180 度，我们就会有完全不同的解释呢？

我们知道，视觉图像要到达大脑，首先要在视网膜上成像（视网膜上密密麻麻地排布着感光细胞），刺激感光细胞形成的神经冲动经过一系列复杂的神经通路到达视觉皮质。但后续的繁杂步骤其实都是对视网膜上成像的处理。这里，对我们的讨论而言，不妨将视网膜看作一张感光胶片，重点在于视网膜上的像完全是一张二维图片。大脑从图像中提取出来的任何信息都以这张二维图片为原始素材。

那么，**究竟大脑是怎么从二维图片中看出（推导出）三维的？**

其中一个重要的工作就是判定深度。前面的两张图片完全是二维图片，在我们的视网膜上也是二维的。然而大脑却能从中理解出三维来，判断出一个按钮或“凹”或“凸”。这是怎么办到的？

很简单，假设环境中有光源，并且光源来自上方，那么凸起的物体会在下部出现阴影，凹陷的物体则会在上部出现阴影。于是，图中按钮的下半部出现阴影就意味着按钮是凸的，上半部出现阴影则代表按钮是凹的。

然而，别忘了，大脑的这个推理成立必须有一个前提，即光线从上方照下来，如果光线从下方照上去的话，一切就反过来了，凸起的物体上部将会呈现阴影，凹陷的物体则是下部呈现阴影。因此，同样的一幅图片如果假设光线从下方照射，原来看成凸的物体就应该看成凹的，原来看成凹的就应该看成凸的。

那么，回到我们的第一幅图片，**你能够盯着第一幅图片并假想光线从下方照上去**，进而把原来凸的按钮看成凹的吗？事实证明这很难，但我们可以做一个等价的事情——将图片转动 180 度：考虑到我们总是假设光线从上方照射及按钮的上下对称性，对原来的图片而言，颠倒原图就相当于假设光线从“下方”照上去了。

我们发现（上文第二张图），一旦颠倒图片之后，果然凹凸就换位了。

这就是说，同一幅图片其实有两种（乃至更多）可能的解释，取决于你的大脑到底假定光照来自下方还是上方。但为什么我们看上面两幅图片却不会出现“二义性”的错觉呢？因为在地球上的生物亿万年生存的环境中始终有一个巨大的、来自上方的光源——太阳，漫长的进化历程已经在我们的神经回路中刻下了“光源来自上方”的思想钢印，所以虽然第一幅图片本该完全有两种解释（其实不止两种），我们还是不可避免地只看到其中的一种，即假设以“光线来自上方”为前提的解释，即使铆足了劲看也难以将凸的看成凹的，因为难以克服进化印刻在大脑中的“光线来自上方”的假设。因此，为了让你看到“当光线来自下方时你会看到什么景象”，我不得不将图片颠倒一下，结果你就看到原来凸的变成凹的了。

如果你了解贝叶斯方法，这个“光线来自上方”的假设就是所谓的先验假设（Prior）。

世界在我们眼中其实只是一张二维图片，由于引入了“光线来自上方”这个先验假设，便有了凸凹。否则，文中一开始那张图片中的“按钮”可以是凸的，也可以是凹的，也可以是一张平面的、故意捉弄你眼睛的画。

最后，我们再来做一个实验，将原图转动 90 度：

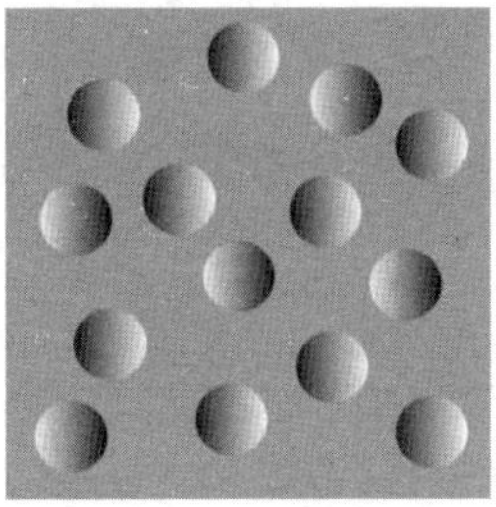

来源：*The Tell-Tale Brain*

是不是发现凸凹感基本消失了？也就是说，“二义性”感更强了。现在图片看上去更像是透过面板上的一些孔洞看背后的一张黑白条纹纸。前面提到，我们的大脑通过阴影来判断凸凹，在对阴影的“含义”进行推断的时候必须假定光线来自上方，而在这张竖着的图中，假设光线来自上方，那些阴影是没有意义的，因为不管凸还是凹，都不会形成这样的阴影，因此我们的大脑便无法判断凸凹了（其实只要稍微把头偏一下就会看到凸凹了）。事实上，由于 90 度的偏角远小于上下颠倒，所以可能不少人即使不偏头还是能够在上图中看出凸凹感来的，只要想象光线来自左方或右方即可，比想象光线来自下方容易多了，例如下面这幅图：

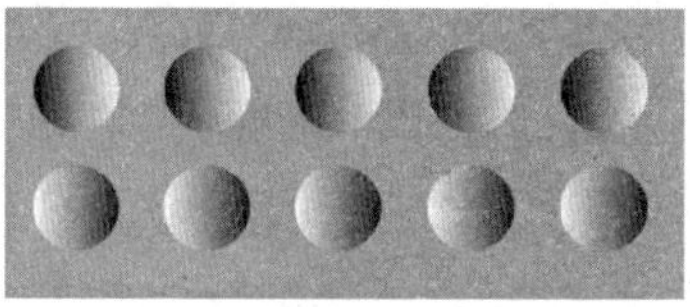

来源：*The Tell-Tale Brain*

关于这幅图，有意思的地方在于，如果你把上面一排按钮看成凸的，那么下面一排便自动变成凹的。反之同理。这是由于我们大脑中的另一个先验假设：光源只有一个。所以当你把上面一排看做凸的，你其实是假设光源来自右方，此时，下面一排便必然是凹的。

也许这个实验对你来说过于简单，对于我们大脑中的“光线来自上方”的先验假设你还没有强烈的感觉。下面是一个更强的先验假设 —— 人脸。

我们的大脑中有一个神经网络模块专门负责识别人脸，这也是一块“硬编码”的神经网络，也就是说我们天生就对任何（类似）人脸的图像敏感，所以随处都能看到人脸，稍微类似人脸的图像就会被优先解释为人脸。用“手中拿着锤子，什么东西看上去都像钉子”的话来说，人脸模型就是我们的大脑在图像识别时的一柄黄金大锤。

图片来自互联网

当这种对人脸的强大先验假设与“光线来自上方”假设产生冲突时，真正诡异的事情就出现了！

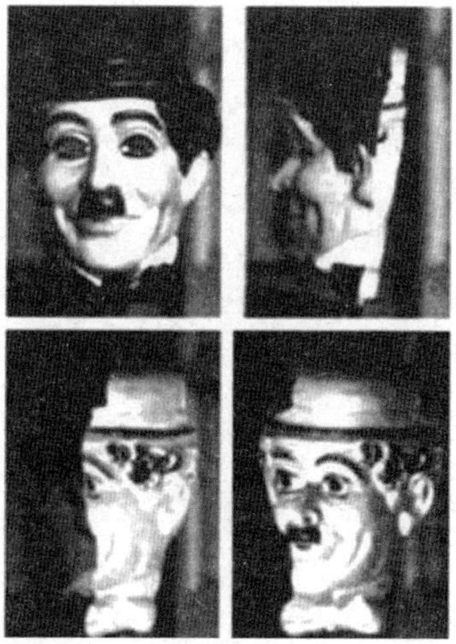

静态图片不够生动，请到优酷网上搜索这个视频的动态旋转过程：“卓别林面孔错觉［视觉错觉］”。
优酷网上的“面孔错觉［视觉错觉］”这个视频则很好地将上文提到的两个实验结合了起来。

这是卓别林的面具在旋转过程中四个不同瞬间的截图，左上图是面具正面的正常图像，但右下角是从反面看的情形——这个时候实际上面具是向内凹陷的面孔，但是我们的大脑欺骗了我们，让我们仍然看到凸的面孔，因为大脑的人脸识别模块对“脸是凸曲面”的先验假设轻易地打败了“光线来自上方”的假设。大脑的逻辑是这样的：如果假设光线来自上方，那么根据阴影来推断这就应该是一张凹陷的脸。但我们又知道所有的脸都是凸的，因此必须推翻光线来自上方的假定才能符合“事实”——**当大脑中的两个假设相冲突时，更强硬的那个获胜**。而如果这不是一张人脸面具，我们就能轻易地意识到右下角的截图是凹陷的。

如果你对这种先天印刻在大脑中的先验假设仍然有所怀疑，再来看看著名的诡异的艾姆斯房间（Ames' Room）和艾姆斯窗户（Ames' Window）吧：

图片 / 视频来自理查德 · 格里高利（Richard Gregory），下载地址：详见勒口处“本书网址链接合集”第 4 条。

在艾姆斯房间和艾姆斯窗户中，由于我们假设房间的框架和窗户的框架是平行的，从而会将视觉上平行的窗户看作是与我们相对平行放置的，而将视觉上扭曲（一头宽一头窄）的窗户看作是与我们相对垂直放置的（因为其一端离我们远去从而变小）。事实上我们在现实中正是通过物体大小的变化来判断远近的，这也正是透视法能够在平面纸张上创造出三维视觉效果的原理：

透视

在前文的实验中，我们的大脑由于有“内置”的假设，所以轻而易举地将一些按钮无歧义地解释为凸或凹（后面我们会看到，虽然先验假设会帮助我们消解二义性，但先验知识恰恰也正是偏见的本质来源），我们不免要想：如果缺乏先验知识来消解二义性，会出现什么现象呢？

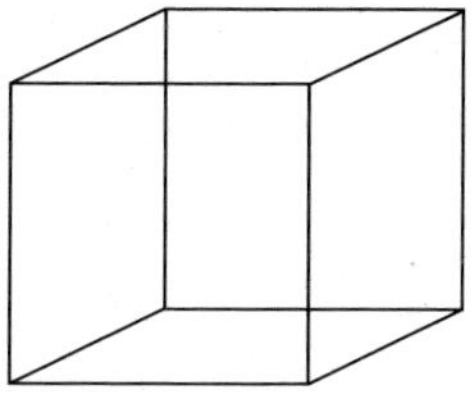

奈克方块

这是著名的奈克方块（Necker cube），或称奈克立方体，对它的三维解释是二义的。也许由于我们对平放的方块更熟悉（对图片来讲这是一个先验知识，因为它并不蕴含在图片本身携带的知识当中），更多的人会看到其中的一种解释（即“一个平放着的方块”），但其实还有一种解释也是完全可能的。如果不引入“现实中平放着的方块更常见”这个先验假设，我们其实是无法在两种假设中选出一种的，两种可能性等同。事实上盯着图片久了之后这两种解释就会随机切换。

要消解二义性其实很简单，引入新的“**线索**”，或者说“证据（Evidence）”——了解贝叶斯方法（参看“数学之美番外篇：平凡而又神奇的贝叶斯方法”）的读者对这个字眼应该很熟悉。

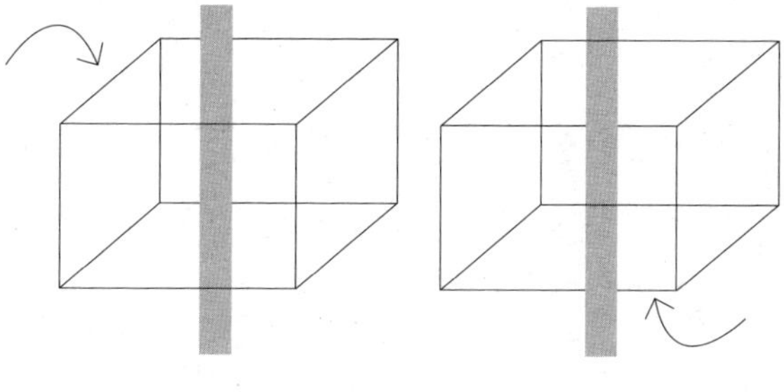

来源：维基百科和奈克方块

我们的大脑会综合图片中所有的线索，以及大脑中原本就有的先验假设，给出最可能的解释。但必须注意的是，按照统计学派的观点，应该让数据本身说话，如果不引入先验假设，二维图片就是二维图片，每种解释的可能性都是均等的，但如果考虑了先验假设，那么往往只有一种或几种可能性是靠谱的（Plausible）：

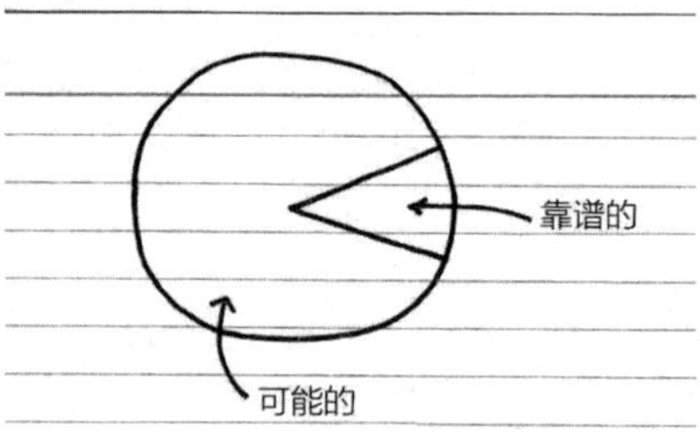

来源：Indexed

曾经流行的“看你是左脑还是右脑”的“旋转的舞者”图片也是绝佳的例子，其实这跟左右脑毫无关系，类似的多义性视觉错觉参见多稳态知觉（Multistable Perception）：

旋转的舞者

有人看到的是顺时针旋转，有人看到的是逆时针旋转，但更多的人看到的是顺时针旋转，正如奈克方块中更多的人看到的是一个水平放置的方块一样。一种可能的解释是我们对顺时针旋转更为熟悉（先验假设）。

但是如果我们给图片加上一些新的**“线索”来辅助消除二义性**，就会发现变化出现了：

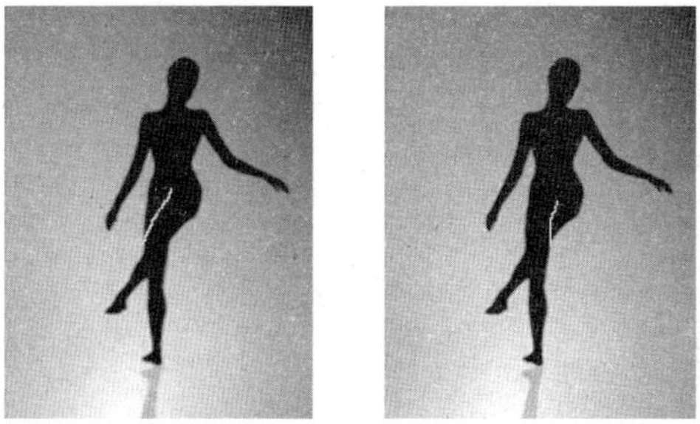

来自网页设计师茅原伸幸（Nobuyuki Kayahara）和维基百科，以及台大心理系陈建中副教授的解释。

上图展示了两个完全一样的瞬间，只不过左图中的线索暗示了舞者正面朝向你，右图则暗示背面。像前面新加线索后的奈克方块一样，为图中舞者的剪影添加轮廓线索，强烈提示了目前这个瞬间到底是正面还是背面。借助这个提示，大脑正确地消除了二义性。

其实，说到底一张二维图片就是一张二维图片（外界物体反射的光线投射到我们的视网膜上也只是留下二维的图像），其三维解释有很多甚至无数种，但**为什么绝大多数情况下我们的大脑能够一下就锁定在其中的一种可能性解释上呢？**皆因我们的大脑对生成这张图片（特别是图片中的阴影）的环境参数有一些先验的假设（如前面提到的"光线来自上方""脸是凸曲面——严格来说，鼻子是凸的"）。注意，这些先验假设并不蕴含在图片中，而是我们在长期生活中无意识统计出来的，或者干脆就是漫长的进化过程筛选出来的有价值的先验假设——正如婴儿天生在吃奶期就懂得吮吸一样。

我们再来回顾一个经典的视觉现象——**色彩恒常性（Color Constancy）**。我们已经知道，同一个物体，在不同光照条件下我们知觉到它的颜色基本不变。一个青苹果在日挂头顶的中午的白炽光线下看上去是青的，在斜阳西下暗红色的光照下是青的，在清晨淡蓝色的雾霭中还是青的。你可能觉得这很正常，青的就是青的，有什么好奇怪的。但问题是如果将我们的眼球换成一个纯粹的光线接收器，从而客观记录下从苹果表面反射的光线的 RGB 值（红、绿、蓝三色的比例），会发现在不同环境光照条件下，实际从苹果表面反射出来的光线差异很大；例如环境光只有长波（红色），那么不管苹果表面的反射比如何，反射出来的光也只能是长波，但为什么我们看起来仍是青色的呢？

如果我们在一个带孔洞的封闭箱子里放置一张白纸，让观察者透过孔洞观察这张白纸。那么在箱子内用黄光照射时，观察者会看到黄纸，用红光照射时会看到红纸。但如果不是通过孔洞，而是打开箱子来观察，则不管用什么光照射，我们看到的都是白纸。

为什么会出现这种现象？目前为止已经有了一个理论解释框架：尽管同一物体在不同光照条件下反射的光线差异很大，即视网膜接收到的光线差异很大，但视觉皮质对视网膜接收到的光线又进行了一层处理，这层处理就是从视网膜接收到的光线中“抽取”出物体的“真实颜色”。我们的神经回路如何计算这个“真实颜色”目前还并不最终明确，但有靠谱的逼近算法（被称为 Retinex Algorithm），其中一个简洁的版本是这样的：假设目标物体周围的邻近环境中存在完全反射光线中的绿光成分的物体，也存在完全反射光线中的红光成分的物体，也存在完全反射光线中的蓝光成分的物体，那么只要将眼睛采集到的环境光线中最强的绿光成分 Gmax、最强的红光成分 Rmax、最强的蓝光成分 Bmax 分别记录下来，然后算一下目标物体所反射的光线的 RGB 对 (Rmax, Gmax, Bmax) 的比例即可。

这里，再一次，我们的大脑从一个具有多义性的信息源中抽取出了一种最靠谱的解释。从物体表面反射的光线并不能唯一确定物体的反射比 —— 一个方程无法解出两个未知数（光照、反射比）。但我们的大脑还是聪明地利用了环境中的线索，靠谱地解决了这个问题。

然而，**接下来才是真正的重点**。在刚才提到的算法中，一个先验假设是“目标物体周围的邻近环境中存在完全反射光线中的红 / 绿 / 蓝光成分的物体……”，问题是如果这个假设不满足呢？戏剧性的错觉就出现了，见下图：

这是一个非常经典的视觉错觉，相信很多人都看过。本质一样的视觉错觉还有精彩的彩色版本，莫罗·维基（Mauro Vecchi）在 YouTube 上发的一个视频合集，优酷上也有对应视频 [6]。

图中 A 和 B 两个小方块的颜色深浅一样吗？如果你觉得不一样，不妨用软件把这两个色块的像素摘取出来对比一下。注意，色彩恒常性只是我们体验到的一系列主观知觉恒常性中的一种，关于色彩恒常性，有一个不错的视频 [7]：多亏色彩恒常性，多彩世界才不混乱。

以上这些错觉与实际生活多少有点脱离，但我打赌以下这个现象每个人都看到过——只要你去过理发店，因为这个错觉也被叫做（理发店门口的）“旋转彩柱错觉”：

来源：维基百科

透过条柱看到的黑白条块在往下移动，而透过孔隙看到的黑白条块则往右下方移动。然而，实际上孔隙背后的黑白条纹纸可能正在往下移动，也可能往左移动，**实际上其移动的角度有无穷多种可能，为什么我们的大脑只看到了一种可能？**具体解释可以参照维基百科上的三色柱（Barberpole illusion）条目。

我们的视觉系统通过大量的先验假设来解释投射到我们视网膜上的二维图像，从中推断出三维结构，类似的例子还有：动态效应（Kinetic Effect）、空间透视（Aerial Perspective）、视差滚动（Parallax Scrolling）等。我们主观感知到的三维图像只是我们的大脑玩的一个小魔术，或者，严格来说，是一系列小魔术之一。

在一般人看来，视觉错觉只是拿来哄人开心的小伎俩，是魔术师的小把戏，“不登大雅之堂”。不过，在心理学家和认知神经科学家眼里，视觉错觉是一个迷人的研究领域，是研究人脑如何处理信息的窗口（《视觉大革命：颠覆人类观念的视觉大发现》，*The Vision Revolution* [3]），**正如数学家们透过悖论对数学的奥秘一窥端倪，心理学家们也在透过形形色色的错觉现象探索大脑对信息的处理机制**。更多信息可参考网上一篇严谨而不失趣味的论文“*Perceiving the Present and a Systematization of Illusions*”。

3
作者是一位思想独特的科学家，这也是一本独特的科普著作，介绍人类视觉各种令人惊讶的现象。

以上这些错觉现象实质上揭示了一个深刻的原理，这个原理不仅适用于视觉现象，同样适用于其他心理现象：我们的大脑从外界接收到的信息其实是充满歧义的。单单从这些信息本身来看，我们应该感到无所适从才是，然而我们的大脑几乎每次都能够从富含歧义的信息中找出最靠谱的解释，做出可靠的点估计 [4]，这得益于漫长的进化过程，以及我们平常生活中积累的大量先验假设。然而，接下来我们要提到，这些先验假设是双刃剑，其锋刃的另一面就是我们常说的“偏见”。

4
点估计：又称定值估计，即用实际样本指标数值作为总体参数的估计值。

《概率论沉思录》(*Probability Theory, the Logic of Science*) [5] 上讲了这么一个故事：

5
经典的概率论教程。

> 一个月黑风高的夜晚，身为警察的你在一条荒无人烟的街上巡逻，忽然听到入室盗窃自动警报，你转头望去，发现街对面珠宝店的玻璃窗户破了个大洞，一个蒙面的家伙背着一个鼓鼓囊囊的包正从窗户中爬出来，此时，你一定毫不迟疑地断定此人为窃贼。你是怎么推断的呢？

在电影《疯狂的赛车》里，耿浩到庙里取了骨灰，一出门看到几个黑社会老大模样的家伙，以为是殡仪馆的人，而对方却以为耿浩是杀了泰国佬的地头蛇，并把耿浩手里的骨灰盒当成了藏毒品的工具，还一通佩服，结果一桩阴差阳错的生意就做成了。他们又是怎么推断的呢？

日常生活中的事件，总有一个普通的解释，以及一个疯狂的解释。

上面故事中那个蒙面背包者可能是珠宝店的老板，从假面舞会回来，身上没带钥匙，当他路过自己的珠宝店时，一辆卡车呼啸而过，轧飞的石子打碎了珠宝店窗玻璃，为了保护店里的珠宝，他只能进去把珠宝收起来带走。

至于《疯狂的赛车》，另一种解释不用我说了。

曾在论坛上看到一位朋友讲了这么一个故事：

> 我有个朋友前些日子刚结完婚，这里有一个故事。他本身并不富裕，因此呢，就跟媳妇商量，咱能不能一切从简，什么三金（就是金项链、金戒指、金耳环）也就都免了吧，媳妇说这是家里规矩，不能同意，这边老丈人当然就更不同意了，非逼着我这穷哥们买三金，给一万元礼钱。
>
> 最后，没办法，我这朋友东挪西借把东西弄齐了。婚礼上，老丈人也给新郎一个红包，可我这哥们却始终憋着一股气，接过来之后终于没按捺住，爆发了，你猜怎么？他把红包给撕了扔地上，后来大家就劝他别这样，结婚呢，好不容易安抚下来，有人就说，你把彩礼捡起来吧，看看到底给你多少钱，结果他捡起来一看，是一张存折，上面显示有十万元存款。
>
> 原来老丈人并不是想要从男方家捞什么钱，只不过就是认为按照自家风俗三金、礼钱是必须的，否则女儿嫁的太不风光了。仅此而已。

故事中的这位朋友又是怎么推断的呢？他所得到的信息仅仅是他的丈人坚持要他给礼钱，至于丈人这么做的真正意图，他并未弄清一点点信息。丈人的意图只是他自己的推断，他对丈人意图的推断只是一种可能性，并非唯一的可能性。然而他还是不可避免地陷入了对自己的推断过分信任的陷阱，一旦脆弱的自尊被触发，接踵而来的便是一连串情绪化的、自动化的行为（仿佛进入了自动驾驶模式）。

想一想，生活中有多少误解是误读别人的意图而导致的呢？

我们总是混淆“事实”和“推断”，尤其是当我们对推断的确信度很高，或者某种推断对我们有利的时候，或者当这个推断源于大脑天生的偏见，例如，将关联误当作因果就是我们的认知死穴之一：

来源：xkcd

松鼠会的新书发布时，姬十三写了一篇博文介绍这本书，我跳转过去浏览了一下，看到介绍的结尾跟着一段话：

> 作者简介
>
> 姬十三，神经生物学博士，供职于美商百科网站博闻网（详见勒口处“本书网址链接合集”第 5 条。）。为《新发现》《外滩画报》《时尚健康》等报刊撰写科学专栏。个人博客详见勒口处“本书网址链接合集”第 6 条。

6
科学松鼠会群体写作的第一本书。

我就感到奇怪,《当彩色的声音尝起来是甜的》[6] 是松鼠会诸多作者的作品合集，为什么这里作者简介只写姬十三呢？我想当然地把这里的作者简介当作了新书的作者简介，我心想：那难道还有什么可能呢？（这同样也是我们的认知偏差之一 —— 把“想不出其他可能”当作“没有其他可能”。）然而老婆又适时地泼来一盆冷水（我为什么要说又呢？）：这里的作者简介难道不可能是这篇博文的作者简介？我一想，也是啊。要证伪我原来的假设很简单，翻开另一篇博文就知道了。于是我随便打开松鼠会网站上的另一篇博文，果然这里的作者简介是博文的作者简介，而非（我原来所猜测的）新书的作者简介。

但是，关键是，原先我并不知道松鼠会的博文有这么一段作者简介，因而就我原来所持有的知识而言，我做出的推断是唯一靠谱的，这也是为什么我感到如此确信的原因之一。而且，由于我不知道松鼠会的博文有这么一段作者简介，因而我**根本无法看到或设想另一种可能性**。既然想不到另一种可能性，又怎么可能有机会去证伪我的猜测呢？可见当知识有硬性局限的时候，就算有开放的心态（Open Mind）甚至也是不够的：

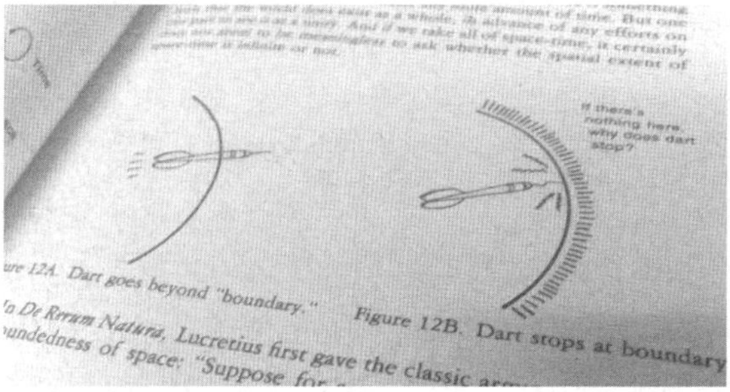

来源：Matrix67

> 古罗马哲学家卢克莱修（Lucretius）认为，宇宙是无限的。让我们来看一看他的经典论证。假设宇宙是有限的。我们往宇宙的边界投掷一根标枪。则我们将看到以下两种情况之一：这根标枪穿过边界飞向远方，这说明宇宙并无边界，它是无限的；或者这根标枪一头撞上宇宙边界停了下来，这说明边界外“有东西”挡住了标枪，同样说明宇宙是无界的。（来自 Matrix67）

我想说的是，在我们的知识体系里面还不存在“有限无界”这个概念的时候，上面的推理真的很滑稽吗？我们现在的知识体系和古希腊相比固然得到了极大的进步，但是我们真的变得更“聪明”了吗？要知道推理的引擎（演绎和归纳）几十万年来却并没有变化，我们只是站在巨人（数千年知识的积累）的肩膀上，但这个巨人的高度并不属于我们自己，我们有什么理由五十步笑百步呢？

我们太可能因为受到知识的局限性而对事物的看法产生无法消除的偏见，**有时候打破这种偏见的唯一途径就是开阔视野、多积累知识，以及和具有不同知识背景的人讨论**，否则就算抱着“我可能是错的”这种信念，你也不知道怎么去证伪自己的一个猜测。

关于我们大脑中的先验假设会对我们的日常推理和记忆造成多大的影响，1981 年两位心理学家布鲁尔（William Brewer）和崔恩斯（James Treyens）做了这么一个实验：

> 召集一些人，告知他们将会参加一项学术研究计划，实验者先带他们到一间办公室稍事休息，一段时间之后，叫他们出来，并询问他们记得办公室里有哪些东西。一些人声称看到了书，然而实际上办公室里根本没有书。

这里的原理是显而易见的，我们期望在一个学术机构的办公室里面看到典型的事物 —— 书。当我们的直接记忆并不深刻或等候时并未刻意留心屋内的摆设和物品时，我们会依靠之前生活中积累出来的先验假设进行推理，填充记忆的模糊或空白。关于虚假记忆的研究也表明，我们的记忆并不像电脑的存储设备那样，忠实记录，然后忠实读取，实际上在记录和读取时都是相当程度上“构建性”的，而构建所用的“素材”则是我们之前在生活中积累出来的经验。这也是为什么同一个故事经不同的人口口相传之后会出现形形色色的版本的原因。

下面是一段机器学习领域的八卦，不熟悉该领域的读者可略过。

对基于统计（特别地，基于贝叶斯）的垃圾邮件过滤的基本机制有所了解的读者应该知道，在判别公式里有两项分别是 $P(S)$ 和 $P(H)$，分别代表一封邮件是垃圾邮件和非垃圾邮件的（先验）概率，一项统计表明现实世界中这个比例是 8 / 2，即 80% 的邮件是垃圾邮件。这个就是过滤器眼中的世界，“八成的人都是坏人”，也是过滤器的“偏见”，或者“先验假设”，来一封邮件不管三七二十一首先作一个最坏的打算。正如机器学习方法的偏见来源于训练数据集，我们头脑中的偏见也来源于我们大脑中神经网络的训练数据集——现实生活。

由于 8 / 2 的比例并非与时间无关的稳定比例，或者其他什么原因（如保守起见），目前大多数贝叶斯垃圾过滤系统实际上将这个比例设为 5 / 5，表示“无偏见”，不设先验。这就基本上将贝叶斯这个词扔掉了。但我个人觉得这并不能称为“无偏见”，如果现实就是“有偏”的，保持公平也是一种偏见，这让我不禁想起彼得·诺威格（Peter Norvig）讲的关于人工智能鼻祖马文·明斯基（Marvin Minsky）的一则轶事：

> 彼时苏斯曼（Gerald Sussman）还是个新手，有一天，他正在 PDP-6 小型机上捣鼓，明斯基过来找他。
>
> “你在干嘛？”明斯基问。
>
> “我在训练一个随机连接的神经网络，用来玩三连棋游戏。”苏斯曼回答。
>
> “为什么网络要随机连接？”明斯基问。
>
> “我不想让这个神经网络存在如何玩三连棋的预设概念。”苏斯曼回答。
>
> 然后，明斯基紧闭双眼。
>
> “为什么要闭上眼睛？”苏斯曼问他的老师。
>
> “两眼一闭，这间屋子不就空了。”
>
> 苏斯曼恍然大悟。

根据诺威格的说法，明斯基是想告诉苏斯曼，一个随机赋值的神经网络也是有模型的（或偏见的），只不过这个模型很可能极其复杂，我们无法理解。你蒙上眼睛不代表这间屋子不存在，你不知道随机神经网络的模型是什么不代表它不存在。

如果现实世界背后的模型本来就是“有偏”的，假装不引入“偏见”本身就是“偏见”。只不过我们所观察到的现实世界纷繁的表象往往只是一个局部有偏样本，导致看似随机抽取的数据其实还是有偏的。如果我们蒙上眼睛骗自己说这就是真正随机的抽样，那么训练出来的模型肯定也是有偏的。为了补偿这种偏差，我们有时候宁可扔掉从训练数据中得到的某些概率，这种方法往往导致长期来讲更靠谱（或者说更“健壮”）的模型，尤其是在金融市场上。小聪明的人从短期趋势数据上自以为得到了靠谱的模型，把太多的赌注放在了一个建立在因时间维度上没有随机采样而很可能有偏的数据集中得到的模型上，而真正智慧的玩家则会建议：**普通人**的最佳投资方法是无偏见地平均分配资金，避免因模型错误而导致的灾难，这一平均分配的极端形式就是投资指数基金。

八卦结束，回归正文。下面这个例子生动地说明了我们在平常生活中积累的偏见有多深。

> 问题：有两个孩子，张森和李梅，其中一个孩子有四个卡车玩具，你认为是谁？
>
> 问题：莉莉和丁丁谁将来更可能成为护士？

以上问题演绎自《心智的构建》英文版第 168 页。

尽管我们只知道他们的名字，名字本身只是任意的汉字，自身并不携带信息（从一个角度来说），但就连幼儿园的小孩也能对这两个问题给出“靠谱”的答案。

当然，我们也可以说偏见代表着长期积累的生活经验，有助于我们对未知对象的属性进行靠谱的预测，但另一方面，偏见也很可能成为自我实现的预言[7]和自我妨碍的陷阱：女孩和男孩的数学智商真的有显著差异吗？但受文化影响，女孩认为自己更不擅长数学和其他理科，这个自我信念从两个角度产生作用。第一，它会让女生倾向于投入更少的时间在理科上，从而导致更低的理科成绩，结果进一步强化了她的“我的数学不好”的信念。这几乎是一个死循环。第二，人们为了维护对自我的信念，会拒绝接受与之相反的信息，即便有一次她数学考得不错，她也会为之寻找外部理由，例如“只是瞎猫碰死耗子罢了”，虽然这种看低自己的心理过程有点不可思议，但这的确是心理学家们实验证实的结果。

7
自我实现的预言是指当一种预期凭借它自身在信念和行为之间形成了积极的反馈后，直接或间接地使自身从一个预期变成现实。

人们常用“仁者见仁，智者见智”这个俗语来指代三种现象：

1. 偏见：不同的人戴着不同的有色眼镜，对同一现象产生不同的理解或解释。是平凡的解释还是阴谋论的解释？存乎一心。
2. 立场：例如对于“人生的意义”没有统一的标准公理，因此每种生活都是合理的，各人可以持有不同的价值观，追求不同的东西。
3. 选择性关注：对于同一事物，不同的人关注的点不一样，象有四腿，各摸一条。

与“仁者见仁，智者见智”这个俗语的褒义色彩相反，这里除了第二点是中性的，另外两点都不能算是好事，例如我们程序员在做项目的时候经常只选择性地关注“使用的技术是否有意思，是否有挑战性，是否好玩，我能否从中得到乐趣，是否能学到新东西”，而并不是关注最应该关注的“如何以最小成本达成项目成功”。至于第一点 —— 偏见 —— 就不用多说了，前文已经说得够多了。如果还觉得不够的，不妨读一读社会心理学经典之作《社会性动物》[8] 的“冲突和偏见”部分。

8
经典的社会心理学教程。

偏见在我们解决问题、认识世界的过程中都起到了很大的影响，并且很多时候是不好的影响。我们需要经常与具有不同信念和知识背景的人讨论，弥补个人经验知识的局限性导致的偏差，并时常用以下两句话来提醒自己保持开放的心态：

“这只是一种可能，未必是唯一的可能。”

“想不出其他解释不代表就不存在其他解释。”

扩展阅读

[1] 基本的视觉通路请详见勒口处“本书网址链接合集”第 7 条。

[2] 卓别林的面具动态视频名称：卓别林面孔错觉 [视觉错觉]。

[3] 面孔错觉视频名称：面孔错觉 [视觉错觉]。

[4] Ames' Room 的视频名称：Ames' Room Explained - Ramachandran [视觉错觉]。

[5] Ames' Window 的视频名称：Ames' Window [视觉错觉]。

[6] Mauro Vecchi 的视频名称：Optical Illusion。

[7] 关于色彩恒常性的视频名称：色彩恒常性。

[8] 运动视差现象（Stereokinetic Effect）详见勒口处“本书网址链接合集”第 8 条。

逃出你的肖申克三

遇见 20 万年前的自己

Synaptic Self 中曾提出一个发人深省的观点：由于人的大脑是经过漫长的进化年代“堆积”起来的，也就是说，从爬行动物到哺乳动物到高级灵长类这些进化阶段，我们的大脑从只有原始的反射模块，到拥有初步的情感区域，一直到具备进化历史上较为新近的“新皮质”（Neocortex）所支撑的高级认知能力，一步步走来。这个过程并非上帝预先编程架构好的，而更像是在既有结构上“叠床架屋”。比如，大脑从内到外基本上是按照进化年代来排序的，像啮齿类等一些小型哺乳动物的新皮质是光滑的，这是新皮质在高级灵长类之前的样子。后来为了“解决”大脑中空间不够的问题，进化之手“发明”了大脑皮质沟回。通过这些褶皱，不必增加太多占用体积就能让大脑皮质表面积暴涨，正是这些褶皱使得灵长类进化出独特的高级认知活动，如工作记忆、语言。这种“堆砌式”的进化（《怪诞脑科学》，*Kluge* [1]）有它节省和复用的好处，然而另一方面也带来了奇特的“进化时滞”效应——进化年代较近的大脑模块和较久远的模块之间要达成完美沟通需要一定的时间（经过一代代的自然选择来优化），在这之前多个模块之间面对同一个问题时存在决策不一致的情况。

1
我们的大脑就像大自然进化之手在漫长的时间里拼拼凑凑起来的。

我们的高级认知模块明明知道有些事情很重要，必须提前准备并持之以恒，然而我们内心的另一个小声音却在万般阻挠我们把屁股从床上挪开或把眼睛从网页上挪开。我们明明知道赌博、烟酒、犯罪是不对的，然而内心的一个小声音却在喋喋不休地催我们动手去做。我们明明知道高糖高脂肪的食物不宜多吃，但内心的一个小声音却总是怂恿我们再吃最后一勺（不禁让人想起电影《傀儡人生》）。令人遗憾的是，很多时候在这个争端中败下阵来的却是代表更先进生产力的高级认知模块，更遗憾的是，在大多数时候我们的高级认知模块似乎根本就没有启用，而是凭借着本能或直觉“自动驾驶”自己的身体（*Gut Feelings*）。

这里的原因是明显的：设想一下，人类的高级认知模块是在相对较近的进化年代出现的，然而原始的情绪系统和条件反射模块却在千万年的进化长河中忠实地保护着我们在自然环境中生存下来并努力繁衍后代（《本能》），这些模块似乎“理应”拥有更强大的力量。然而工业时代的到来极大地改变了人类生存的环境，我们大脑的原始模块适应的是远古时期的生活 —— 以采集狩猎为主的社会，这跟现代工业文明相差颇大。举个例子，我们的社交本能促使我们非常顾及自己的面子（面子不只是东方文化的一部分，在全球都存在），面子可以与很多东西关联 —— 与异性的交往成败，在对手面前是否挺身而出，面对困难的任务能否完成得很好。这里的逻辑很明显：一次糟糕的社会性事件会降低我们的声誉，在远古社会，聚居群体较小，成员之间依赖性很高，糟糕的声誉会遭到赖以生存的群体排挤，危及自身的一切，所以我们往往有着不顾一切捍卫自身面子的原始冲动。《有限理性：适应性工具箱》（*Bounded Rationality* [2]）提到了这样一个例子：两个男人因为酒吧里的一点小争执最终大打出手乃至一方杀了另一方。在类似酒吧这样一个众目睽睽的社会场所，人们往往会为面子而恼羞成怒，做出过激行为，而我们的大脑同时又会认为我们仍然处在没有法制的远古社会，所以杀人便不那么顾忌。由于进化的钝刀还没有来得及磨平我们远古时期的“棱角”，所以只有少部分“理性大脑”强大的人才能够做出适应现代工业社会的行为。《本能》一书说了这么个例子：在远古社会，我们向异性求爱时会小心谨慎，因为一次洋相会很快被传递开来，让我们变成整个群落的笑柄。然而在现代社会，尤其是人口流动剧烈、人际关系变动频繁的大城市，社交失败的成本近乎零，所以正确而理性的做法永远都是勇敢地迈出第一步。

2
“有限理性”是人类思维机制的一个重要原则。

我们的大脑中同时存在着远古的自我和现代的自我，两者并没有完美协调，“著作等身的教授、聪明的数学家、艺术家同样有可能成为性引诱的牺牲品，同样可能犯‘七宗罪’，同样可能成为焦虑和忧郁症的患者”（*Synaptic Self*，这不禁让人想起著名的泰格 · 伍兹丑闻）。

然而除了这些极端情况，普通人也常常受到困扰——明知正确的事情就是没法去做。仔细想想这简直是一句类似悖论的话：既然你的大脑认可某种做法是正确的，而同样又是你的大脑主管你的行为，那为什么偏偏你没法执行呢？这就说明主管行为的并不仅仅是你的“认知”模块，认知模块发完话之后自会有更强大的情绪模块藐视“上级”的决定。所以我们常常哀叹“说起来容易做起来难”。**世界上最痛苦的事情不是和别人作斗争，而是和自己作斗争**。

《脑中魅影》(*Phantoms in the Brain* [3]) 提到这么一个有趣的例子：我们看到老朋友时会自然微笑，然而站在摄影师面前我们却经常“挤”出难看而别扭的微笑。我们常常说第一种微笑是发自内心的，第二种笑则是有意做出来的（“皮笑肉不笑”)。事实上这两种微笑的确涉及两种不同的机制，只不过不是心脏和面部肌肉，而是两个不同的大脑模块。自然、下意识的微笑来自大脑中一个叫做“基底核”(Basal ganglia）的结构，位于进化年代较古老的丘脑和进化年代较新近的大脑皮质之间，而有意识的笑则由大脑中的动作皮质控制。这两者只有前者具有“正版”的微笑神经回路，当我们看到朋友的时候，朋友脸庞的视觉映像通过视觉神经传导到我们的情绪模块（边缘系统），并进而被转发到基底核，后者的微笑回路负责调动面部肌肉生成一个真正自然的微笑，整个过程在不到一秒内完成，在这个时间里你的高级认知模块根本还没来得及活动呢。

3
为什么仍然能够感觉到被截肢掉的手臂？背后隐藏着深刻的神经科学原理。

有些人会因为中风而导致一侧运动皮质受损，如果你叫他对着摄影师笑，你会发现他挤出的是半边脸的山寨微笑，另一边脸（对应受损的运动皮质的那一边）则不笑。然而神奇的是如果他见到老朋友，则会发出两边对称的、自然的微笑，因为控制自然微笑的基底核并未受损。

而在极少数情况下，则会出现一种恰好相反的情况：中风损伤了一个人的基底核，影响了半边脸的微笑回路，一开始这个人自己也注意不到，直到对伴侣自然微笑，伴侣会惊讶地发现他脸上只有“一半”微笑。然而，如果摄影师叫他微笑，他却能够做出对称的微笑，虽然是不自然的那种，因为控制有意识微笑的运动皮质并没有损伤。

就像两种微笑一样，我们的大脑在同一个决策上经常有不同模块的参与，有的人更偏向使用直觉进行决策（《怪诞行为学》），有的人则更偏向于理性分析，而事实上这两者并没有孰优孰劣之分，只是在不同的场合适用，无法同时驾驭这两种决策引擎的人要么一方压倒另一方，要么就会陷入纠结。

选择职业时，我们会“听从内心的召唤”，因为我们对事物的热情来自我们的情感系统，没有这个系统的支持，我们很难在一件事情上持之以恒地专注投入。英文中的 emotion（情绪）和 motion（动力）在词源上本就是同根生，说明人们很早就了解到情绪和动力的关系。对此有这么一个真实事件：一个事业顺利的中年男人，原本过着典型的美国中产阶级的生活，但有一天不幸遭遇了车祸，伤及头部，他的情绪大脑遭到了损坏，后来虽然他健康方面痊愈了，然而却从此对任何事情都无动于衷，再没有动力去发展他的事业，照顾他的家庭，对他来说生活中发生什么都是无所谓的。事实上，我们所谓的生活的意义便来源于情感系统。

面对道德问题时，我们会听从“良知的召唤”，因为漫长的进化给了我们一套非常优秀的天生道德判断神经回路（《社会性动物》），只要听从良知的召唤我们便能在道德的平衡木上走得稳稳当当。

我们对于很多事情的决策判断都刻画在天性里面，然而同样也正是这些天性在很多时候会让我们陷入困境，我们“能存储能量就尽量存储能量”的食物摄取天性虽然适合远古社会，然而在能量充裕的现代社会却导致大量的人超重。《如何做出正确决定》中有这么一个有意思的实验：让一群人走过一个屋子，屋子的中间放着一个桌子，上面有诱人的巧克力蛋糕，也有水果沙拉，让其中一部分人默记某个 7 位数字序列，另一部分人则只默记 2 位数。当然，实验者会为默记数字编造一个理由，例如测试记忆能力。实验结果是，那些默记 7 位数字的人更可能选择巧克力蛋糕，因为记忆数字过载了我们的高级认知模块，令其无暇与原始大脑的决定作抗争。

我们对于未来的惩罚和收益都估计不足（经济学上称为 Discounted utility），

倾向于就眼下的损益进行决策。这就导致我们天性在决策方面目光短浅，一个典型的例子是我们会在大学阶段花费大量的时间投身学习之外的娱乐，这些娱乐都有一个典型的特点，就是能够立即获得愉悦，而且并不会导致立即的损失。毕业看似遥遥无期，我们很难提前几年就设想几年后的危机，毕竟，未来的事情谁说得清呢？也许我们的远古生活告诉我们的真理就是，几年后的潜在收益跟眼下唾手可得的好处无法相比。类似地，发展心理学中关于青少年问题的研究也表明，从一个不稳定的，甚至充满暴力和危险的家庭社会环境中成长起来的孩子，会更容易进行冲动和非理性决策，陷入早孕、糟糕的经济决策，等等麻烦中，因为他们主观预期自己的人生更短，所以大脑对未来的损益更容易进行巨大的“打折”。

我们的原始大脑同样也分不清什么是虚拟什么是真实，在获得社会成就和声望的动机的驱使下，即便是虚拟的网络游戏社会，我们也会投入大量精力。某种意义上，在这一点上我们的大脑并没有错，我们的确应该去获得声望，只不过它还没有聪明到跟得上工业文明，它并不明白虚拟世界里的生存能力和地位无法转化为现实世界的生存能力和地位。

如你所见，**很多时候我们只是生活在信息社会的远古人，**如果上帝要为我们目前身处的时代设计人类，我们将会是身体上适合长期久坐不见阳光，眼睛尤其适合长久盯着 30 厘米以内的物体看，我们情绪上会偏好有节制而健康的饮食，我们的身体发育将不会在肌肉上浪费太多不必要的能量，我们天性上也会更倾向于积累知识而不是肌肉，青少年也不会在青春期强烈渴望冒险和建立小部落内的声望并为之做出各种危险或可怕的事情，而在执行力上我们则会偏好于执行能够积累知识和技能的长远计划，正如极客们所崇尚的一句话所言：Smart is the New Sexy。

然而人类进入工业文明才短短数百年，互联网的历史则更是短到几十年，相比漫长的进化长河仿佛一瞬，我们匆匆忙忙把自己推入了一个完全不一样的世界，而进化的齿轮转动得却慢了很多拍。于是我们都成了进化时滞的牺牲品，我们用远古的双眼打量着这个世界，关在笼子里的老虎完全不必害怕，但我们还是会汗毛倒竖，汽车酿成的交通事故每天无数，而我们过马路却置若罔闻。一句话：我们的情绪大脑仍然停留在 20 万年前，而 20 万年前是没有汽车这种东西的。

然而，我们毕竟拥有所有动物中神经元和突触数量最多、结构最复杂的新皮质。我们拥有神奇的认识自身的能力，这种能力使我们能够利用情绪系统本身的特点来克服其缺点。

我们做事情难以持之以恒地专注，因为任何一个新鲜刺激的外部信号都足以激活我们强大的情绪大脑，情绪大脑一旦被激活，其神经信号往往轻而易举地抢占我们的注意力，结果就是我们发现在这个纷繁的世界里很难维护内心的宁静和专注，于是我们发明各种隔绝干扰的方法和技巧来保护我们脆弱的理性大脑，好让自己做应该做的事情。

我们的大脑喜欢事情往积极方向发展，有这样一个实验：研究者让被试将手放在冰水中一段时间，有两个选项可供选择，一个是将手放在非常冷的冰水中 60 秒并取出，另一个是将手放在非常冷的冰水中 60 秒，再在逐渐变得不那么冰的冷水中放 30 秒后取出。绝大多数人认为第二种选择更为不那么痛苦。然而从经历的“客观”痛苦上讲，很明显第二种情况下人要受更多的罪。但是那种“情形正在变得越来越好”可以带来明显的正面情绪，于是第二种情况下的主观痛苦要小于第一种情况。而 GTD 的原理正是如此：通过提供不断的进展，让执行者意识到事情正在朝向完成不断迈进，这种正面趋势所带来的积极情感能够进一步激励个体把事情执行到底。

4
行为经济学之父的经典著作。

总之，我们发明各种认知方法来“诱使”或“要挟”我们的情绪大脑同意去执行一件事情：我们向朋友承诺我们要做的事情，于是我们的情绪大脑会迫于信誉受损的压力而去主动完成这件事情。而加入互助学习小组则本质上是利用大脑的从众本能和同辈压力。《助推》[4] 提到很多这样的例子，比如“一百美元的论文催缴金”。为了“逼迫”自己在计划时间内完成论文，戴维将三张 100 美元的支票预先交给泰勒，戴维每延迟一个月完成论文，泰勒便可以提取其中一张支票并将钱用于聚会，而且还不邀请戴维参加。显然，戴维的情绪大脑难以容忍这样吃亏的冤枉事，为了不吃亏，便忠实地督促戴维把论文按时搞定了。此外还有“减肥违约金”“夏令时”“圣诞节省钱俱乐部”，以及著名的“明天储蓄更多”（Save more tomorrow）等很多有意思的例子。

最后，经常动用理性思考也能够锻炼理性大脑的“实力”，在更多的决策场合获得压倒性优势。神经科学显示，大脑的模块遵循用进废退的原则（《重塑大脑，重塑人生》，*The Brain That Changes Itself*[5]），一个经典的证据是钢琴家的大脑中对应手指的神经回路占用面积要比正常人大很多。另一个有意思的证据是，如果一个人失明了，那么负责接受视觉信号的神经回路往往会被听觉所侵占，人们常说盲人的听觉格外灵敏或许就是这个原因。

5
大脑可塑性被认为是21世纪神经科学最重大的发现之一。

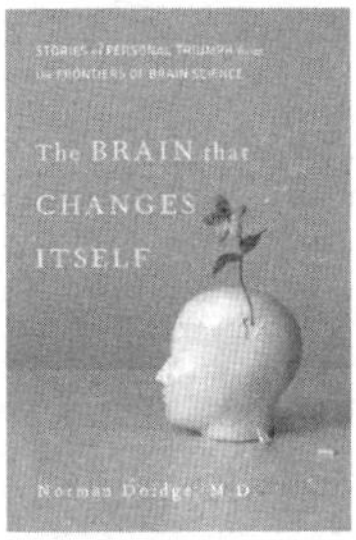

上帝给了我们一个过了时的原始大脑，但同样也更新了我们的新皮质，能否不被 20 万年前的自己绑架，取决于你是否认识到关于大脑的进化历史，以及能否正确使用你的理性大脑。

逃出你的肖申克四

理智与情感

1
非常经典的 40 项心理学研究，涵盖各个领域。

医学上，对于一些罹患严重癫痫症的病人，一种万不得已但颇为有效的方法是切断其大脑的胼胝体。胼胝体是两个脑半球之间的信息高速通道，含有 2 亿多条神经纤维，一旦切断，两脑半球之间的沟通也就相当于从信息时代回到了石器时代。不幸经历这类手术的病人被称为“裂脑人”。对裂脑人的研究发现了关于人类大脑的一些非常重要的性质，比如左右脑在空间感、视觉触觉、语言方面的一些深刻而有趣的差异（参看《改变心理学的 40 项研究》[1]，*Forty Studies that Changed Psychology: Explorations into the History of Psychological Research*，第一章“一个脑还是两个脑”提到的研究）。

《理性犯的错：日常生活中的 6 大思维谬误》中则提到另一则非常有趣的有关裂脑人的研究。我们知道，语言能力主要在左脑。我们将两幅不同的图片分别呈现给裂脑人的左脑和右脑，呈现给左脑的图片上面是一只鸡爪，而呈现给右脑的则是覆盖着皑皑白雪的牧场。随后让裂脑人从一堆图片中寻找与之前所见相匹配的图片。结果非常耐人寻味：裂脑人的左手（右脑控制）会去选择一把铁锹（铁锹铲除牧场上的白雪），而其右手（左脑控制）则会去选择一只小鸡（小鸡和鸡爪配对）。两个脑半球分别根据自己所掌握的信息选择了最匹配的图片。然而，最有趣的是，当实验者询问被试为什么选择这两幅图片时，裂脑人会说：“哦，很简单啊，小鸡有鸡爪，而铁锹用来铲鸡屎。”

我们不妨停下来，想一想这个实验所揭示的一个令人深思的事实：铁锹之所以被选择，其实际的原因是为了和雪场匹配 —— 铲雪。然而，铁锹和雪场的这个联系仅仅只有右脑清楚，而右脑是几乎没有语言能力的。语言能力在左脑。

当被试被要求对自己的选择用语言进行解释时，是左脑的布罗卡氏区（Broca's area）在说话，而左脑没法和右脑沟通，所以不知道铁锹其实是用来铲雪的，但是，左脑仍然还是不假思索地给出了解释，而且病人真心**相信**这个解释“很显然”“很简单”。可见**我们的理性大脑非常善于对自己的行为做出立即的、看似合理的解释**。

一则类似的关于超市购物的心理学研究表明，人们倾向于购买货架上靠最右侧的袜子，尽管在实验中袜子是一样的。当被询问到选择的原因时人们会给出各种看似合理的解释，颜色质地什么的。可关键是，袜子是完全一样的！

有时候，大脑为了“自圆其说”而给出的解释甚至会近乎荒诞。例如有一种源于脑损伤的奇特病症，叫做卡普格拉妄想症（Capgras Syndrome）。病人会坚持认为他们的亲人是别人假扮的，不是他们真正的亲人，尽管他们理智上也承认他们的确极端像他们的亲人，但仍然极力否认，认为存在这样那样的细微差异。

在了解卡普格拉妄想症的成因之前，有必要了解一下与该病症相关的一个孪生病症，叫做“面孔失认症”。“面孔失认症”患者一度被认为根本无法辨认人脸；然而 1984 年鲍尔（Bauer）发现，虽然该病症患者无法有意识地识别人脸，但如果用附在皮肤上的敏感微电极（GSR）来测试他们的皮肤的导电性（皮肤上微小地出汗会影响皮肤导电性，因而该设备可以测试病人对熟悉的脸庞的“无意识”反应），就会发现，该病症患者的情绪仍然能被熟悉的脸庞唤起。所以说，我们大脑中对人脸的处理存在有意识和无意识两条通路，虽然“面孔失认症”患者人脸处理的有意识通路遭到了损坏，但其无意识（通向情绪响应系统）通路却完好。

而卡普格拉妄想症的成因，恰恰极有可能是和“面孔失认症”[2]相反，即其有意识通路未损，但对人脸的情绪反应通路却损坏了。仍然利用皮肤电传导感受器，研究发现，卡普格拉妄想症患者对于熟悉的人脸没有下意识情绪反应。于是我们的大脑在“我能够辨认这张脸，她和我母亲长得一模一样”和“但我情

2
“面孔失认症”早在 19 世纪便被广泛报道，但“面孔失认症”(Prosopagnosia) 这个名字是 1947 年才被使用的。

绪上却感受不到一点亲切和温暖感”这样一个困境之下，给出了“假扮者”解释，尽管这个解释理智上而言近乎荒诞。

下面这则由诺曼·梅尔（Norman Maier）设计的摆荡结绳实验，非常经典，被很多心理学书籍所引用，包括著名的《心理学与生活》[3]：

> 在一个房间内，从天花板上垂下两条绳子，要求被试设法将这两条绳子连在一起。问题是这两条绳子相隔较远，被试无法同时够到两条绳子。房间里还摆放了一把钳子、一个镊子、一根杆子以及加长绳子的工具。

许多被试很快想出加长绳子的方法，但是梅尔要求他们继续想更好的办法。绝大多数被试在梅尔的要求之下都会最终黔驴技穷一筹莫展。就在他们一筹莫展几分钟之后，梅尔会在房间里走动并偷偷貌似“无意”地碰到其中一条绳子，让绳子晃荡起来。此后一般过了 45 秒钟，便会有受试者表示想到办法了——他们迅速地将一个重物绑到其中一条绳子上，让它像秋千一样荡起来，然后跑到另一条绳子那，抓住它，然后等那条绳子荡过来。梅尔在他们“想出”解决方案之后立即就询问他们怎么想到的，超过 2 / 3 的被试给出了各种解释：“就是一瞬间，答案出现在脑海里了。”“这是唯一的可能了，要不还能怎样呢？”“我忽然意识到可以把东西拴在绳子上让它荡起来”……其中一位心理学教授的答案最具创意：“在排除了所有可能之后，把绳子荡起来是剩下的唯一可能了，我脑子里想到通过绳子荡过河的场面，还有猴子从一棵树荡到另一棵。这个意象和答案在我脑中一同闪现。”只有剩下不到 1 / 3 的被试表示是看到梅尔触动了绳子才得到启发的。

然而，即便是这 1 / 3 被试，他们真的是因为能够感知到大脑解决问题过程中的认知过程所以才这么说的么？为此梅尔做了另一个实验，唯一的区别在于，在原来触动绳子的暗示之前，梅尔会先给另一个暗示（当然，被试不知道这是梅尔的提示）：将一个重物绑在绳子末端。结果令人吃惊，这个暗示毫无效果，被试依然一筹莫展。接着梅尔才给出原先那个暗示，并对解决问题后的被试作采访。这次，他发现所有被试都认为是梅尔绑重物那个举动提醒了他们，并且

3
经典教程。

他们都不认为是原先真正有用的那个暗示的功劳。可见连这 1 / 3 的被试也并不知道在他们大脑中到底发生了什么。**我们知道答案，却往往不知道求解的真正思维过程**。

如果有人问你，你最好的朋友叫什么名字？一瞬间，他 / 她的名字便会“蹦入”你的脑海，毫不费力，你脱口而出。可是如果我问你，你是怎么得到这个答案的？你的回答无非只能是：“很简单，我记得啊。”可是你又是怎么记起来的呢？从你的耳蜗感受到“你最好的朋友叫什么名字”这句话所产生的空气振动，并将其转化为神经电信号传入你大脑的听觉中枢，经过韦尼克区（Wernicke’s area），对信号进行解码、理解，直到最终你的大脑从茫茫记忆中检索出这个唯一正确的答案，中间发生了何等复杂的过程，又岂是简简单单地“蹦出来了”可以解释的？**我们的意识就像是一个等着老师给出答案的小学生，只能眼巴巴地在那等着，至于老师是怎么想出答案的，老师不告诉你**。

在生活中，我们会面临很多或小或大的决策：和谁吃饭，什么时候去超市，买哪款衣服，要不要去看那部电影，晚上是学习呢还是玩游戏，该不该主动接下一个有挑战性的工作，买不买房，抛掉还是持有，出国还是留下，等等。很多人可能会认为自己的决策经过充分的理性考虑，有充分的“理由”。如果你事后问他 / 她，他 / 她会告诉你很多听上去很有道理的理由：“我今天需要休息一下，所以玩会儿游戏。”“政府不会让房价下跌的，所以我打算买了。”“现在神马股份还在亏钱，所以不能卖。”如果你问另一些人，他们也同样会告诉你另一些看似很有道理的理由：“玩游戏没意思，还是学点东西好。”“不想拿父母多年的积蓄一下花掉，感觉自己在啃老。”“神马股份还不知道会跌到哪呢，还是撤了吧。”

这些理由听起来都很有道理，但真的是它们驱使我们内心做出决定的么？很遗憾的是，很多时候答案是否定的。说要休息一下才玩游戏，真正原因也许是受到游戏中那些在现实中找不到的成就感的驱使。说玩游戏没意思，真正原因也许是最近现实生活中受了打击想要天天向上一把。说政府不会让房价下跌所以买房，也许真正原因是周围的人买了房而女朋友也在嚷嚷。说不想啃老所以不买房，真正理由可能是厌恶风险。说股票还亏着所以不能卖，真正理由可能是侥幸加贪婪心理。说股票还不知道跌到哪呢赶紧卖，真正理由可能是损失规避心理。

真正的理由有时候往往隐藏在意识触及不到的地方，由我们的情绪大脑所掌控，当它引导我们的情绪大脑做出决定之后，才发个红头文件通知我们的理性大脑，我们的理性大脑于是便像开篇那个实验描述的那样，迅速而果断地给出各种看似很合理的解释，让我们的决定和行为看上去无懈可击。

晚上是玩游戏还是看书呢？你的情绪大脑果断给出答复 —— 玩游戏。你其实理智上希望自己能够看点书，但在你强大的情绪大脑面前，你的理性大脑只能屈服，但你又不能让自己陷入天人交战的纠结状态，所以你的理性大脑便用各种理由来搪塞自己："就玩一小会儿。""人也要有休息嘛。""今天玩，明天一定加倍学习补偿今天的时间。"

为什么投降的一方反而是代表着更高级认知能力的理性大脑？从进化角度来说，我们原始的情绪大脑早在远古就已经存在，并且为物种的生存繁衍做出了卓越的贡献。虽然大脑中的这一部分系统只能进行很简单的判断和条件反射，但它无疑把守了对物种的持续存在而言最为基本且重要的一些功能 —— 食物，性，自然环境中的危险，社会交互行为，道德感，等等（《本能》，*Advances in Psychology*）。情绪大脑的进化年代要比理性大脑久远得多，它就像漫长岁月中伴随着生物一路进化走过来的老功臣，拥有强大的权力和力量，却没有意识到世界已经在最近的五百年发生了迅速和巨大的变化。这种变化对于动辄几十上百万年的漫漫进化路来说只仿佛一瞬，然而就在这一瞬间，整个世界完全不一样了，可老功臣还没有来得及退休，还在掌管着我们的大脑，引导着我们做出各种跟不上时代的决策（"逃出你的肖申克三：遇见 20 万年前的自己"）。

人的大脑并不是一个一蹴而就的整体设计，而是随着漫长的岁月在进化中被不断地添添补补，**就像一台七拼八凑攒出来的电脑，CPU 是新的，主板却是老的，老的主板不能很好地兼容新的 CPU**，结果 CPU 的性能便不能很好地发挥出来。可怜我们在进化上比较新近的新皮质（Neocortex），拥有强大的计划能力和认知能力，但在一些原始诱惑面前却总是无法做到淡定。因为大脑中的这些原始模块还没有很好地和新模块兼容。如果你面前有一条拔掉毒牙的小蛇，你敢用手去抓么，抓的时候你能不汗毛倒竖么？漫长的进化在我们的基因中刻下了一些“硬编码”的特性，比如对滑不溜丢游来游去的东西感到本能的害怕，因为自然环境中这些动物往往是有剧毒的，它们是生活在野外的先祖们主要的生命威胁之一。虽然你的理性大脑的强大认知能力让你确信你面前的这条蛇是没有毒的，完全不用担心，但是你的原始大脑却根本不理会。你的理性大脑能够运用语言，能够理解公式，而你的原始大脑却只懂条件反射，如果你多接触这些无毒的蛇，你多抓它们几次，久而久之你就不会怕了，这叫去敏感化。去敏感化是你的原始大脑所懂得的语言，只有这种方式才能较容易地说服你的原始大脑。同样的道理，我们常说不到黄河心不死，不见棺材不落泪。别人说破了嘴皮子的道理也没用，非要吃个大亏栽个大跟头，跌得头破血流，才印象深刻从此不敢越雷池一步，为什么？因为你的原始大脑根本不懂那么多道理，它就是要遇到吃亏之后巨大的负面反馈才能习得一个条件反射。

只要我们的情绪大脑首先认定了一件事情，我们那点可怜的理性思维便很容易屈从于情绪大脑发下的命令 —— 把事情往利于自己的方向解释。

《错不在我》便引用了一位社会心理学家在宣扬末日论组织里“卧底”的见闻，该组织的成员为了能够在末日到来时被 UFO 接走，抛家弃子，放弃财富。而当那个被预言的时刻到来之际，一切没有发生，心理学家发现，预言的破灭却并没有影响信徒们的信念一分一毫，他们的领头人解释道：因为那些相信者的诚意打动了上帝，所以毁灭没有发生。那些原本相信的，反而变得更相信，他们相信是他们的诚意避免了灾难，并努力地劝说更多的人加入。也有那些原本就不大信的，自然是更不相信。

类似地，《决策与判断》（*The Psychology of Judgment and Decision Making* [4]）上提到过一个有趣的真实故事：1980 年的某一天，美国空战司令部的计算机突然发出警报 —— 苏联的一枚核弹正在向美国本土飞来。司令部立即调兵遣将，

4
第一本系统的介绍决策与判断的心理学著作。

迅速为一场核战做好了准备，然而 3 分钟后，工程人员发现是计算机的一个小零部件故障造成的。不过，这场虚惊之后，大众的反应才是真正有意思的：原先支持核武装的，认为现在感觉更加安全了（因为“事实证明这类故障是完全可克服的”）；而原先反对核武装的则认为更不安全了（因为“这类错误信号可能导致苏联过度反应，引发真正的核战”）。类似的情况也发生在三里岛核泄漏事件之后，同样地，反对者认为“这表明管理部门没有办法安全管理核能”，支持者则认为“这正表明这样的危险没有想象的那么严重，是可克服的”。

只要一件事情还存在对自己有利的解释，我们的大脑便会毫不犹豫且掩耳盗铃地认为那就是唯一的解释。

5
慕容雪村在传销窝里面的纪实。

慕容雪村在《中国，少了一味药》[5] 中记录了自己在传销窝中待了近 1 个月的见闻。令人匪夷所思的是，传销者真正相信他们正在做的是一项国家暗中支持的事业。根据书中描述，典型论据有三：第一，要不是国家暗中支持，怎么会有内部通话免费的集团号码。第二，要不是国家支持，他们通过银行转账的操作怎么不被国家查封。第三，要不是国家支持，当地怎么有那么多住房租给他们。再加上亲友说服、从众压力等各种手段，他们逐渐相信这是件大好事。在外界对传销的印象和事实的差别之中，也许最大的差别就是，和人们想象的不同，传销者并不都是被挟持人身自由和财物，相反，他们想尽办法鼓励你去自己思考和判断！例如以上关于“国家支持”的论证，对于有常识的人来说漏洞很多，对于没有常识的人来说，只要有警惕心理，肯去调查，总能发现另一种解释。但是，对于内心希望这一切都是“国家支持”的所以自己就能真的赚几百万大钱的人来说，这些“有利”的证据便不会被过分深究和审查。所以传销窝中各色人等都有，包括见过世面的老江湖，甚至还有专门报道传销的新闻记者。人类心理的弱点之强大可见一斑。更匪夷所思的是，他们竟能把外面铺天盖地的反传销宣传解释为是“国家宏观调控”，目的是不让人们涌入这个行业，保障既得者利益。“要不然，他们突击抓完人之后怎么给你买张票送你上火车之后就不管了呢 —— 做做样子嘛。”他们相信这所谓“宏观调控”么？相信，而且无比相信。**只要有一种解释是对自己有利的，我们便不想去推敲和反驳，再漏洞百出的事情看上去也不无可能，而且只要有一种解释是有可能的，我们**

就认定其一定是的，强大的情绪大脑会阻止理性大脑去往深入了解。**而对自己不利的解释，我们或者忽略，或者会异常仔细地去推敲，抓住一个细小漏洞则相信已完全推翻了该解释。**

尤其是，当人们为一件事情付出了大量金钱、社会关系后（这在宗教末世论组织和传销组织中何其相似），这些既有付出便会对他们的思维产生越来越强大的影响（经济学中的“沉没成本”便是如此），我们的思想被迫对自己的行为做出合理的解释（这就是著名的“认知失调”——这个心理学词汇已经如此有名，以至于出现在了呆伯特漫画中），因为谁也不希望自己那么大的付出是愚蠢而错误的，为了让自己不是愚蠢且错误的，理性大脑不再是客观的代名词，而是一个唯唯诺诺为了维护自己情感的下属系统——“因为我们的信念感动了上帝，所以毁灭没有发生，这是唯一的解释”，至于那个另一种解释，因为会不可避免地导向“我很愚蠢”这个结论，被人们的情绪大脑无情地驳回了。

一件事情总是有两个解释：一个平凡的解释和一个疯狂的解释（“逃出你的肖申克二：从视觉错觉到偏见”）。而从自我辩护的角度看，一件事情总是有两种解释：一种对自己有利的解释和一种对自己不利的解释。只要选择前者，我们便能够自欺欺人地让自己蒙混过关。

刘慈欣在《三体Ⅱ》[6] 中提到“思想钢印”和“钢印族”，其实何必去设想那样一种能够改变人类大脑中神经元连接方式的机器。**我们每个人大脑中都有思想钢印。这道钢印由经验打造，用自尊来维护，牢不可破，比钻石的硬度还要高。**

6
以一己之力定义了中国科幻在世界上的地位。

社会心理学研究发现，我们会对那些于己有利的证据不加细查，而对那些于己不利的证据则死抠烂打揪住一点小辫子就不放。同样，我们还会倾向于勤劳收集有利证据，并忽视不利证据。事实是，当我们内心的天平早已倾斜之后，明明荒谬无比的理由也变得光辉灿烂，别人很有道理的反驳也能被抠出“致命”漏洞。

因此，当你觉得自己想的很有道理、无懈可击、客观公正的时候，你是否真正像你认为的那样客观呢？阿帝默斯·沃德（Artemus Ward）曾经说过："并不是那些我们不知道的事情让我们陷入麻烦，而是那些我们认定自己知道，却实际上是错误的知识，让我们陷入麻烦。"**客观意味着承认存在未知信息的可能性，理性意味着能够从对立面的视角去看问题和思考**。学会质疑自己的判断，假设自己是站在对立面的立场上帮他说话，往往能够发现很多意料之外的东西。即便别人是错的，自己是对的，试着去理解错误的一方为什么会错，为什么会有那样的看法和认识，也往往能够得到很多有益的东西。你也许会发现自己的正确往往只是碰巧站对了队伍，而不像自己所认为的那样，来自严密的逻辑和不可辩驳的证据。最后，**与其让别人指出自己的错误，不如自己试着去发现自己的错误**。

难道没有办法克服人类心理的天生漏洞么？有。大脑符合用进废退的原理，越经常使用的区域会越来越强大。如果你总是情绪用事，不假思索，那么这种思维习惯便会越来越强大；如果你总是理性思考，反省自己的判断，能换立场去看问题，那么这样的思维习惯逐渐也会越来越强大。**习惯之所以难以改变，就是因为习惯是自我巩固的**——越用越强，越强越用。要想从既有习惯中跳出来，必然要依赖于外界的力量——**对于心理机制的知识**。仅仅是知道一些常见的行为陷阱和心理弱点的存在（《别做正常的傻瓜》《决策与判断》《怪诞行为学》《理性犯的错》，等等）便已经可以帮我们避免很多决策失误。而如果能够进一步理解这些陷阱和弱点的深层原因，则更能说服自己做正确的事情。**能够改变既有的习惯，依靠的不是自制力，而是知识**。

单纯的自制是一件非常痛苦的事情，你理智上知道应该怎么做，但是你的情绪大脑却就是不买账，一些比较坚定的人能够不管三七二十一就强迫自己去做正确的事情，这殊为不易，不是一般人能够做到的。但是，无论任何人，都有一个共同的倾向，就是去做正确的事情，不去做错误的事情。很多时候我们无法自制是因为情绪大脑并不知道也并不承认这件事情是错误的。举个最稀松平常的例子，去学习还是去玩游戏（并不是提倡不玩游戏，这里只是说在你希望自己能够不玩游戏做点别的事情的那些时候，你能够成功地实现自己的愿望而不是纠结半天并败下阵来），理智上我们倾向于认为学习是件“好”事情，游戏则常常是件“不好”的事情，然而情感上，我们认为学习是痛苦的，游戏是开心的。而开心的的确确就是一件好事情，痛苦就是一件不好的事情。两个大脑模块的声音完全相反。如果你无法说服你的情绪大脑，那么所谓的自制就是强迫和纠结，天人交战。正如前文所说，最后败下阵来的也往往是理性大脑。然而如果你意识到对于游戏的热爱其实是完全正常的，我们玩游戏是为了获得群体认同感和成就感，而对于这两者的渴求早在几十万年以前就刻在了我们的基因上，获得群体认同和成就是非常重要的优势。然而，由于这部分动机来源于我们相对原始的大脑，而后者的进化年代早在几十万年之前，在那个时候还没有网络、电脑、虚拟世界、虚拟货币这些东西，尽管我们的理性大脑能够认识到虚拟世界中的成就往往并不能转化为现实世界中的成就（电子竞技是一个反例），然而我们的原始大脑却无法区分虚拟和现实。意识到这一点之后，至少你就理解了为什么我们会受到这样那样的诱惑（我们对于高脂肪和高热量的无穷热爱也是如此——在先祖生存的贫瘠环境中，脂肪和热量是稀缺的，因而“尽量吃了存起来”几乎总是正确的），而当你进一步意识到自己无法自制是因为你大脑原始的那部分仍然天真地认为你还处在石器时代的时候，你就会觉得任其驱使自己是愚蠢的事情，我们的情绪大脑自然不希望自己是愚蠢的。另一方面，认识到以上这些知识，认识到大脑的局限性，并最终摆脱它的错误驱使，则让人在情绪上感到聪明和愉悦。于是我们就**以彼之矛攻彼之盾，利用情绪大脑本身的动力来推动它本身**。

另一个类似的例子则来自一项著名的心理学实验——“棉花糖实验”，目的是建立儿童在延迟满足方面的自我约束力与日后取得个人成就之间的联系。比较吸引我的是，实验当中那些成功抵制住棉花糖诱惑的儿童，为什么他们最终成功了。其实成功的原因并不在于棉花糖对他们的诱惑较小，对于这部分儿童而言，棉花糖的诱惑同样巨大，在抵制诱惑时显得异常痛苦，但他们的能耐在于，通过各种方法和技巧来分散自己的注意力，不让自己盯着棉花糖，而是忙于干其他事情。通过这样的技巧，他们成功地将强大的刺激源从原始大脑面前移开，并且通过让自己忙于干一些其他事情来让大脑处于“忙碌”“被占用”的状态，阻止原始大脑老去往棉花糖上想。但是这跟学习心理学的好处又有什么关系呢？难道这些小孩在实验之前系统学习了进化心理学不成？他们显然没有。但他们使用的恰恰是能够克服这些缺陷的方法。殊途同归的是，即便我们并非像一些有天分的人那样一开始就知道怎么对付自己内心的另一个声音，通过学习一些基本的心理学知识，后天也能获得这些方法，而通过这些方法，我们便更可能成功地绕过甚至克服我们大脑天生的缺陷。这就是为什么我相信人人都该学点心理学的原因。

逃出你的肖申克五

看不见的牢笼

一、知识的诅咒

著名科幻作家阿瑟·克拉克有一句名言（这句话是如此有名，以至于被人尊称为“克拉克第一定律”）：“如果一位有名望的老科学家告诉你某件事情是可能的，那么他很可能是对的。然而如果他说某件事情是不可能的，那么他极有可能是错的。”

所谓成也萧何，败也萧何，“知识是一把双刃剑”这个道理在心理学领域其实并不新鲜，《让创意更有黏性：创意直抵人心的六条路径》[1] 里就提到这样一个经典的实验：A 心里想一首曲子，然后用手打拍子，B 要听着 A 的拍子猜测 A 打的实际是哪首曲子。参与者选的是一些非常简单的曲子，如“世上只有妈妈好”（此处根据中国国情稍加演绎）。这个实验的亮点在于，往往 A 认为“那么简单的曲子”怎么可能听不出来呢？而实际上 B 听了就是猜不出来。A 对 B 能否猜中的概率估计，与 B 实际猜中的概率之间，有一个巨大的落差（A 以为 50% 的人能猜出来，而实际上只有可怜的 2.5%）。

1
《让创意更有黏性：创意直抵人心的六条路径》

原因何在？因为 A 心里本来就知道答案（曲子原本就是 A 定的），所以对于 A 来说这是“显然”的，但 B 只听到拍子，对 B 来说再简单的拍子也并不是“显然”的。关键在于，由于 A 心里明知答案，就无法去设想不知道答案的 B 听到那样的拍子时是什么感觉，也就无法真正准确地估计 B 猜中的概率了。

实验者把这个现象称为“知识的诅咒”：知道某个知识，反而影响了判断。在上面的实验中，如果 A 自己并不知道曲子（假设曲子是实验者选的，拍子也是实验者打的），那么 A 就能够体会到 B 的感觉了。

2
《最熟悉的陌生人：自我认知和潜能发现之旅》

以上这个例子，只要稍加引申，就不难类推到一个日常现象：为什么说大多数时候换位思考只是个陷阱。因为真正的换位思考，意味着你必须知道对方大脑中所有真正影响他决策和行为的因素，这包含太多的东西：对方的价值系统、习惯、观念、道德观，甚至对方那一刻的情绪。一个人的行为由众多因素来决定，其中绝大多数因素常常隐藏在我们根本觉察不到的潜意识层面，《最熟悉的陌生人：自我认知和潜能发现之旅》[2]（*Strangers to Ourselves*）中提到，连当事人自己都未必知道其行为的真正原因，更不用说要别人还能够真正地“换位”了。不仅如此，你还必须摆脱自己大脑中的价值系统、习惯、观念、道德观、情绪的影响。这两者本身都极其困难，一相乘更是难于登天。所以说现实当中的大多数所谓换位思考一不小心就沦为以己度人。

有时候，若事情所涉及的是人之常情，的确可以以己度人（因为有些事情大家都差不多），例如说每个人都不希望自己的隐私被侵犯，那么当侵犯别人隐私的时候只要想想自己愿不愿意成为对方就可以了，“己所不欲勿施于人”。但当涉及的是人与人之间不同的观念的时候，例如价值观，那么就会落入以己度人的陷阱，最典型的例子就是当代家庭中父母对子女的人生规划，往往抱着好心，办着坏事，因为当父母“换位思考”什么是“为子女好”的时候，总是难以摆脱自己价值观的影响；毕竟价值观是一个人内心非常强大而又隐蔽的东西，我们很难摆脱自己的价值观而真正从另外一个人的价值观角度去考虑（要是内心真能那么容易地“切换”价值观的话，价值观就不叫价值观了），于是父母将“己所欲”施于“子女”。这里父母自己的价值观，就仿佛前面那个实验当中被试 A 心里所想的曲子。因此，原则上不仅己所不欲勿施于人，还要己所欲勿施于人。

3
详见勒口处“本书网址链接合集”第 9 条。

如果你对于批判性思维（Critical Thinking）有所了解，你应该知道这样一个有名的谬误（Fallacy），叫肯定后件或倒因为果（Affirming the consequent[3]），例如：所有植物都需要水，玫瑰需要水，所以玫瑰是植物。这个逻辑乍听起来非常正确，但是完全错误。这是我们的“直觉逻辑”常犯的错误之一，由于所有人脑袋里都知道“玫瑰是植物”这个“知识”是正确的，所以爱屋及乌地也认可了它的“伪前提”（也就是说“结论是对的”意味着“逻辑是对的”）。如果把这里的结论换成错误的，你就摆脱了“知识的诅咒”，例如：所有植物都需要水，人需要水，所以人是植物。

以上只是两个简单的例子，实际上，知识的诅咒只是我们大脑中众多看不见的牢笼之一。

二、思维的牢笼

关于创造性的研究有一个经典的问题，叫做蜡烛问题（Candle Problem），科普畅销书作者丹尼尔·平克（Daniel H. Pink）在 TED 演讲 *The Surprising Science of Motivation* 中也用到了这个例子。蜡烛问题的描述是这样的：

> 给你一堆火柴，一盒大头钉，一根蜡烛，如图 1。问题：如何将燃烧的蜡烛固定在墙上，从而让它燃烧的时候蜡烛油不至于滴到桌上。

图 1

这个问题最早由心理学家卡尔·登克尔（Karl Duncker）提出。在问题的最初描述下，百分之九十的被试都大致会尝试两种徒劳无功的做法（*Imagine: How Creativity Works* [4]）：

4

1. 试图直接用大头钉把蜡烛钉在墙上（蜡烛会碎掉）。
2. 试图将蜡烛烧融之后粘在墙上（蜡油的黏性不足以支撑蜡烛的重量）。

在两次失败之后，大多数人都会放弃，认为问题无解。事实上只有极少数人最终得出了正解：将装大头钉的盒子腾空，用大头针将盒子固定到墙上，将蜡烛放入盒子，然后点亮蜡烛，如图 2。

图 2

这个小问题之所以如此困难，心理学家推测，乃是因为我们下意识里认为大头钉的盒子就是用来装大头钉的，压根就没有想过还可以用来做其他事情，心理学家把这个称作功能定势（Functional Fixedness）。由于这种思维定势在我们根本意识不到的下意识层面，所以我们自然也就很难打破它们—— **如果你都不知道你大脑中做了哪些假定，又怎么去打破那些假定呢？**

对于盒子既有功能的知识，构成了一个思维的牢笼，这其实也是一种知识的诅咒。知识的诅咒对创造性构成了扼杀，这种扼杀是如此的显著，以至于 Simonton 声称大学本科头两年的教育之后所学的东西可能反而对创造性的抑制效果更大（*Imagine: How Creativity Works*）。

知识的诅咒是如此的隐蔽和难以摆脱，以至于创造性思维的一个重要技巧就是跟不同思维方式和知识背景的人交流。这里的理念是，如果你自己没法跳出框框，那么至少**找一个跟你拥有不同框框的人对照一下**，这样一对比便可以明白自己的框在什么地方。这也是为什么**“局外人”在一些问题上往往有新鲜而富于创造性思路**的原因。

如何打破这种牢笼呢？艾伦·兰格（Ellen Langer）在《专念：积极心理学的力量》[5]（*Mindfulness*）里面提到了一个很有创造性的实验，这个实验的目的是要被试去想出物品（例如锤子）尽量多的用途。把物品递给她的学生时，兰格分别尝试了两种说法，第一种说法是“这是一个锤子”，第二种说法是“这可能是一个锤子”，仅仅加上了一个词“可能”，同学们所给出的用途就大大增加了。**这种条件式的表达非常有助于思维突破功能定势**。

5
《专念：积极心理学的力量》

蜡烛问题还有许多很有意思的变种，例如下面这幅图：

图 3

当实验者把大头针放在盒子外面而非盒子里头时，几乎所有人都想到了答案。

此外，用书面语言来描述问题时，如果说“盒子和大头钉”（而不是“一盒子大头钉”），会增加解出来的概率。又如，即便说“一盒子大头钉”，只要把“盒子”和“大头钉”加下划线也能显著提高成功率。我们可以看到，所有这些变种，都是启发问题解决者“不要把装大头钉的盒子仅仅看作装大头钉的盒子”。

谈论创造性时，我们通常谈论的是以下几个东西：

1. 跳出常规框框的思考（thinking out-of-the-box）。
2. 将两个东西 / 概念以前人没有想到的方式联系 / 结合起来 。
3. 将既有方案推广到全新的问题场景中 。

后两点我曾在之前的文章“锤子和钉子”和“跟波利亚学解题”中有所提及。而第一点，即 thinking out-of-the-box 则一般被认为是创造性的标志性问题。

如下图，out-of-the-box 这个说法源自一个非常古老的问题（笔不离纸一笔画，不重复描线，不多于 4 条线段，经过所有 9 个点）：

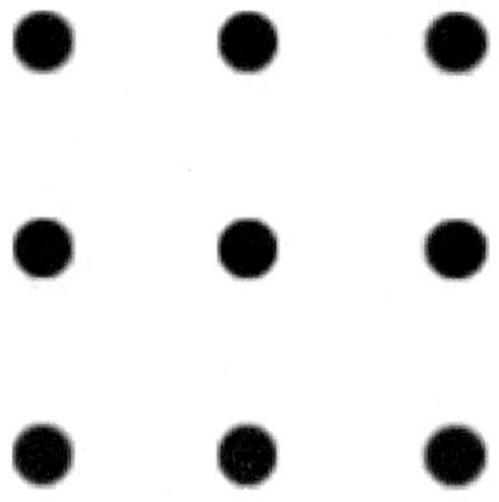
图 4

这个问题大家都不陌生，但是相信大多数人在第一次面对这个问题时都是抓耳挠腮的。因为 9 个点的“隐形”边界构成了一个框，我们在画线条的时候下意识地就被束缚在了这个框内，而在框内是无解的，可是框内的画法偏偏又有好多种，直到你遍历所有框内画法之前是没法确定框内无解的，所以我们会花大量的时间在框内徒劳地画来画去。

6
详见勒口处“本书网址链接合集”第 10 条。

思维中这些隐形的“框”就是扼杀创造性的罪魁祸首。要想意识到这些框的存在，就必须对自己的思维过程本身有一定程度的了解，虽然心理学上已经证明这几乎是不可能的任务[6]（我们的思维过程绝大部分对意识而言是“不透明的”），但长期留意倾听自己思维的声音、善于反省的人还是较其他人更可能注意到思维过程的一个个关键的中间步骤。**而就像黑夜中的萤火虫飞舞的轨迹**

可以通过它一闪一闪的亮光推断出来一样，通过注意我们思维的这些中间步骤，便有可能大致推断思维过程的全貌。

更重要的是，如果注意这一个个的思维中间步骤，我们就有机会停下来，对它们进行“取反”操作，打破这一条因果链，从而在思维走上错误的岔路之前就避免它。实际上，这种对自己思维的“取反”操作是如此的重要，以至于有这样一本书，叫《颠倒思维》[7]（*Whatever You Think, Think The Opposite*），还有一本叫《疯狂行为学：来自猩猩的你，为什么总会失去理智》[8]（*What Makes Your Brain Happy and Why You Should Do The Opposite*）。例如下面这个大家耳熟能详的问题（摘自《算法谜题》，*Algorithm Puzzles*）。

7
《颠倒思维》

8
《疯狂行为学：来自猩猩的你，为什么总会失去理智》

> 你站在一条河边要过河，你带着一头狮子，一只羊和一颗大白菜。你的小船一次只能承载你和另外一样东西。把狮子和羊留一块，狮子会吃掉羊。把羊和白菜留一块，羊会吃白菜。怎么才能保证狮子、羊和白菜都到达对面？

这个问题，但凡卡住的人，都卡在同一个地方，即把羊带过去了，回头下一步到底是再把狮子带过去还是把白菜带过去呢？把狮子带过去，回头拿白菜的时候，狮子吃掉羊。把白菜带过去，羊吃掉白菜。似乎是一个无解的问题。但是，如果注意审视自己思维的每一个细小的步骤，把思维拆分为最小的原子单元，每一步只往前推必要的一步，不作跳跃，就有可能意识到关键的环节，并从思维的惯性中解脱出来。

我们的惯性思维，便是把 N 个东西紧密地绑定在一起，而没法拆分开来，每次都是直接跳到结论。如图 5，如果把思维过程比作一棵树，在每个阶段基于特定的假设走上其中一条分支，有时候我们会觉得已经遍历了所有的情况，还没有解，所以就想放弃了，但是没有意识到其实早在这棵思维之树的最根部节点我们就走上了一条其中不存在最终解的分支，例如前面那个经典的九点问题，其根部的分叉就是，到底是在框内找还是在框外找，如果限定“在框内找”这个假设 / 分支之下，那么无论你怎么遍历，最终都不会有解。你可能觉得已经穷举了所有的情况，但其实并没有，还有一半的解空间**没有探索**。而这

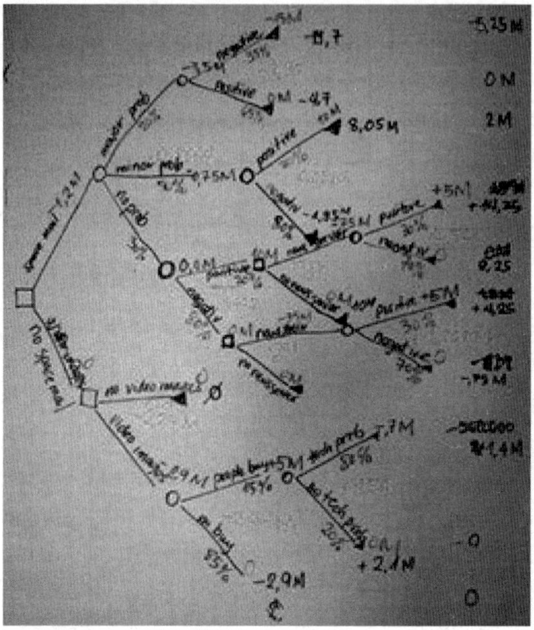

图 5

一切发生的原因，便是隐含的一个假设把你限制在了某个框 / 分支内。如果对自己的思维过程观察得足够细致，就有可能注意到原本很隐蔽的假设，从而从思维“树根”开始就走上另一条“少有人走的路”。

这虽然是一个小智力题，但是背后所蕴含的心理学原理是一样的：创造性意味着跳出你自己思维的惯性步骤，跳出你的下意识思维在某一个隐蔽的环节设下的隐蔽假设。而要想打破铁屋子，必须首先知道铁屋子在哪儿，否则就是在黑暗中抓瞎。而想知道铁屋子在哪儿，则是通过对自己的思维过程进行仔细的观察来实现的（有些富有创造性的人已经把对自己思维的“取反”无意识化了，他们不管想什么都会下意识地想一想反面）。

要想观察自己的思维，最有效的技术之一就是“大声思考”（Think Out Loud），程序员们所熟知的“橡皮鸭子调试法”[9]便属此例。很多人在工作中也许都会有这样的体会：遇到一个问题，百思不得其解，于是想找个同事请教请教，但就在向同事描述问题的过程中，*电光火石之间，答案自动蹦了出来。*

9 详见勒口处“本书网址链接合集”第 11 条。

这也是豪斯医生总是要找他的团队讨论的原因，而当团队不在时就算找个扫地的清洁工也行。这里的原理是，把**思考过程转化成语言表达出来，就让它成为思考本身的对象，即“对你的思考进行思考”**，便有助于发现思考过程中的隐含假设或者步骤。

另一个极其重要的做法就是与人讨论，因为讨论不可避免涉及两个环节。

1. **表达自己的思维**。这就是前面说的，把自己的思维表达出来，思维本身就变成了你思考的对象，你就有可能注意到思维环节当中之前没有注意到的隐蔽环节，并对其“取反”，跳出原本的框框。
2. **参照别人的思维**。由于每个人思维的框框（隐含假设）未必一样，所以你的“显然”可能是别人的“不一定吧”。通过对比，之前隐形的思维边界就会显现出来，这就好像在黑夜中没法看到黑色的字，而在白色背景的映衬下就会一目了然。

隐蔽的假设又是从哪里来的呢？一方面，从人的知觉系统的固有“偏见”中来，例如九点问题中那个隐形的框就是格式塔心理学的一个经典例子，参见“逃出你的肖申克二：从视觉错觉到偏见”。另一方面，从之前所掌握的知识当中来。例如《专念》一书中有这样一个实验。

先让你做这样一道题：A、B、C 三个容量分别为 21 夸脱、127 夸脱和 3 夸脱的罐子，用它们取 100 夸脱的水。很快你想到了方法：先装满 B 罐，然后用 B 罐的水将 A 罐装满，再装满两次 C 罐（即 B–A–2C），也就是 127–21–3–3=100（夸脱）。接下来再让你解决另一个类似的问题，只是容量不一样：A=23 夸脱，B=49 夸脱，C=3 夸脱。目的是得到 20 夸脱的水。答过前一个问题的人很多都会直接发现 B–A–2C 同样适用于这个问题，而看不到那个更简单的答案：23–3（A–C）。而没有前一个问题干扰的人则更容易看到最简单的答案。知识的双刃剑效应在这个小小的实验中体现得淋漓尽致。

这种效应在知觉上也存在，例如下面这个例子（*The Mindfulness Solution*）（见

图 6）：

图 6

在上图中你看到了什么？一个英文单词：Perception。

那么图 7 中呢？

图 7

一堆蚯蚓一样弯弯曲曲的线条？其实这是阿拉伯语的 Perception。如果你仔细想一想：其实图 6 的 Perception 归根结底不也是一堆弯曲的线条吗？但是你能够把它真正看作是一堆线条吗？很难。因为作为一个你已经认识的单词，其含义会自动从你脑海中蹦出来（这种“蹦出来”效应[10]是一种自动的、自下而上的效应，你没法用意志去“抑制”它），Perception 这个单词自动蹦出来的含义会阻止你去带着“初心”看待“这堆线条”，在你的眼中这不再是一堆单纯的、无意义的线条了。

10
详见勒口处“本书网址链接合集”第 12 条。

但是图 7 中的文字就不一样了，由于你根本不认识它（没有先入为主的观念的限制），你就能够仍然“看山是山”了。这个例子是不是也让你想起本文开头的“知识的诅咒”呢？没有知识是万万不行的，但知识有时候的确会遮蔽你对于世界的真相的观察。

再看一个经典的例子，如图 8：

图 8

这幅图相信大家都见过。在看到那只狗之前，图中只是一堆混乱的斑点，而一旦看见了狗，你就无法再视而不见了，那只狗会顽固地从你的视野中“蹦出来”，那堆原本看上去混乱无序的斑点便失去了其混乱的本质，你的知觉被锚定在这个唯一解释上。在上文的“倒水问题”中，那个既有的解法就像是上面图片中的斑点狗，会第一时间顽固地蹦出来，占据你的注意力，遮蔽你的思维，让你注意不到其他可能性的存在。

有这样一个笑话：

> 在美国/墨西哥边境，看守警卫看到一个男人，骑着自行车，把手上放着一个箱子，警卫让那个男人下车并打开箱子，结果发现箱子里面全是沙子。第二天，这个男人又来了，还是骑着自行车带着个箱子，警卫打开一看还是沙子，如此两个月，这个男人每天都穿过边境，每次都带着一箱沙子。警卫哥终于崩溃了：“大哥你快把我们逼疯了，两个月以来你每天都骑着你的自行车，带着一箱沙子穿过边境，你这到底是走私什么呢？”男人回答：“自行车。”

不要只关心箱子里面是什么，要“跳出箱子思考”。

跳出箱子当然不是一件容易的事情，**我们自己的心智模式对于我们而言就像空气一样，身处其中根本就浑然不觉**。前面提到的“出声思考”和与人讨论固然是很好的办法，但并不能解决所有的问题，真正需要创造性的困难问题往往会

11
《象与骑象人》

命中大多数人的思维盲点，所以讨论可能也还是无济于事。

另一方面，虽然说创造性需要打破既有知识的限制，但毕竟巧妇难为无米之炊，足够的知识却又不可或缺。人们常常用牛顿因为苹果落地而发现万有引力，或者爱因斯坦的自由落体思想实验来说明灵感的重要性，然而没有牛顿和爱因斯坦的物理和数学知识作为铺垫，就算有人告诉你苹果落地是由于地球的作用，你也没法得出万有引力公式，就算有人把你放到一个自由落体的电梯中让你真实感受运动与静止的相对性，你也没法导出相对论。

12

掌握必要知识的同时又不会被其限制住思维，才是保持创造性的关键。如何走得了这个微妙的平衡木，在人类对于自身大脑的认知的历史上一直是最困难的问题之一，无数卓越的头脑前仆后继（包括像庞加莱也对自己为什么能够在一瞬间灵感顿现非常有兴趣并有一些很有价值的思考）。直到今天，心理科学似乎才刚刚开始揭开创造性和灵感的面纱。

13
《道德动物》

三、情绪的牢笼

情绪是人类最强大的能力之一。我们有丰富而微妙的情感世界，我们的大脑中有众多涉及情感的模块，如杏仁核（Amygdala）、前额叶皮质、前扣带皮质，等等，我们强大的情绪脑使我们能够在一瞬间对事物贴上“喜欢”“没感觉”或“厌恶”的标签（从而迅速做出“趋向”“无所谓”或是“回避”的选择）（《象与骑象人》，*The Happiness Hypothesis*[11]；*The Mindfulness Solution*[12]），能够对复杂的道德情境做出众口一词的判断（《道德动物》[13]，*The Moral Animal*），能够体会蕴含着无限微妙情愫、只能意会不可言传的隐喻（*I Is an Other*）。

然而，另一方面，我们的情感世界也是我们大脑中牢笼最多的地方。要理解这一点，需明白情绪大脑的几个基本属性：*高优先级，黑盒，迅速但粗糙*。

大脑中的情绪模块属于进化年代较为古老的部分（*Synaptic Self*），其掌管的事情往往关乎生存繁衍利益，所以权力至高无上。例如你走在河边，忽然看到一条弯弯曲曲的东西横在路边，还没等你的理性大脑反应过来你就一跳三尺高了，这个让你一跳三尺高的信号便源于我们情绪大脑的一个重要模块——杏仁核。我们的视觉信号进入大脑之后兵分两路：其中一路（High Road）通往我们大脑的“高级”区域做详细但较慢的计算；另一路（Low Road）则到达我们的杏仁核，进行迅速但粗糙的计算。我们的立即行为受到 Low Road 的支配（被杏仁核绑架了），因为该路的计算速度较快（但很遗憾“快”跟“准”是一对矛盾），如果疑似遇到对我们可能有威胁的场景，我们立即就会进入所谓的“战斗或逃跑”（Fight-or-Flight）状态。

由此可见，情绪大脑并不那么“聪明”，它要的是“快”（因为所涉及的决策往往生死攸关），而未必是“准”，就像我们设计计算机算法一样，为了“快”，有时候必须以牺牲“准”为代价。此外，当牺牲“准”的时候，情绪大脑也不是胡乱牺牲，而是会有特定的倾向性，它会倾向于宁可错在保守的一边，即宁可把绳子错当成蛇，也不可把蛇错当成绳子，因为把绳子错当成蛇只不过是吓一跳而已，没什么代价，而把蛇错当成绳子可能就犯下了生死攸关的大错。大脑中的这种固定的、有章可循的倾向性就是所谓的“认知偏差”（Cognitive Bias）(《怪诞行为学》)。

此外，我们的情绪大脑还是一个黑盒模块。绝大多数时候，我们只能感受到其输出（情绪体验），而对于为什么我们会产生这样或那样的情绪，却一无所知。有些时候，我们甚至都不知道我们对某些人和事的真实情感是什么，例如人们常说的“总是在失去以后才知道珍惜”(《最熟悉的陌生人》)。很多时候我们认为很了解自己，是因为我们的理性大脑非常善于为自己的情绪或行为寻找看上去合乎情理的解释，更多细节可参见“逃出你的肖申克四：理智与情感”。

有这样一个有名的心理学实验，由心理学家唐纳德·达顿（Donald G. Dutton）和阿瑟·亚伦（Arthur P. Aron）于 1974 年设计，实验名叫“悬索桥上的爱”(《摇摆：难以抗拒的非理性诱惑》)。实验者招聘了一些被试，表面上称实验的目的是研究优美的风景对人的创造力的影响，实验的场所在一处风景名胜，被试需要穿过一座悬索桥，如图 9 所示。

图 9

一位漂亮的女助手会拦住被试，请求被试填写问卷。对于其中一部分被试，女助手在他们穿过了悬索桥之后拦住他们，而对于另一些被试，则在悬索桥中间拦住他们。在问卷填写完毕之后，女助手会留下自己的电话号码，并对被试说："如果你有兴趣，欢迎打电话给我，我很愿意进一步解释实验的细节。"

然而，这个实验的真实意图却是想要知道到底是哪组被试中有更多的人对女助手动心，实验人员事后会统计哪组被试当中有更多的人会打电话约女助手出去。

这个实验之所以有名，是因为其结果很令人掉下巴。两组被试唯一的区别便是在桥上还是桥头被拦下来，这个无关紧要的区别跟女助手的吸引力究竟能有什么关系呢？然而，包括后续的类似实验也证实了确有关系：在桥上被拦下来的被试当中有更多的人打电话约女助手。为什么？心理学家认为，当被试处在悬索桥上的时候，情绪处于高唤起状态，心跳加速，手心湿润，这跟异性吸引所致的唤起状态很相似，人们的下意识会将这种唤起状态部分错误地归因为女助手的吸引力。而实验最关键的地方在于，被试自己并不认为是这种错误归因让他们觉得女助手更加具有吸引力，而是真诚地认为女助手就是更有吸引力。

类似地，我们都知道，热恋中的情侣，父母越是干涉，往往导致他们情感越发热烈。但这儿的关键在于，他们不会觉得这是家长干涉的"功劳"，而是真心觉得情感越发强烈。心理学家把这种现象称为"罗密欧与朱丽叶效应"。"罗密欧与朱丽叶效应”体现了一个一般性原则：由于我们的大脑每秒接收的信息里面只有少得可怜的一部分到达意识层面，绝大多数都在下意识层面被处理掉了，因此**我们无法直接洞察大脑中发生了什么，绝大多数时候，我们之所以感觉“知道”我们为什么那样做，是由于我们的大脑无时无刻不在推理“为什么我会那么做”**。*对于了解自己的人来说，这种推理往往正确，但如果不够了解自己，那么就有可能错误地推断了自己行为的动机。*

心理学对我们行为的动机有一个基本的区分：外部动机和内部动机。前者例如：金钱、物质、惩罚，等等。后者例如：好奇心、成就感、价值观，等等。一个重要的观察是，当内部动机和外部动机同时存在的时候，我们常常会下意识倾向于把自身行为的动机归因于外部动机，因为外部动机更为看得见摸得着，而内部动机则较为隐蔽（文艺一点的说法就是*内心的小声音*太容易被外界的喧哗所遮蔽）。

心理类和育儿类的书籍中经常可见这样一个故事（这里稍加演绎）：

> 一位老人住在一个小木屋中，经常有小孩来他的木屋旁边玩闹，喜欢安静的老人不胜其扰。老人知道赶他们走也没有用，甚至可能适得其反。有一天，老人把孩子们叫过来，给了他们每人五毛钱，说：“我很喜欢你们，以后你们每天都过来玩，每次都会给你们每人五毛钱。”孩子们听了之后当然很开心，居然还有这等好事，还有人愿意花钱让他们玩，于是他们每天过去玩。如此过了一阵之后，老人又把他们叫过来，说：“最近我没什么钱了，只能给你们每人两毛钱。”孩子们听了之后虽然有些不快，但总比没钱好吧，所以还是过来玩，但劲头已经大不如前了。如此又过了一阵，老人说：“虽然我很想你们过来玩，但我真的没钱了，以后不能再给你们钱了。”孩子们听了很生气，后果很严重，心想：“没钱还指望我们来玩吗？”于是都散了。

育儿类书籍用这个故事来告诫父母，要毁掉孩子对事情本身的兴趣，最好的办法就是物质奖励。当物质奖励和兴趣同时存在的时候，由于前者更为看得见摸得着，而且我们的大脑对于物质激励更为敏感，所以更容易推测自己的行为动

14
《积极诠释力：思路决定出路，3 大方法，带你走出人生困境》

机为物质激励，而一旦大脑将这两者挂上了因果关系就坏事了，因为一旦以后“因”（物质激励）被撤掉，“果”（好好学习）也就消失了。当然，如果孩子本身就对什么都没有兴趣，那么使用物质激励来作为初始动因也无不可。由于本就没有内部动机，所以外部激励不会让事情更糟，《积极诠释力：思路决定出路，3 大方法，带你走出人生困境》[14]（*Redirect*：*The Surprising New Science of Psychological Change*）第四章对此有非常详细的分析。

15

反过来说，当外部动机看上去不足以解释行为的时候，我们也会（同样错误地）把动机归结为“我想这么做”。社会心理学有一个有名的说服技巧叫“登门槛效应”（*Yes!: 50 Scientifically Proven Ways to Be Persuasive*[15]），其原理也与此类似。

类似的情况还有很多，它们统称遮蔽效应（Overshadowing Effect）。当行为存在多个可能的解释时，更“吸引眼球”的解释往往会占上风，不管其是否为真正的解释。换句话说，“吸引眼球”的外部动机会“遮蔽”（Overshadow）内心微弱的小声音。

16
《潜意识：控制你行为的秘密》

面对选择也是如此，我们究竟是出于什么原因选择这个而不是那个呢？可口可乐和百事可乐口味的双盲实验相信大家都耳熟能详了——人们*相信*他们选择可口可乐而不是百事可乐是因为前者味道更好。然而一旦把标签撕掉，人们往往惊讶地发现自己选择的却是百事可乐。实际上，*标价、品牌，甚至放在货架上靠左还是靠右的位置、菜单上的字体是否美观*，这些都在下意识层面对我们的行为产生了实质性的影响，但由于种种原因我们往往错误地将自己的选择或体验归因为商品本身的质量或者味道（《潜意识：控制你行为的秘密》[16]，*Subliminal: How Your Unconscious Mind Rules Your Behavior*）。我们倾向于相信自己的决策是理性的、基于正确的信息的，这种 Wishful Thinking 使得我们推测自己之所以选择一种商品肯定是基于其质量（“否则自己就太傻了”，我们当然不希望自己很傻），这种自我认知的需要掩盖了真正的原因。

有这样一个有趣的实验（这个实验有各种变种，也许你也可以在自己的现实生活中找到自己的版本）：

> 实验者雇了两组人，提供一些艺术海报供其选择，其中一组人需要在*选择之前*先详细罗列自己认为每一张海报好在哪里或不好在哪里（就像本杰明·富兰克林著名的列表决策法一样），另一组人则不必这么做，而是直接按自己的喜好进行选择。在实验结束之后若干天，实验者回访了这些人，发现第二批人（直接选择的）很明显比第一批人（先罗列原因的）更中意自己当初的选择。

这个实验的原理是这样的：由于我们的情绪大脑是个黑盒，它选择喜好时自有一套逻辑，而我们所意识到的只是结论（“一眼看上去就喜欢，也说不清为什么”），但是第一组被试*却试图去推测*这个黑盒内部的逻辑到底是什么，而*推测往往是错误的*，但他们*却相信自己的推测是正确（理性）的*，于是他们基于这些推测出来的（往往不正确）的逻辑进行决策，之后发现自己的情绪大脑却并不买账，因为理性大脑猜猜看猜错了。这里，后者的“理性”分析遮蔽了情绪大脑真正的动机。

遮蔽效应是一个比较一般性的现象，不仅体现在心理动机方面。例如早在1950年人们就发现，对视觉记忆进行语言描述不仅不会帮助深化记忆，反而还会损害记忆。两位美国心理学家乔纳森·斯库勒（Jonathan Schooler）和托尼娅·恩格斯特勒－斯库勒（Tonya Engstler-Schooler）在1990年做了一个很经典的实验（《看不见的大猩猩：无处不在的6大错觉》[17]，*The Invisible Gorilla: And Other Ways Our Intuitions Deceive Us*），这篇论文的标题是这样的：“*语言对视觉记忆的遮蔽效应：有些事情不可说，一说便破*”。其中“不可说，一说便破”是我意译的，原文是“*Some Things Are Better Left Unsaid*”，这个实验模拟的是当时目击证人指认犯罪嫌疑人的过程：

17
《看不见的大猩猩：无处不在的6大错觉》

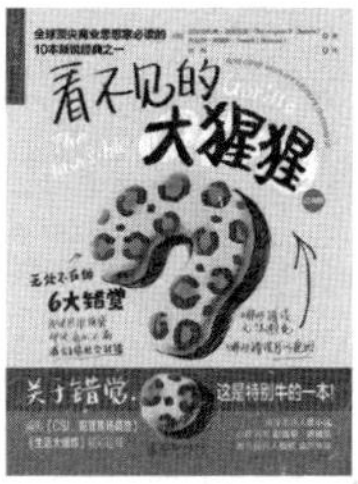

> 两组被试首先观看30秒银行被抢现场录像，其中犯罪嫌疑人露了一下脸。之后，其中一组被试被要求花5分钟“尽可能详细”地描绘自己看到的犯罪分子的脸，另一组被试在这5分钟内则什么都不做。接着，两组被试都被要求从一组嫌疑人当中进行指认。

你猜怎么着？后一组被试指认的准确率为64%，而前一组被试，也就是那组被要求尽量详细地描绘录像中看到的嫌疑人的脸的被试，他们的准确率反而只有可怜的 38%。

正如前面选艺术海报的实验一样，当我们被要求对自己无法获知其内部状态的大脑黑盒模块（不管是情绪模块还是视觉记忆模块）进行分析的时候，我们的分析只是推测，或者只是在用有限描述能力的语言去试图逼近无限微妙的视觉记忆，而我们又倾向于相信自己的推测或分析，并据此进行判断决策（而将真正拥有信息的大脑模块抛弃在一旁），于是遮蔽效应就发生了。

我们知道，很多时候我们的行为的最深层动机来源于情绪大脑，情绪大脑指引着我们绝大多数的日常行为，而既然如上面所说，情绪大脑“并不总是对的”，但又是一个黑盒，无法窥其内部，所以出错了也很难“调试”和“纠错”，那么当情绪大脑出错的时候会出现什么情况呢？

“二战”之后，由于战争的创伤，很多儿童无家可归，无人照料，这些孩子在成年之后，在人际关系的相处交往方面出现了诸多的困难，联合国遂派心理医生、精神分析学家约翰・鲍比（John Bowlby）去做调研。鲍比后来便由此提出了著名的依恋理论（Attachment Theory）。虽然精神分析学派后来饱受批判，但鲍比的依恋理论本身是一个很成功的经典理论，并且在后来被拓展到两性关系当中。

最简单的来说，依恋理论认为一个人成年之后在亲密关系中的行为模式与其儿童时期与主要照顾者（通常是父母）的相处模式有很大的因果关联。

对刚出生不久的幼儿来说，有两个关键的需求：（1）生存需求；（2）探索环境的需求。前者要求父母在视线之内，后者则往往意味着离开父母。鲍比认为，在漫长的进化中，自然选择使得人类大脑中形成了一个动机调节 / 控制系统，这个系统的第一要义是满足安全感（生存）需求，在此前提之下，去努力探索环境。就像我家宝宝总喜欢玩楼下某户人家门口蹲着的一只惟妙惟肖的石膏狗，但是很显然她觉得那是只真动物，所以有点害怕，她的折中方案就是拉着我的手要我跟她一块过去，然后她就放心地“调戏”人家的门神了。

鲍比用负反馈系统来打比方，例如空调中的自动控温系统，当室内温度偏离某个阈值时就自动启动空调，到达阈值之后便关闭，从而使室温稳定。我们大脑中的安全感控制系统也是如此，一旦安全感降到某个阈值之下，便开启大家都熟悉的一种叫“焦虑”的情绪，驱使宝宝去寻找他 / 她的照料者，而找到了之后，焦虑便逐渐降低。当第一需求 —— 安全感 —— 得到满足之后，便启动第二个需求 —— 探索，而探索的过程中一旦感知到不安全因素的存在（例如父母离开、环境陌生，等等），则探索行为会立即停止，安全感的调节器再次打开。由此可见这是一个在两个需求之间取得平衡的动态控制系统。

但以上只是理想情况，基于父母的不同行为，孩子的行为也会有显著的不同。以下是依恋理论中三个比较典型的类型。

1. **安全依恋型**。即安全感较强，相信妈妈总会在身边，所以探索行为较多，即便因妈妈离开而焦虑哭泣，一旦妈妈回到身边也会很快恢复到探索状态。这个被认为是理想的依恋模型，形成这种依恋模型的前提是父母总能在宝宝需要的时候满足其安全感需求。

2. **逃避型**。这种类型的孩子不管对父母还是对陌生人都表现漠然，也不会去探索环境，比较孤僻。依恋理论认为这种行为的成因是父母总是不能给予足够的安全感，例如没有耐心，对孩子的需求不敏感，拒绝身体接触，以及其他负面反馈。久而久之孩子会形成“我也并不需要你”的心理，因为没有人能够长期生活在期望得不到满足的焦虑中，要么改变现实使期望成真，要么改变期望以适应现实。在这类依恋关系中，由于现实是父母无法满足孩子对于亲密关系的期望，所以孩子只能降低心理期望。但是，由于前面提到的控制系统把安全感放在首位，安全感得不到满足就不能去探索环境，所以这类孩子可能会陷在这个阶段很久。其实，心理学家通过检测心跳、压力荷尔蒙水平发现，这类孩子并非真的通过调节期望从而完全没有焦虑，在平静的表面下，他们仍然期望得到父母的关爱。

3. **矛盾型**。表现出对于亲密感的过分渴求，不能很快得到安全感满足并探索环境。这种类型的孩子分离焦虑很强烈，而当父母真正返回的时候又表现出愤怒和反抗，以惩罚父母。这种类型的形成往往是因为父母不能一致性地给予关爱，时而关心，时而冷淡，往往当孩子表现得强烈需要关爱时才会去关爱。这种不确定性带来的后果就是孩子总是焦虑着想去争取多一些关爱，并且希望通过惩罚去减少父母“不打招呼就闪人”的概率。

在儿童时期形成的依恋模型很可能会成为成年之后人际关系（特别是亲密关系）的参照系，在与他人建立亲密关系的时候，很可能会沿用当年在亲密关系中形成的一些无意识的假设（“我知道在我需要的时候你总是会在我身边”“我不知道你什么时候就会离开我消失了”“我不需要你”），例如逃避型的孩子可能较难建立真正互相信任的亲密感，而矛盾型的孩子则可能会表现出对亲密关系丧失的高度焦虑，总是寻求蛛丝马迹要确信对方是爱自己的。我们的大脑最具有可塑性的年龄就是在童年（当然，在人的整个一生中大脑都是具有可塑性的[18]，并且观念都是可能发生根本转变的，这里只是相对而言），而对于世界的一些基本方面（如亲密关系）所形成的心智模式更是在最初与人（父母）相处的过程中就萌芽了。可以说，早年的经历在某些方面是我们成年后理解外部世界的样板，我们通过这些经历建立心智模式，并通过心智模式的滤镜审视未知的世界（尽管世界可能早已经跟我们想象中的不一样）。

18
详见勒口处“本书网址链接合集”第 13 条。

实际上，所谓的心智模式就是我们过往经历所形成的一些泛化的模型，以内隐记忆的形式存在。这些内隐记忆一般不是以语言而是以情绪的形式表现出来，我们往往会感觉到一种不可抗拒的情绪压力，驱使着我们去做（或不去做）某件事情。例如《由内而外的教养》[19]（*Parenting from the inside out*）中有一个故事：一位父亲早年当实习医生时有过一段压力极大的儿科护士经历，由此形成的心智模式，使得后来他自己成为父亲的时候，一旦宝宝哭，就发现自己的情绪仿佛陷入了一个黑洞，无法提供宝宝需要的安慰。

19
《由内而外的教养》

四、心智黑洞

心智模式是一把双刃剑。没有心智模式，我们就没有了理解世界的参照系，但难以改变的错误心智模式会成为我们的心智牢笼。有些心智模式干脆就是心智黑洞，什么都无法从中逃逸。

世界上最难以改变的心智模式有两种。

1. **自我实现的预言**。例如，“我就是没有数学天分”。既然自认没有数学天分，那么就不会去花时间钻研数学，自然不会在数学上有所提高，那么结果也就反过来证实了最初的预期，即“我就是没有数学天分”。这是一种广泛存在的心智模式。再例如，卡罗尔·德韦克（Carol Dweck）的成长型心智模式讲的其实也是这个道理：如果因为种种原因，孩子形成“智力是天生的，不可改变的”的认识，那么孩子就可能会倾向于避开高难度的事情，因为做得不好就会打击自尊心（“看来我还是不够聪明”），而不去尝试的话还可以骗骗自己（“我只是不想做罢了”）。而不尝试也就不会有提高，从而在那些他认为自己不够聪明的地方永远也不能“聪明”起来。

2. **不可证伪的命题**。例如，假定别人总是怀着恶意的。恶意这种东西，永远无法证伪，不管别人的行为看上去多么没有恶意，你都可以从恶意的角度给出解释，即便没法从恶意的角度进行解释，最不济也可以说别人心里就是怀有恶意，只不过行为受到种种其他限制而已。这类心智模式就像卡尔·萨根的龙一样[20]，你永远都无法证伪，就像阴谋论永远都有其立足之地一样，除非人类能够直接观察思维。这种心智模式的特点是，无论现实给出的反向证据如何强，都没法对其构成根本威胁，只要不能百分之百证伪，他就可以选择相信那个他愿意相信的假设。

特雷弗·诺亚（Trevor Noah）在《天生有罪》[21]（*Born a Crime*）中饱含深情

20
详见勒口处“本书网址链接合集”第 14 条。

21
《天生有罪》

和幽默地回忆他小时候有一次妈妈带他去教堂的故事：

> “来，”她说，“我们去搭小巴。”
>
> 我母亲有多虔诚，就有多固执。一旦她做了决定，就无法改变。事实上，那些通常会让人改变原定计划的障碍，譬如车无法启动这种事，只会让她更加坚定地勇往直前。
>
> “是魔鬼干的，”她这样解释车子坏了的原因，“魔鬼不想让我们去教堂，所以我们得去搭小巴。”
>
> 每当我想反驳一下我母亲这种基于信仰的固执时，就会用非常尊敬的口吻，向她表达不同的意见。
>
> “或者，”我说，“主知道我们今天不应该去教堂，这就是为什么他让我们的车子发动不了的原因，所以我们就可以一家人待在家里，休息一整天，因为这也是主的休息日。”
>
> “啊，这是魔鬼的说辞，特雷弗。”
>
> “不，一切尽在耶稣的掌控之中，如果耶稣尽在掌控，那我们向他祷告，他就会帮我们发动车子，但是他没有，所以——”
>
> “不，特雷弗！有时候耶稣会在你的道路上设置障碍，看你是否能克服。就像下任务一样。这一定是一次试探。”
>
> “啊！是的，妈妈。但是这个试探，也可能是想看看我们是不是接受了既已发生的事实，待在家中，为他的智慧祈祷。”
>
> “不。这还是魔鬼的说辞，去换衣服。”
>
> “可是妈妈！”
>
> “特雷弗！萨柯拉！”

自我实现的预言和不可证伪的命题在日常生活中出现的概率其实远远比我们所想象的高，从像特雷弗记录的关于他妈妈的这个无伤大雅的生活小片段，到对家庭和关系造成较大困扰的“孩子不打是不行的，如果打了就改了那说明打是对的，如果打了都居然还死性不改，那更是说明有打的必要了”这类心智模式，再到“我是没有价值的，别人终将抛弃我”这类严重影响亲密关系和人生幸福感的信念。

可以说，这两类基本概括了人类心智可能误入的种种持久、顽固而深刻的歧途。其他类型的信念哪怕后果很严重，也很容易在显而易见的反向证据之下消解，比如你要是觉得果汁能打进血管治病，那么从重症监护室里出来之后不服也得服了。然而自我实现的预言则本身能够生成与信念吻合的现实，或避免接触与信念不符的现实。不可证伪的命题则更是极端稳定。如果说要强行改变自我实现的预言的话还是可行的 —— 只要强按头喝水，使对方无法不面对反向证据即可，那么改变不可证伪的命题构成的心智模式则难上加难，因为你就算强行让对方面对反向证据，对方还有种种方式去“重新解释”这些证据，从而使其对自己的核心信念不构成逻辑背反，而且别忘了还有最后一招“核弹”：就是从根子上瓦解证据的有效性 —— 即提供证据的人有背后的阴谋和目的，“我怎么知道你说的这些是真的”。赫克托·麦克唐纳（Hector Macdonald）的《后真相时代》[22]（*Truth: How the Many Sides to Every Story Shape Our Reality*）对此类例子有生动阐述。

22
《后真相时代》

美国心理学家杰弗里·E. 杨（Jeffrey E. Young）在师从认知行为主义理论创始人阿伦·贝克（Aaron Beck）多年后，在他的咨询生涯中逐渐发现一些无法通过认知行为主义疗法改善的案例，他觉得这里一定有一些认知行为理论没有涵盖到的更深的模式，经过长期总结之后他写了一本面向大众的书籍，叫做《性格的陷阱：如何修补童年形成的性格缺陷》[23]（*Reinventing your life: the breakthrough program to end negative behavior and feel great again*），其中提出了“Lifetraps”（人生陷阱）的概念。在他看来，人类心智可能会进入一些由一系列互相关联的关于自我和世界的认知、信念和根本假设所交织成的陷阱中，这些陷阱持久而顽固，很难改变。他在书中给出了 11 种不同的人生陷阱，从“所有人都不值得相信”到“我永远不能指靠自己”，他所说的人生陷阱，其实恰恰也是这里说的自我实现的预言和不可证伪的命题，正因自我实现和无法证伪，所以尤其具备**改变抗性**。

23
《性格的陷阱：如何修补童年形成的性格缺陷》

最后，即便不属于上面两类心智模式，改变仍然不是一件易事，因为很多心智模式跟情绪挂钩（例如涉及自尊、价值、地位、身份认同，等等），一旦跟情绪挂上了钩，便难以逃脱证实偏差的影响，作为情绪大脑的“律师” —— 理性

大脑会忠实地履行律师的义务，为它寻找单方面的证据和解释（“逃出你的肖申克四：理智与情感”）。

五、我们内心的科学家

某种程度上说，**生活就像是一系列不断进行的微实验**，我们根据所遭遇的现实形成一些假设（观念），然后根据这些假设行事，而我们的行为进而又会触发周遭的反馈，我们于是根据这些反馈再调整自己的观念，这就是一个不断假设检验的过程。遗憾的是，在这个实验面前，有的人是不合格的科学家，因为在实验里面，首先必须提出可证伪的假设（上文的第二点），其次必须收集两方面的证据（上文的第一点）。像“我没有数学天分”这种假设，具有这种观念的人根本就不会去收集反面证据，既然没有反面证据，又怎么谈得上推翻呢？这就像一个科学家，盲目地声称一个假设，然后根本连实验都不屑于做就发表了论文一样。你可能会觉得，拿生活跟科学实验比，具有可比性吗？有。实际上，每个宝宝都是天生的科学家（《孩子如何学习》[24]，*The Scientist in the Crib*），从开始探索环境起就不断地对世界进行着假设检验，我们每个人其实都比你想象的更像科学家，对世界进行着各种猜测与检验，或者说，对于生活，**每个人心中都有一个科学家，只不过有的人比较民科罢了**。

24
《孩子如何学习：顶级心理学家给出的全新答案》

六、释迦牟尼的第二支箭

还有一种最常见、也是最重要的情绪陷阱，就是对于负面情绪的下意识回避。据传释迦牟尼曾对众生讲过这样一个寓言，其大意如下：

> 当一个人被一支箭射中的时候，他其实被两支箭射中。第一支箭就是那支物理意义上的箭，这支箭带来皮肉痛感。而第二支箭则是心理意义上的，其源于你想要回避痛苦的期望跟无法回避痛苦的现实之间的无奈落差带来的“二阶”痛苦（“为什么偏偏是我被射中了呢？真郁闷啊！”）。

而这个二阶痛苦才是真正狠的那支箭。其实不仅仅是第二支箭，现实中往往伴随着第三支箭、第四支箭、第五支箭。一个负面的事件会引发情绪系统的雪崩，例如没有赶上截止期限，导致担心被老板责怪，导致担心丢掉工作，导致担心还不上房贷，再一想到那些看上去仕途顺利的当年的同学，更是各种情绪纷至沓来。然后由最后两支，也是最狠的两支箭来收尾：1）对负面情绪本身的负面情绪（“我不想情绪这么糟糕，可是现在情绪这么糟糕，好郁闷啊！”）；2）因无法扫除负面情绪而带来的无力感。

村上春树在《当我谈跑步时，我谈些什么》里也提到，“痛是不可避免的，但苦是你自己选的。”（*Pain is inevitable, but suffering is optional.*）现代社会中，很少有人会因肉体累而死（甚至我们还会花钱找累——一种叫作“锻炼”的活动），但有各种烦死，因情绪紧张、压力、焦虑等而郁闷死，这里的“死”未必是个比喻，因为压力和焦虑的确能够对人的身体造成非常大的伤害。著名生物学家罗伯特·M. 萨波斯（Robert M. Sapolsky）就写过一本非常畅销的书：《解压手册：斑马为什么不得胃溃疡》[25]（*Why Zebras Don't Get Ulcers*），讲压力所带来的种种生理伤害，例如胃溃疡、心血管疾病、免疫系统衰退，等等。从生物进化的角度来说，当生物面对需要紧急应对的压力源时，符合生存要义的做法就是把身体的能量调集到肌肉上，以应付逃跑或战斗反应，这种时候有些虽长远看重要但不紧急的事情就不可能兼顾了（因为身体能调遣的能量是有限的），例如免疫系统、消化系统、排泄系统，等等，极度紧张中甚至连痛感都会暂时关闭（战场上士兵中枪了还浑然不觉，只觉得肋下忽然一阵麻木，血就流了下来），这里的进化论意义上的原则是很显然的：如果紧急的事情应付不好，可能连明天都没有了，还谈什么免疫、消化呢？

25
《解压手册：斑马为什么不得胃溃疡》

那么，我们的身体为了应付紧急情况牺牲那么多是不是值得呢？这里的关键在于，如果需要应急的情况并不是很多，这并不构成牺牲，只是暂时关闭消化、免疫等系统，等危机解除了之后身体会立即恢复平衡状态。萨波斯在他的书中想要说明的一点就是，绝大多数其他动物的生活就是这样的：应急是少数情况，大多数时候身体处于平衡状态。

然而，人类不一样，人类有一个强大的能力就是能够在大脑中虚拟推演未来。

26

一方面，这给我们带来卓越的未雨绸缪的能力，能够早在灾难发生之前就做些什么从而避免灾难，或者做好准备使得当灾难发生时的损失降到最低；但另一方面，错综复杂的现代社会也令我们在推演未来的时候有太多需要担心的损失，有太多的事情不受我们的控制。正如“逃出你的肖申克三：遇见 20 万年前的自己”一章所述，在我们大脑所适应的远古时代，这一机制是完美的，但在如此复杂的现代社会，它就成了双刃剑。我们的大脑就像一台时光机器，未来可能存在的灾难、过去受过的苦难，穿越到现在，纷至沓来，使得我们在任何一个时间断面都可能承受前后几年跨度之内需要担心的事情，使得我们活在过去、活在未来，但唯独不活在现在（*The Curse of the Self: Self-Awareness, Egotism, and the Quality of Human Life* [26]）。

可是，你可能仍然疑惑：我们可以理解在草原上看到狮子跑过来的时候，身体调集所有能量应付肌肉的需要是应该的，但是为什么当我们担心考试考砸、丢掉工作、演讲搞砸等时也会产生同样的生理反应呢？这些莫非也需要肌肉来完成吗？情况可能是这样的：由于我们的大脑仍然处于石器时代（生物进化的速率远远小于社会进化），而在石器时代，绝大多数问题都是需要武力来解决的，文字的发明是很晚近的事情，相对于人类几百万年的历史、灵长类几千万年的历史而言，只不过是一瞬。在漫长的进化阶梯上，我们的大脑首先需要解决的就是不断出现的生存和繁衍竞争，而这两者都得靠肌肉。

由于我们的大脑还没来得及进化就被带入了现代社会（基因的进化存在显著的时滞效应，其实别说基因了，我们的社会进化得如此之快，以至于连符合拉马克进化的“文化”都存在时滞效应），所以很多地方我们的语言当中的隐喻也都处处折射出我们的“远古思维”，例如当我们非常想要得到一个东西我们会说“力争”（英文则有 "fight for it"，就更形象了），我们也常说“努力”“用力过猛”“尽力”，等等，而实际上很多时候并不用“力”，而是用“脑”。既然我们的原始大脑遇到任何潜在的负面后果，都会紧张起来做好迎战的准备，而我们的现代理性大脑又会把考试考砸认知为“负面后果”，那么一想到考试考砸就肾上腺激素分泌增加也就不奇怪了，虽然更适应现代社会的大脑显然应该“越重要的考试越冷静”。

其实，所谓情绪的牢笼是一个泛指，情绪的牢笼效应多种多样，例如习惯。为什么习惯难以改变，一个重要的原因是很多习惯往往伴随着情绪，想要改变习惯的企图总是撞在负面情绪的南墙上，而如果对负面情绪没有宽容度，既希望能够按照自己的理性想法去做，同时又希望避免负面情绪，结果只能发现两者不可得兼，天人交战一番之后往往最终还是情绪说了算。再如**自尊的牢笼**，如果说心智模式是一间屋子，那么自尊就好比是给这间屋子加了一扇无比坚固的铁门，任何企图颠覆原有心智模式的信息都会触发脆弱的自尊，引发内心巨大的反抗情绪，而一来二去由于受不了其他人提供的威胁到自己心智模式的信息，自尊便会逐渐演变成自闭，到这一步便是把铁门又加上了铁锁，贴上了封条。而隔绝了外界信息的结果便是，原有的心智模式更加不可能改变了。

情绪的牢笼是最强大的，其强大之处在于，即便你意识到了，也未必能够挣脱它，因为挣脱的过程不可避免会带来负面情绪（情绪大脑就像是一个不听话的孩子，你怎么劝他就是不依不饶），而我们对于负面情绪天然的回避倾向会把我们拉回到顺从的老路上去。到目前为止，心理学能够给予我们逃出情绪牢笼的最有效的手段有两个：一是改变行为，观念会自动跟上，但如果在没有外力的情况下，单凭个人自身的力量先去改变行为相当于一个先有鸡还是先有蛋的问题；二是改变观念，行为会自动改变。但改变观念说起来容易，做起来真是难于登天。尽管如此，在这方面还是有两派卓有成效的做法，一是对事实重新认知（或者叫“再认知”），二就是当下很火的正念（Mindfulness）。后者某种程度上也包含前者。

要理解这两派做法，须首先理解我们的情绪大脑工作的方式，阿尔伯特·艾利斯（Albert Ellis）提出了一个 ABC 模型来阐释情绪产生的过程：首先是 A（Activating Event），即最原始的客观事实；然后是 B（Beliefs about the event），即我们内心的各种内隐的心智模式；最后才是 C（Consequence），即引发的情绪。而我们很多时候只直接体验到 C，既看不到原始的事实（A），更觉察不到我们自己的心智模式（B）。

ABC 模型描述的是情绪产生之前的事情，那么情绪产生之后呢？负面情绪是一个负反馈系统，其产生的目的就是要驱使你去做点什么从而消除它。所以负面情绪具有强大的执行力。我们不妨把这最后一步称为 D（Drive）。于是我们得到一个完整的链条：ABCD。

“再认知”方法着眼于环节 B，其逻辑是这样的：既然情绪的产生是心智模式作用于现实的结果，那么改变心智模式，也就从根本上杜绝了负面情绪的产生，属于防火型策略。再认知在很多时候是非常有用的，因为很多事情确实可以从不同的角度去看，例如你一想到房价这么高就恨不能省下每一分钱，你也可以一想到房价这么高，再怎么省也是杯水车薪，还不如好好对待自己明天去买个 iPhone，反正相比高房价而言什么东西都不显得那么贵了。

而正念的理念就更微妙了。这是一门非常古老的思维技术，源于佛教，但正在跟现代心理学和神经科学结合并产生像 MBSR[27]（正念减压）和 MBCT[28]（正念认知疗法）这样对日常心智成熟非常有效的技术。神经科学家们发现，长期进行冥想训练的喇嘛们，大脑中的神经回路产生了一些永久性的变化，使得他们更能够让自己的情绪大脑平静下来。正念很多时候着眼于 D 环节，即虽然负面情绪已经产生了，但我们可以训练自己对负面情绪的宽容度（佛教将之称为慈悲心，现在一些文艺化的正念书籍则将之称为对自己要有柔软的心），从而让自己不像拉磨驴一样被它驱使着走。正念经常用类似这样的隐喻来描述我们的意识跟情绪的关系：情绪就像是一场突如其来的大雨，我们的本能总是赶紧找个屋檐躲起来，而正念训练的目的就是要让我们能够安然地走在雨中。佛教古老的智慧当中，有“妄念”这一说法，这一说法跟现代心理学所说的心智模式其实非常接近，正如科学家们所领悟到的：**所有模型都是错的，只不过有些模型更错**。心理学家们也逐渐认识到：**所有心智模式也都是错的，只不过有些心智模型让你更痛苦**。而妄念的说法正符合这一要旨，你所感知到的情绪乃是你自己都未必知道其对错的心智模式所带来的结果。

27
详见勒口处“本书网址链接合集”第 15 条。

28
详见勒口处“本书网址链接合集”第 16 条。

而通过训练对负面情绪的宽容度，我们便能够逐渐不为这些念头所驱使，而是比较平静地看着情绪来来去去。对此也有人用这样一个隐喻：你的意识是一个空屋子，而来来去去的情绪则是到来的客人，客人会不期而至，也会离去。

或者这样一个意向：情绪就像一波一波的浪潮，你是冲浪者，而浪尖总会过去。由于对正念这一古老技术的研究才刚刚开始（《冥想 5 分钟，等于熟睡一小时》[29]，*Buddha's Brain*），所以正念相关的书仍然只能大量使用隐喻来传达一些微妙的含义。

29
《冥想 5 分钟，等于熟睡一小时》

但是，不管是再认知还是正念，都不是速效药。心智模式不仅隐蔽，而且有情绪作后台，特别强大，所以心智成熟必然是一个长期的过程，既需要知识，也需要耐心。借用软件工程的一句话就是“没有银弹”。

罗素曾经说过：“我是不会为信仰而死的，因为万一我错了怎么办？”对于我们的（负面）情绪，我们也应是类似的态度。既然我们那么讨厌负面情绪，唯恐避之而不及，那么就应该不要动不动就调动负面情绪，因为，万一我错了怎么办，岂不是白白 (生气 | 郁闷 | 焦虑 | 担心 |etc.) 了么？别忘了**在事实和情绪之间，潜藏着纷繁复杂而隐蔽的心智模式，它们就像暗物质一样，看不见摸不着，但对你的行为产生巨大的引力**。

逃出你的肖申克六

柏拉图的洞穴

一、迷信的好处

心理学历史上有这样一个非常经典的实验，其经典之处不仅在于它是著名的行为主义创始人斯金纳所做的，更在于它以一种非常简练的方式揭示了人和动物的某些行为的深刻联系。这个实验被称为“迷信的鸽子”，并被收录在《改变心理学的 40 项研究》一书中。实验是这样的：给笼子里的一群鸽子喂食，喂食器被触发的时间间隔是固定的，经过一段时间的喂食以后会发现，笼子里的鸽子呈现出形形色色的“迷信”行为，有的鸽子不停地转圈，有的鸽子一个劲地啄笼子的某个特定位置，有的鸽子不停地摇头，等等。仿佛它们相信这样做就能影响喂食器给食一样。

这个实验有趣就有趣在它跟人类的迷信行为（例如相信穿某只特定的袜子跟赢球的联系）本质上的相似性。出于某些奇怪的心理，心理学家和大众都挺喜欢这种对人类进行“降格”的实验，其中心理学家们最好的一口就是这种在动物身上重现人类行为的实验。

迷信，毫无疑问可算是一种思维的“牢笼”。

所谓迷信，本质上就是一种跟现实世界规律不相符合的心智表达（Mental Representation），例如相信一个无根据或不存在的规律。作为也许是这个世界上唯一对真理有着执（bìng）着（tài）追求的物种，我们自然不能容忍自己生活在幻觉当中。**所以我们常常对迷信有着一种近乎迷信的反感**。

这倒也无可厚非。只是近几十年来，工作在进化论和心理学交界处的一群人逐渐意识到，我们所共有的许多看起来很不合理的行为或怪癖，如果放到整个生物进化的大框架下面去看，就讲得通了，这门学科就是进化心理学。这方面最为公众所熟悉的例子之一就是“行为经济学”。行为经济学对传统的“理性”经济人假设进行了卓有成效的质疑。例如有这么一个著名的分钱实验（正式说法叫“最后通牒游戏”[1]）：

1 详见勒口处“本书网址链接合集”第17条。

> 你和另一个被试参与这个实验。心理学家作为独立第三方给了这位被试一百块钱，这位被试可以随意设置分配比例，可以给你1毛钱，也可以全给你，而你只能做两件事情，接受或者拒绝。如果你拒绝，那么你们两个人都拿不到任何钱。现在，如果对方只给你一毛钱，你会怎么做呢？

理性人假设是说，只要他分给你的钱是非零的，你都选择接受，因为从（绝对）获利的角度来说这明显是更好（理性）的选择，但实际上谁也不会这么做。对于不公平的分配，我们往往“宁可玉碎不能瓦全”。这说明我们做决定并不仅仅是为了最大化个人绝对收益。事实上，从生物进化的角度来说，拥有**相对**繁衍优势的基因才最终会被留存下来，“相对（而不是绝对）优势”才是终极的目标函数。为了保持**相对**优势，我们不仅愿意放弃，甚至有时候愿意牺牲**绝对**利益。

例如有这样一则有趣的寓言：

> 你是一个农夫，你的邻居有一次恶意毁了你半亩田。你很愤怒，这个时候上帝出现了，上帝给你两个选择，一个是保持原样，另一个是上帝再毁掉你半亩田，但同时毁掉你邻居一整亩田。你会怎么选呢？

“杀敌一千，自损八百”也是同样的道理。当然，也无须对人性的阴暗面感到灰心，这个逻辑的反面同样成立，即我们对于合作行为也是“投桃报李”的，比如《合作的进化》[2]（*The Evolution of Cooperation*）就是专门讲我们的合作基因的。

2 《合作的进化》

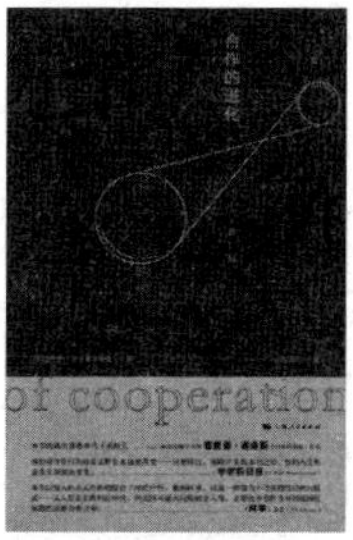

迷信也是类似的道理。乍看起来迷信的确是百害而无一利的，尤其是当你把目光只放在那些“真·迷信”上的时候，你难免会感叹人类有时候真是蠢到家了。但是，实际上，**迷信只不过是我们高度进化的适应机制的一个不可避免的副产品**（by-product）。

说到这个，故事就多了去了。这里再讲两个进化心理学家们最喜欢举的例子（类似的例子在前面的文章中也提到过）：假想你是原始人，在树林里面打猎，看到不远处的灌木丛可疑地动了一下，这个时候你会按兵不动，还是更愿意相信后面有一头猛兽而走为上计呢？当然是走为上计，因为如果真有猛兽，你就捡了一条命；如果没有猛兽，你除了吓一跳以及花点力气，也没什么损失。

再比如食物中毒：在茹毛饮血的远古生活中，食品安全实在是一种反复出现的进化选择压力，假想你在吃了某东西之后不久上吐下泻，即便有可能只是巧合，出于保险起见也还是会假定是食物有毒，下次不吃为妙。因为不吃该食物，还有别的食物可以选择，无关大局；但吃了的话可能代价就大了。（现在你知道为啥你家孩子就是不肯吃西兰花了吧？）

说到进化心理学，就不得不谈一谈性别差异。性可是进化心理学最津津乐道的话题之一，这个习俗是从达尔文那儿传下来的，到现在还经久不衰。著名进化心理学家戴维·巴斯（David Buss）在其著作《进化心理学：心理的新科学》中字里行间都是性（也可以瞅一眼他的作品[3]）。其中最有趣的现象之一就是，男人更容易把女人对他的微笑理解为对他有意思（迷信），而女人则不会有这个倾向。按照上面的逻辑，这背后的原因也是不难理解的。

3
详见勒口处“本书网址链接合集”第 18 条。

实际上，“进化”是一个如此一针见血的视角，以至于普通人在思考一些日常生活中人们难以理解的想法或行为习惯的时候，只要一放在进化的视角下，就立即好理解了。戴维·威尔森（David Wilson）在《进化论与生活：我们的思考方式在怎样发生改变》[4]（*Evolution for Everyone*）中就诙谐地称人人都可以是进化论学家。当然，对现象提出进化论假设是廉价的，验证却常常严谨而艰辛。而对进化心理学假设进行肤浅和草率的论证，也使得进化心理学屡遭

4
《进化论与生活：我们的思考方式在怎样发生改变》

诟病。

学术界把以上提到的两种错误，即“没风险时误以为有”跟“有风险时误以为没有”分别称为**一类错误（Type Ⅰ Error）**和**二类错误（Type Ⅱ Error）**。我们在面对未知的时候，必须在一类和二类错误之间有所取舍，考虑到我们的主要任务是为基因传宗接代，而不是做不要命的科学家，所以进化之筛选择出来的决策系统往往是“宁可信其有，不可信其无”。我们的这个在未知面前为了最大可能性确保生存繁衍优势而做出的特定选择偏好，被统一称为“错误管理系统”（Error Management System）。

事实上，仔细观察就能发现，**在一类和二类错误之间的取舍贯穿了我们日常生活决策的方方面面**。例如孕妇防辐射服科普了那么多年，销售还是那么火[5]，也是类似的道理：对于大众来说，要深入理解枯燥的科学研究并从情感上确信防辐射服确无必要是不大现实的，所以科普了许多年之后对于大多数人来说还是“虽然很可能报纸上、科学家们说的是对的，但是并不排除他们弄错了的可能性”（毕竟科学家们犯错也是家常便饭）。既然不完全排除这种可能性，而另一方面穿了也不过就花几百块钱，也没什么太大的不舒服，况且一辈子也就生那么一（几）次孩子，并不是重复型花销（Recurring Cost），而不穿的话则“不排除”严重后果，那么，还是穿了吧。这就是一个以确定性的代价来消除不确定性风险的典型现象，发达的保险业同理。

5
详见勒口处“本书网址链接合集”第19条。

理解了生物内置的错误管理系统及其使命之后，再来看迷信的鸽子的行为，就不再觉得那么傻了。

假想你是一只鸽子，笼子边上有一个喂食器。有一次凑巧你做了某个特定的动作（例如转了个圈）之后，喂食器掉下来食物，你小小的鸽子大脑中灵光一现：会不会是我这个动作导致喂食器给食了呢？你继续转圈，果然一会儿喂食器又给食了。现在你会怎么做呢？你要停止转圈吗？如果你是一只非常看重食物的鸽子，非常希望能以最大可能性确保食物的继续供给，那么合理的选择就是不要改变当前的行为，因为历史数据表明至少在当前的行为下，是有食物的；而如果改变行为，就不知道了。你没有试过，你小小的脑袋也无法设想这种情况，对于你来说这是一个巨大的未知，未知就是风险。如果风险小的话我们可能还会试一试各种可能性，发扬一下我们的科学家精神，但如果风险较大，还是保险一点好，毕竟生存是第一要义。

你可能会说，为什么鸽子不先试一试停止转圈，如果喂食器停止投食，说明果然是转圈带来的，那么就重新开始转呢？首先你要知道，从逻辑上来说，“重新开始转”跟“一直保持转着”是两个不一样的状态，完全有可能一旦停止转圈，就再也得不到喂食了（彼时再转也不管用了）。其次，鸽子是一种比较简单的生物，也没有人类那么强的好奇心。你可能仍然觉得鸽子的做法很愚蠢，难以理解，但这其实只是因为你站在上帝视角，已知了喂食器是固定间隔的，你知道了谜底当然觉得鸽子很傻，但设想你自己面临的是完全未知的情况，却必须做一个最优概率的选择，情况就完全是两码事了。对鸽子来说，它并不能排除喂食器受其行为影响的可能性。

如果你对鸽子无法感同身受，那就想想打麻将。我上高中那会儿很喜欢打麻将。打麻将的人遇上手气不好就喜欢换换位子（我们老家那里叫“拈风”），比如有一次，你手气总是不振，但拈了风换了一个位子之后果然连糊了几把大牌，这时要是有人跟你换座位你大概率是不愿意的。更重要的是，即便他跟你说，换一下试试嘛，如果你手气差下去了，我保证再把位子还给你，这时理（mí）性（xìn）的你很可能仍然还是不肯，因为鬼知道当你换回来之后那个位子的“风”还在不在了（也许这个风需要你屁股一直坐在那里才能持续呢？），保险起见还是保持原样，什么都别乱动。正如英语中的一句谚语所说：If it ain’t broken, don’t fix it.

而所有这些，根源无非只有一个：**我们首先是生存者，其次才是科学家**。在这两者产生冲突时，即便不探究竟也得确保生存。为了确保生存繁衍，我们就必须面临在未知面前做出选择的情况，既然是未知下的选择，就一定是有系统偏差的，只是往哪一边偏的问题。同理，只要是未知下的选择，就一定会有错误，只是往哪边偏的错误更致命的问题。那为什么我们不能先当科学家，把未知情况弄清楚之后再做决定呢？因为有些时候非要去弄清楚，就意味着小命可能搭上。好奇心不止会害死猫。

但关于迷信最令人跌眼镜的还不是这个，而是在另一些时候“迷信”甚至可能本身就是有利的。多才多艺的跨界心理学家尼古拉斯·汉弗莱（Nicholas Humphrey）就对安慰剂效应提出了一个反直觉但颇令人信服的进化心理学解释[6]：由于我们的免疫系统需要消耗能量来构建起防护网（制造免疫细胞等），对人的身体而言，维护一个免疫系统是一笔庞大的开销，再加上我们的祖先所生活的水深火热的环境，我们的身体总是要面对未来不可知的病菌的侵袭，所以免疫系统出动杀敌时并不会倾巢而出，而总是有所保留，至于保留多少，出动多少，是基于什么来调节这个闸门的呢？

6
详见勒口处“本书网址链接合集”第 20 条。

汉弗莱认为有多种环境线索会触发身体内的这个调控系统，他把这个控制系统称为健康管理系统（Health Management System），例如冬天感冒拖的时间比春夏要久，因为冬天打猎采集都困难，食物贫乏，免疫系统只能调成低档运行，宁可让感冒病菌在体内多苟延残喘一段时日，也不会大举进军以求速决，因为要留有余量来对付总是不确定的未来。而春夏是采集狩猎的大好季节，食物补给相对充足得多，免疫系统也可以调高功率。总的来说，免疫系统是偏保守的，因为未来总存在着不确定的风险。但是，这种留一手的策略未必会适合所有的情况，当我们需要免疫系统加大功率的时候怎么办呢？汉弗莱认为我们的祖先无意中发现了可以骗免疫系统的办法，本质上，不管是巫医、蛇油还是其他什么，目的就是要去“骗”免疫系统相信援军已经驾到，诸君可放手一搏。这就是安慰剂效应——外界的干预本身并没有直接帮助，但“鼓舞”了免疫系统的“士气”。

二、再谈自我实现的预言

上一章曾经提到，心智黑洞有两种，一种是自我实现的预言，另一种是逻辑上就无法证伪的信念。其中尤数自我实现的预言在生活中最为常见。要说自我实现的预言，就必须回到刚才的错误管理系统：我们的现代社会中固然不会有时刻潜伏的豺狼虎豹，也不会有无处不在的致命病菌、寄生虫，但有另外一种错误始终贯穿人类进化的长河，就是如何使用我们的时间。时间毫无疑问是一个有限资源，花在什么地方有更大收益，很明显是进化之手非常关心的问题。

我们在日常生活工作当中，选择做什么事情，不做什么事情，无一例外都受到两个根本因素的制约：第一，我们是否有能力做成这件事情；第二，这件事情做成了有多大的收益。第一个回答“能不能”的问题，第二个则回答“要不要”的问题。著名社会心理学家阿尔伯特·班杜拉（Albert Bandura，活着的心理学家当中被引用次数最多）毕生致力于回答第一个问题，也就是我们对自己“能否做某事”的信念从何而来，该信念又是如何影响我们生活的方方面面的，这就是他提出的经典概念“自我效能感”（self-efficacy）的由来。

那自我效能感跟错误管理系统又有什么关系？

我们先回顾一下自我实现的预言：如果一个人由于某些原因，先入为主地相信了自己不擅长某事，那么他很可能以后再也不会投注精力在这件事情上，因为他相信那是浪费时间，而如此一来他也便永远没有机会发现他是否真正无法擅长某事。这就是自我实现的预言——我们基于大脑中既有的信念来构建行为，做出选择，而我们的选择往往又反过来去印证（或者叫“不推翻 / 不证伪”）这些信念，就像循环论证一样：你先假设一个命题成立，然后一路往下，最后回到“所以该命题成立”。

回到前面提到的关键问题，为什么自我实现的预言跟错误管理系统大有关系？正是由于要管理“投入了没有收益”这种浪费生命的错误，我们才选择了不尝试就放弃。**这固然是一个悲伤的故事，但同时也闪耀着进化的智慧之光，因为有舍才有得：**放弃自认为不擅长的事情，也就意味着在自认为擅长的事情上得以投入更多时间，而这又是另一种正向的自我实现的预言。

除了错误管理系统和健康管理系统，我们的身体和大脑中还有很多内置的控制系统。美国进化心理学家道格拉斯·肯里克（Douglas T. Kenrick）在《理性动物》[7]（*The Rational Animal*）中就声称人类大脑中至少有 7 个自我。由于我们的环境充满了未知，一切决策本质上都是概率决策问题，所以这些系统工作时都有一定的可预期的系统偏差（《怪诞行为学》）。

7
《理性动物》

行为经济学家和认知科学家们近些年来发现了不计其数的认知偏差（《思考，快与慢》[8]，*Think Fast and Slow*），维基百科上也有一个非常翔实的列表（List of Cognitive Biases[9]），很值得一读。一开始人们觉得这些偏差很莫名其妙，属于人类大脑的缺陷（*Brain Bugs*），但随着进化心理学的发展，它们正在逐渐被放到进化论的大框架中去解释，然后人们发现很多偏差并非缺陷，而是适应人类远古生存环境的系统机制（*Caveman Logic*）。于是，我们就回到了之前提到的一个（也是进化心理学的）核心概念 —— 进化时滞。

8
《思考，快与慢》

9
详见勒口处“本书网址链接合集”第 21 条。

三、再谈进化时滞（Evolutionary Time-lag）

进化时滞也被称为进化惯性（Evolutionary Inertia）、进化错配（Evolutionary Mismatch），其本质都是一样的：人类社会发展的速度远超基因进化的迭代速度，因此基因进化的脚步相比于环境变化总是会慢上好几拍。换句话说，我们身处现代信息社会，但我们的身体和大脑中的众多系统仍然是为了适应远古石器时代而定制的。

这里简单回顾一下那个最经典的例子：对于脂肪，我们的身体会来者不拒，因为在食物匮乏的远古社会，人类从来也没有面临过“肥胖”这种选择压力。食物总是不够的，所以负责脂肪摄入和积累的系统只需要一条简单的规则，就是“有多少都存起来，留着好过冬”。只可惜这条规则到了食物充裕的现代社会，就变成悲剧了（《你的生存本能正在杀死你：为什么你容易焦虑、不安、恐慌和被激怒？》[10]，*Your Survival Instinct is Killing You*）。

10
《你的生存本能正在杀死你：为什么你容易焦虑、不安、恐慌和被激怒？》

戴维·威尔森在《进化论与生活》中生动而又不乏惊悚地描述了这样一种场景：想象一个舞会，每一个舞者都有一个舞伴，音乐动听，一对对人儿翩翩起舞，忽然，地面出现了一个个深不见底的大洞，每当一对舞者路过的时候，其中一

个都会掉进大洞。然而，剩下的那个人却仍然保持着原先的舞姿，继续跳着，仿佛在和幽灵共舞。

威尔森把这个惊悚的场景叫做“与鬼魂共舞”（Dancing with Ghost）。

在进化论中，这里的一对舞者，就是基因和环境的配对，环境已经变化，基因（本能）仍然兀自不觉地起舞，仿佛世界从未变化一般。

进化时滞也能够有力地解释很多在信息社会看来很愚蠢的人类行为。例如腰臀比在生物上是女性生殖能力的一个重要表征[11]，所以男性大脑中的性选择系统会把纤腰丰臀定义为“非常诱人”（你看综艺节目《非诚勿扰》上有多少“腰控”就知道了），但是这个规则是可以被黑（hack）的。例如穿束腰提臀紧身衣，甚至当腰臀比达到了匪夷所思的不现实的地步（卡通美女）时，我们仍然会觉得十分诱人，因为正如刚才说的脂肪控制系统一样，它只有简单的一条规则，腰臀比越小越好（因为在远古社会是没有这种“人为”“非自然”的高级黑的），这在进化心理学上被称为“超常刺激”（Supernormal Stimulus）。卡通美女们大到不现实的眼睛和胸部也是同样的道理。我们对于超常刺激没有防御力，因为超常刺激是现代社会的产物，而我们进化出来的系统还没有来得及对付这种新颖的事物。关于超常刺激的另一些研究也可参见 *The Tell-Tale Brain*。

11 详见勒口处“本书网址链接合集”第 22 条。

进化时滞是现代人类的宿命，因为现代社会文明的发展速度必然快于缓慢的进化迭代。

然而，人类毕竟是人类，我们除了古老的大脑，还拥有具备普适认知能力的新皮质（Neocortex）及其中强大的前额叶（Prefrontal Cortex），它们能够与时俱进，应付未知的新局面（否则社会也就不会以更快的速度发展了）。基因给出的行为指令是 A，经过前额叶则可以修改为–A。可是这同样也带来了问题：在现代社会我们常常要面临两个大脑的斗争，例如我们的“本能”告诉我们要吃，我们的“理智”却告诉我们不应该吃。后者当然是对的，而前者如果放在远古社会也是对的。经常处于这种天人交战的纠结中，也难怪现代人各种心理问题多多了。

总的来说，牢笼分为两类：一类是无可避免的，在面对未知信息时必须做出的取舍；另一类则是因为进化时滞效应带来的“暂时性”的不适应。但是这两类牢笼的背后是同样的根源，即我们首先是适者生存下来的生物，其次才是灵长类。我们虽有普适认知能力，但另一方面我们的本能是为了保护和延续基因的（《自私的基因》，*The Selfish Gene*），甚至就连我们的好奇心和普适认知能力也是因为它有助于我们具备更强大的生存繁衍优势，而一旦遇到关乎身家性命的不确定、未知、风险，进化所偏好的基因几乎总是偏保守的。

四、柏拉图的洞穴（知觉的牢笼）

柏拉图的洞穴是一个众所周知的隐喻，即便是以我们现在对大脑的认知来看，这个隐喻也显现出了极强的预见性。我们最重要的知觉之一——视觉——承担了我们观察和理解世界的最重要任务之一，但其原始输入无非是视网膜上的二维信号。从二维信号到我们所感知到的五彩缤纷、富含物体和意义的三维世界，中间经过了我们大脑中的复杂神经网络的解释。作为“拥有最终解释权”的大脑，当然最看重的就是，哪种解释最可能对我们在这个世界中的生存繁衍更有优势。这本身就是一个有偏差的视角，把更大的权重放在了“生存繁衍利益”，而不是“客观事实”上。

著名神经科学家戴尔·珀维斯（Dale Purves）最重要的工作之一（*Brains: How They Seem to Work*）就是提出了我们在观察世界的时候，并不是完全抱着无偏差、客观的“初心”去看的，而是带着进化筛选出来的一些先验假设去解释世界，这些硬编码在大脑中的先验假设就是以“对生存繁衍有利”这个原则筛选出来的。例如戴维·巴斯在一篇介绍进化心理学的综述文章[12]中描述了这样一个现象：同样的楼层，从下面看和从上面看，我们感觉到的高度是不一样的，我们会主观夸大（大约32%）“下跌”的高度，原因是跌下来是致命的。这也是错误管理理论的一个推论——小心驶得万年船。

12
详见勒口处“本书网址链接合集”第23条。

横亘在我们的意识和外部世界之间的，就是我们的具最终解释权的大脑神经网络，这就是我们每个人的柏拉图洞穴。

而知觉（Perception）只是外部信号进入我们大脑的第一层处理，接下来是认知（Cognition）。

五、认知的牢笼

现如今讲认知偏差（Cognitive Bias）的书一抓一大把，若求读得轻快闲适，可以看一下（《清醒思考的艺术》[13]，*The Art of Thinking Clearly*）。我们的基因自带有一些对外部世界的认知图式（Cognitive Schema），基于过往的经验，我们自己又完善了一部分。认知图式是我们解释世界的参照系和滤镜，我们虽然感觉我们平时看到的是“客观”的事情，但其实绝大多数时候，特别是涉及人与人之间的时候（社会认知，因为人的行为往往有多种解释），我们所感知到的其实是经过我们的认知图式解释过的。

13
《清醒思考的艺术》

例如，听到别人的话时，我们的大脑会自动地开启一个叫“猜猜他说这话的意图是什么”的系统，这个系统又往往需要借助另一个叫做“他是哪种人呢？”的系统。这套系统叫做心智理论（Theory of Mind，ToM），也是发展心理学最经典的研究之一，借用理论中的一段话：

> 我们之所以能够理解他人的想法，是因为我们的大脑是一个超级模拟器，不仅能够模拟物体飞行的轨迹和落点，模拟未来可能发生的事情，还能模拟他人头脑中的想法、意图，以及可能采取的行动。

在微博上曾看到一个有趣的小故事：

> 带孩子去听音乐会，借着她开心的时候，颇有心机地问：“你看台上的人演奏的音乐是不是很动听？”女儿回答：“挺好听的，妈妈我知道你接下来会说让我也学一门乐器对不对？”

如果你有孩子，不妨在家自己试试，说到一半停下来，孩子往往能猜到你的下文。

当我们在揣测他人的想法、意图时，通常是很准的。有时候甚至别人根本不用开口，而只要往旁边一站，我们就能感知到他们心里在想些什么，例如《虎妈战歌》[14]里面有这么一小段插曲：

14
《虎妈战歌》

> 有一次，露露练琴练到一半，忽然爆发了："停停停，妈，别说了！"
>
> "露露，我什么也没说啊！"我答道，我的确一个字也没说。
>
> "你嘴上不说，可是你脑子里在想！"
>
> "我什么也没想！"我气愤地说。但其实我刚刚的确想了，我觉得露露的右肘抬得太高，整个状态也不对。
>
> "把你的大脑关掉！"露露命令道，"除非你把大脑里的念头停掉，否则我不练了！"

但有时候我们也会错得离谱，以己度人。虽然这通常也不会有太大的关系，但在亲密关系中，错误地解释对方的想法、意图和行为，经常会带来灾难性的恶性循环。例如在我读过的育儿类书籍里面，较偏爱的书当中有一本叫做《如何引导暴躁的孩子》[15]（*The Explosive Child*），老实说这本书写得并不算太好，有点车轱辘话来回说，重复和类似的例子举得太多，但它最宝贵的地方就在于全书就围绕一个核心来讲（少即是多），即父母如何解释孩子的行为。

15
《如何引导暴躁的孩子》

如前所述，在事实和感受之间，横亘着一道巨大的、看不见的鸿沟，这就是我们的心智模式，我们对世界、对人的认知图式，我们大脑中的"解释层"。《如何引导暴躁的孩子》一书的精华几乎就是下面这一句话：

> Children do well if they *can*.

这句话很难翻译，我能想到的翻译是这样的："如果能好好的，孩子们一定会好好的。"反过来说就是：孩子的坏行为（这里姑且不去谈论是不是有真正的"坏"行为，下文同），并不是因为他不想（好好的），而是因为他不能（有苦衷）。

书中也同时提到，很多家长对于孩子都有一个错误的认知模型，就是：

> Children do well if they *want to.*

“如果孩子想好好的就一定能好好的”，这个认知模型也有一个推论，就是如果孩子没有好好的，是因为孩子不想（好好的），“这孩子就是调皮 / 顽固 / 爱哭……”

这两种解释风格下面的父母们的心态和反应有天壤之别，而且就像上文提到的，两者都是自我实现的预言，**一个良性循环，一个恶性循环**。

相信孩子天性向善（只是力有不逮）的父母，会提供支持性帮助，会通过倾听、理解来帮助孩子跨越障碍，他们进而会看到孩子的行为转变，这反过来又会进一步确认他们的做法的合理性。

而另一方面，相信天下的孩子都是熊孩子的父母，则会通过威逼利诱、惩罚奖赏来试图控制孩子。如此一来，孩子行为改变则会强化他们的奖惩做法，而如果孩子行为不改变，则会被解释为奖惩力度还不够。最后，如果一切奖惩都用尽了（所谓“打也打了，好话也说尽了”）仍是没有改变，便会被解释为“这孩子，没办法了”。

两条截然不同的路，都是没有回头路的路 —— 除非有外界的巧妙干预。

著名社会心理学家蒂莫西 · 威尔森（Timothy D. Wilson）在《积极诠释力》中就讲了这么一个非常触动人的例子：一个非常简单的干预手段 —— 每次家访短短两小时，历时不算久，却有效地从根本上改善了无数家庭的亲子关系。这个简单的干预手段就是：

> 当父母看到孩子的坏行为时，例如发脾气、哭闹、执拗，等等，当父母想要归因到孩子身上的时候，研究人员只是简单地邀请和鼓励父母去继续思考孩子行为背后可

能还有什么原因，除了“这孩子就是脾气不好 / 爱哭 / 执拗 / 逆反”等解释还有什么可能的其他解释。

这么一个简单的邀请，就打开了父母原本狭隘的思路和固定的解释倾向。例如当孩子哭闹的时候，原本认定孩子就是爱哭的父母可能会转而想，孩子是不是哪里不舒服，是不是需要拥抱，等等（当然，具体原因视孩子年龄和具体家庭社会环境而定）。研究人员会鼓励父母不停地去想可能的解释，并尝试一些做法，留意孩子的响应，直到某个解释看上去成立。

我认为从某种程度上来说，这个干预就是要让父母用一个科学家的心态去看待孩子的行为，去大胆提出假设，并小心一一求证，而不是先预设偏见，钻到窄巷子，一条道走到黑。也是要让父母用一个好的诊断科医生的角度去看待孩子的行为，学会对自己说**“这只是症状，而不是病因”**。

事实上，一旦父母打开了思（nǎo）路（dòng），往往立即就会尝到甜头，因为就像成年人很多时候也会“非不想乃不能也”一样，孩子更是如此，很多事情孩子并不是不想，而是实乃做不到。当父母以一个理解和帮助者的角色出现，给孩子需要的包容或支持，孩子的反馈往往会是非常正面的。

以恶意还是善意来揣度他人的行为，是我们大脑的社会化模块中一个很核心的参数，影响几乎所有人与人的关系。由于不管倾向是哪边，很大可能是自证的，才需要格外留心。

六、跳出牢笼：改变的逻辑 [为什么每个人都应该学点心理咨询（Psychotherapy）]

认识到我们的大脑存在这样的“解释层”是极其重要的，我们平常对绝大多数事情的“接收—解释—反应”一连串的过程都在不知不觉当中就发生了。这是一个高度自动化的系统，别人说了一句话，我们的反应（想法、情绪、行为）几乎立即就会随之产生，而接下来我们后续的思考和行为几乎肯定都是在这个解释层所限定的框框里面。有时候，这个框是容易看到的，就像前面那个亲子关系的例子一样，但很多时候，根植于我们内心的一些模式是如此之深，其触发的情绪反应是如此的强烈，以至于一旦被触发，我们的思维就像在（情绪的）洪流中站不住脚的人一样，直往下游冲去。

对于这种情况，在现代心理学里面有多种做法，一种就是上一篇曾提到的正念。正念源于佛陀发现的“内观”或“觉察”，在这种状态下，就好比是把意识从情绪的洪流中抽离出来，从而不被裹挟而去。当然，现代神经科学对此有更深入的解释，这里不作深入介绍。就目前的研究和实践来看，这是一种极为成功的心智工具（《第七感》，*Mindsight*）。

但正念毕竟还是一种绕开了问题的本质的做法，它对待情绪的态度就是，情绪自来自去，我们本无法控制，也无需控制，接受“情绪总会自然产生，自然而去”的事实，不去抗拒，就像站在河边看着流水流过一样。可是这样的看法是无法让我们这样的技术控满意的，因为这还是没有回答情绪之河的源头在哪儿。我们的认知图式或心智模式（Mental Model）就是河的源头，而正念只是在“下游”解决问题，如何能改变“上游”的心智模式呢？

说到这里就不得不提一下心理咨询这个领域的一个历史包袱，中文语境里的心理咨询基本上对应的是英文中的 psychotherapy，therapy 是治疗的意思，“疗”原本是针对肉体疾病，疾病当然是身体的不正常状态，“疗”就是让身体恢复正常状态。那么，“心理治疗”给人的直接印象当然就是，让不正常的心理回复正常状态了。也就是说，这是个从负分到零分的过程。

但是心理现象和生理现象却有一个本质差别：设想你腿上有一个深伤口，细菌感染了，你的免疫系统搞不定了，那身体必然处于一个“病”的状态，需要“治”，但心理不一样。如果你（wǒ）小时候被狗追过两条街，从此看到狗就害怕，这不叫心理“病”，而是心理的自然且卓有成效的应对机制。事实上，恰恰相反，被狗咬了居然下次还不知道怕的才是真的需要治。

近些年来，进化心理学和心理治疗领域的前沿进展逐渐收敛到同样一个基本假设（我当然不是这个领域的研究者，只是一个有兴趣的局外人，但是在我的阅读中发现有这样一种趋势），就是那些表面上看上去是“病态”的心理机制，其实如果再往深层看，只不过是我们天生就有的心理应对机制在正常发挥作用。

说到这里有人可能会说，那这个被狗追了两条街的人，直到成年之后还看到狗就发抖，莫非也不是一种“病”的状态？答案是：既是，也不是。说“是”，是因为一个年轻力壮的成年人怕一条小狗，很明显是不合理的，这当然是一种“不合理”或至少是“不必要”的状态。说“不是”，是因为这个条件反射，在该人还很幼小时是一个保护机制，所以又是合理的。

关键就在于，我们要意识到，一个合理的心理应对机制，会在时过境迁——当年某些前提条件已不复成立的时候，仍然继续发挥作用，也就是说成了一个“过时”的机制，从一个当初有巨大帮助的应对机制，成了一个同样巨大的（心智）负担。

如同“进化时滞”一样，我们的心理应对机制也会“过期”。早年环境塑造的心智模型，在后来环境发生变化之后，并不会瞬间就调整为适应新的环境，往往会慢上好几拍。其中有的模式，甚至可能终生都难以“更新”（例如前文提到的“心智黑洞”）。

这些过期的心理应对机制并不会消失，它们会继续存在于我们的情绪大脑当中，驱使和限制着我们的日常行为，其中对成年人日常生活影响最大的莫过于职场和家庭中的困扰。例如亲密关系中的依恋模式：如果一个人在童年习得父母的爱需要讨好才能获得，只有讨好才能免于被忽视和抛弃的焦虑，那么在其成年之后也会无意识假定自己配偶的爱也是有条件的，也会不由自主地去讨好让步，从而忽视了自己内心的原则、需求和愿望。

而职场中的困扰，例如：对做错和搞砸的恐惧，远远大于对做成之后潜在收益的渴望，从而避开一切挑战和成长。再例如：执着于一个“我是好的 / 我是对的”的自我形象，超越了对事实问题的客观探讨，并在职场中拒绝一切批评和负面反馈，进而拒绝了一切改善的动力和行动。相反，或者因害怕不被上级或同事喜欢而无原则、无主见地同意和采纳一切批评，哪怕根本没道理和有损生产力的那些批评。这些下意识的、有着强大的情绪惯性的应对模式，其实都有可能通过恰当的帮助而得到根本的改变。

16
《终身成长：重新定义成功的思维模式》

卡罗尔·德韦克在《终身成长：重新定义成功的思维模式》[16]（*Mindset: The new Psychology of Success*）中详细描述了她关于成长型和固定型心智模式的研究：如果我们认为智力是一个内在的、固定的特质，而不是可以通过努力和投入去改变的一个变量，那么有前者这种认识的人就会试图避开那些挑战性的工作，或者故意给自己设置一些障碍（例如考试前一夜泡吧喝酒大醉而归）。这样，如果一件事情没做好便可以有借口由头，而不必归结为自己不行 [这就是所谓的自我妨碍（Self-handicapping）]；而后者则相反。因为对于前者来说，如果应对挑战失败了，就意味着他们得面对“我不够聪明”这样一个结论，而对于后者来说则只是意味着“我还得再用点功”。

当然，就如同很多心理学实验一样，这个实验有很多有意思的细节和变种及争议，这里不一一展开详述。重点是，我们从中可以看到，那些相信智力是固定的人所发展出来的“回避挑战”的这样一种心理“疾病”，只不过是他们的信念所自然而然产生出来的合理应对机制罢了，也就是说，在一个“智力固定的世界”里面，他们这样做是完全合乎理性逻辑的。

类似地，我们也经常看到父母对孩子说“要么别做，要做就做到最好”，结果却事与愿违地导致孩子什么都不愿意做了。（既然做不到最好就全是零分，那谁还高兴开始呢？）但如果你仔细想一想，“要么别做，要做就做到最好”的思维倒也确实适用于那些赢者通吃的领域，因为在这些领域恰恰是一将功成万骨枯，除了塔尖上的少数人通吃全部好处，其他人什么也捞不到，所以你要么就冲着塔尖去，要么趁早另做打算。但如果不加区分地把这个思维模式运用到所有领域，却往往要事与愿违了，因为还有很多领域并不是赢者通吃的。在这些领域，进一寸有一寸的收益，多劳多得，因此仍然沿用这一思维模式就会产生认知错配（Mismatch）。后者正是进化时滞背后的本质，即根本上不是时过境迁，而是认知和环境产生了错配，时过境迁是导致认知错配的原因之一。

这里再引用一个有趣的例子（《坏习惯不是你的敌人》）：

> 某私营公司的文秘小刘有一个坏习惯：什么文件，她都会拖到最后一刻才拼命做。譬如，公司周一开了次会议，老总让小刘最迟周四交上整理好的会议记录。无论周一、周二时间多么宽裕，小刘都不会先完成这份记录。她经常是一天十次、二十次地在电脑上打开一个文件，但每写几个字就会停下来，一个字都写不下去。直到周三下午，她才会在电脑上对着键盘一通狂敲，如果下午完不成——这对小刘是家常便饭，她就会拖到晚上，搞到十一二点甚至夜里一两点才下班。周四，她一定会一早来到单位，红着眼睛，一脸疲惫把报告亲自交给老总。小刘下了无数次决心，发誓要改变自己这个习惯，但一年年下去，没有任何效果。
>
> 小刘知道，这是一个恶习。但她一直没有想过的是，这个恶习给她带来了不少好处。譬如，同事们都知道她是“加班大王”，这个称号传到老总耳朵里，老总也从不批评她做事拖沓。这些好处成了奖励，强化了小刘办事拖沓的习惯。这个恶习还有更深层的原因。小刘的爸爸对小刘要求很高，上学的时候，每次做完作业，她爸爸都要检查一遍，一发现差错，爸爸会狠狠地批她一顿，斥责她不努力不认真。最后，小刘发展出应对办法：熬夜在最后一刻才完成作业。这样，即便爸爸检查出了错误，但因为知道小刘熬过夜，不仅不斥责她，反而会夸她用功。公司里其实也一样，老总是男性，面对老总就仿佛是面对老爸，小刘害怕老总斥责自己不努力，所以用了以往的应付方法应对老总。

那么为什么我们的心理机制也会像进化一样那么赶不上趟呢？为什么不总是与时俱进地更新呢？原因不止一个。这里暂且先回到“心理疗法”（Psychotherapy）这个名字：如果我们同意一个过时的心理应对机制并不能算作“病态”，而是一种必然（物理定律尚且会过时，会被更精确的理论所取代和包含，心理“定律”就更不用说了），那么“心理疗法”这个称呼就是完全不合理的。如果过时的心理应对机制算是疾病，那么人人都有病（确实有些书声称如此）。本质上，我们永远在后视镜里看世界，所以我们的心智模式在变化的世界中永远会存在一个非零的时滞，但声称人人都有病也只是稍有助益，本质上我们并不是在治病，而是在试图让自己陈旧的心理模式得到更新，从而跟上客观现实，所以如果“成长”这个词不适用于此，我已想不出更适合的词了（虽然“心智成长”也已经快成为陈词滥调了）。

如果非要在我们的日常困扰和另一些严重影响生活的心理机制之间划一个界限，那么区别也只是“成长”和“疗愈”的区别。

实际上，为了避开人们对“疗法”这个词的偏见（更惨的是运用这些方法的被称为心理医生、治疗师），由心理疗法衍生出来的各个支流都开始想一些不那么负面的名字，其中流行的例如“某某教练”（如人生教练、关系教练、职场教练）。看心理治疗师洛莉 · 戈特利布（Lori Gottlieb）的 *What Brand is Your Therapist*[17] 这篇文章就知道了。

17
详见勒口处“本书网址链接合集”第 24 条。

心理疗法发展到今天，虽然派系众多，且新名词和方法论层出不穷，但究其根本，目的都相同，就是解除人们内心的痛苦。而所用的方法，本质上也不外乎从以下几个层面去介入：认知层、行为层、情绪层。从历史角度来说，先是有弗洛伊德的精神分析派，后来有斯金纳的行为派，再后来随着认知科学的发展带动了认知派。其中最流行、适用范围最广泛的就是基于认知的疗法（还有认知与行为结合的认知行为疗法）。

与大众对于心理疗法的糟糕印象不同，对现代心理疗法的实证效果研究早就进行了好多年，并且已经证明心理疗法是有显著高于安慰剂的效果的。此外，跟药物干预（如抗抑郁药等）相比，心理疗法几乎没有任何副作用，而且效果长久，甚至“永不复发”。（想想也是如此，一旦心智成长了，谁还会回到原来的状态下呢？）美国最权威的心理协会美国心理学联合会（APA），就专门设专题来打消人们对于心理疗法的偏见和顾虑，并推广心理疗法。不过因为两个原因，这条路还挺长。第一，心理疗法这个领域就像心理学一样，有不少历史包袱［多伦多大学著名的发展和应用心理学家基思·斯坦诺维奇（Keith E. Stanovich）有一本很著名的书《这才是心理学》，就是专门讲心理学的历史包袱和糟糕的大众印象，以及如何正视它的］。它们待见大众，大众还是不怎么待见它们。考虑到中国人对于面子的顾虑，任何跟心理疾病沾上边的名词还是躲远点为妙，即使改称“心理咨询”或“心理健康”之类的说法，似乎效果也还是好不到哪儿去。第二，据美国心理学联合会的说法，虽然有像认知行为疗法这种非常科学和实证的做法，但实际上心理咨询师们也由于种种原因并不用它们。耶鲁大学心理学家艾伦·凯斯丁（Alan Kazdin，曾任美国心理学联合会会长，耶鲁教养中心主任）2001 年 9 月就曾经在《时代》（*TIME*）杂志上抨击这一现象，并建议改革制度，以使得更多人能够从现代心理疗法中获益。

我们知道流行的心理疗法有很多，其中最成功的之一要数认知行为疗法，当然现在又多了基于正念的流派。本质上，所有的方法论无外乎两种，治标的和治本的。

所谓治标，就是着眼于我们的理性脑；所谓治本，就是着眼于我们的情绪脑。不过很多时候治标和治本是紧密相关的，比如当你通过再认知方法改变了你对某件事情执着的态度，从而你行为上不再像以前那样偏执（虽然情感上还有偏执的冲动）时，天长日久，你会发现在情感上原来的偏执冲动也慢慢消失了（因为新的行为导致新的经验，而新的经验则会反馈到情绪大脑，更新里面的神经回路）。也有时候治标即治本，比如说一个人的心理困扰本来就是因为某个错误的认知所导致的，一旦改变了认知，所形成的情绪也就消失了。当然，前提是这个认知还没有来得及因为天长日久“沉降”到情绪大脑的底层，形成无意识的神经回路。

认知行为疗法皆着眼于我们的“上层”大脑，优点在于适用范围广泛。人的认知图式、信念结构、假设信条，等等，规则看得见摸得着，也容易拿出来进行梳理、探讨和重建，但缺点是不够深刻，因为毕竟认知皮质和理性大脑不是（甚至往往不是）主导我们日常行为的主因。但学习认知疗法的理论仍然大有裨益，即便情绪大脑牢牢霸占驾驶座，但情绪不等于非理性，情绪背后的那些深层认知结构仍然遵循认知疗法中所指出的那些共通的原则，区别只不过是前者藏在意识的水面之下。

着眼于深层认知和情绪大脑的理论一直以来没有什么“多快好省”的方法论，毕竟是要和一些看不见摸不着，连对方自己都说不清道不明的潜意识动因去打交道，耗时耗力似乎是不可避免的。也正因此，精神分析及其衍生派系（如心理动力学疗法）耗时长，时间代价常常难以为繁忙的职场成年人所接受。此外精神分析中所给出的有些阐释或洞见难以证明或证伪，似是而非，也可能反而混淆对方对自己本来就模糊的认知，比不上对方自己从深刻的觉察和体悟中自行生成的绝对个人真相（Personal Truth）。

但是，有些时候，当确实触到了点子上的时候，对方会经历蜕变的过程。在这个深刻的改变过程中，情绪大脑中古老的神经通路被彻底更新（而不是像认知疗法那样，仅在上层的理性认知大脑皮质中建立一条和情绪大脑底层神经回路反向的通路进行对抗或抑制 —— 这是两种流派理念的本质区别），原来的问题会从根本上消失。

实际上，人的蜕变过程，有时候即便不经过心理咨询也会在日常生活中自然发生，特别是当我们经历极为重大的事件时，原本固有几十年的执念或许会在“一瞬间”想通了。这个“想通了”并不是我们通过理性大脑的逻辑推演来想通了，而是情绪大脑自行重构，而你的意识只是接收到“想通了”这么个结果，就像局外人一样。

在心理咨询中关于什么时候能够触到心坎上，直击问题和感受的核心，怎么能够有计划、系统地、高效地逼近那个最终的心理真相，一直是一个难题。早期的精神分析做法更像是咨询师提供一些候选分析，然后对方看看像不像，或者是咨询师有一些技巧让对方能够感觉到自己在不受评判（从而不激发其内心的防御机制）地跟自己的情感大脑进行对话，从而去自由联想，而自由联想则是随机和不系统的，难以快速高效地逼近核心。

而就在近些年出现了一个很有前景的流派，叫做 Coherence Therapy。该派着眼于问题的根源——情绪大脑和深层认知，但和精神分析派的区别在于，Coherence Therapy 提供了一系列系统的探索技术，能够高效同时却不干扰地帮助我们去接近自己内心深处的内隐信念和认知结构，之后再具象化成文字的形式来保持对其的觉知链接。在此过程中，往往这些过期的应对机制跟大脑中的其他既有的认知结构会自然地发生相互作用，最终像阳光下的冰雪一样自行消融。整个过程中咨询师的作用是辅助性和技术性的，真正触动蜕变的，是对方自己内心的原有的信念、认知和力量。

具体案例篇幅较长，这里不作赘述，有兴趣的可以访问官网上的案例页面[18]。创始者从几十年咨询生涯中精选出的有代表性的案例，每一个都足够深刻和有启发性。不必觉得说一个焦虑症的案例和我们普通人有什么关系，其实对方也是普通人，如果你把一直困扰他的这个问题从他身上拿走，也许他和你没有什么区别。此外，在焦虑症和焦虑之间，往往只是程度区别，所以从帮助焦虑症患者的心理咨询方法中，我们同样能够获得很多应对平常每日面对的焦虑的思维和内省方法，这就是我觉得人人都应该学一点好的心理咨询知识的原因。在人类的心智于变化多端的环境中可能会遭遇什么样的困境和如何借助他人和自身的力量摆脱困境的这个普世问题上，很少有哪个领域比心理咨询领域更有发言权。

18
详见勒口处“本书网址链接合集”第 25 条。

Coherence Therapy 的前身叫做 DOBT（Depth-Oriented Brief Therapy），可见创建者布鲁斯·艾克（Bruce Ecker）的理想和抱负：既要深刻，还要简短。我很喜欢他的理念和方法论取向，用我们程序员的话来类比就是，基于自由联想的深度心理咨询方法论如同随机搜索，耗时长，效率低，而系统性探索深层的信念和认知结构的方法论则好比是二分查找，层层递进、快速逼近核心。艾克还有一本著作 *Unlocking the Emotional Brain*[19]，我一直觉得是我看过的数一数二的好书。

19

学习心理咨询知识，并不是说我们每个人都有需要治疗的心理问题，而是说，心理疗法里面有很多理念可以应用于日常生活，帮助我们的心智更好地应对现

20
《顺应心理，孩子更合作》

实。举个例子，有本育儿类的书《顺应心理，孩子更合作》[20]，其中就有很多地方运用了认知疗法的原理（放心，不是“疗”孩子，是“疗”父母内心的种种纠结）。

所以重点最终还是认识自己。至于改变也好，成长也好，无论你把它叫做什么，都是在认识自己的道路上自然而然会发生的事情。

逃出你的肖申克七

改变的科学和科学的改变

“改变”恐怕是最古老但一直保持高度活跃的话题之一。不管是东方还是西方，都有类似“三岁看大，七岁看老”这样的俗语，可见一个人的改变何其困难。虽然我们成年以后仍会不停地学习知识，然而我们对于世界的信念、价值观、看问题的角度和偏好、我们性格深处对于成功失败、风险收益、人际关系、对自我的认知等一系列“内隐”的心智模式往往很早就会定型，并且会不断地自我强化 —— 这种自我强化也是改变最困难的原因之一。

改变分为两种，一种是个人的改变，另一种是组织群体的改变。我对于前者更感兴趣。一个人要想改变自己，首先要了解自己，这就像要解一道题目首先得理解题意一样。而了解我们自己是一个更为古老的问题，古希腊人就曾把“了解你自己”刻在阿波罗神殿的门柱上。在解剖学、神经科学发展起来之前，我们对于自身的了解大多源于并止于自省（Introspection），自省法直到今天仍然在启发着心理学研究。然而，要想实证很多问题，却离不开更“物质”的手段，如蓬勃发展的脑科学技术。

我把“个人改变”这一领域的发展分成两个时代。在现代心理学方法出现之前，个人改变类图书多以励志、心灵、故事等为主，也就是传统的“心理自助”（Self-Help）类书籍，这里姑且称之为第一类书籍。卡耐基的书就是自助类书籍中很典型的例子。这类书并不是毫无效果，而是效果因人而异，因为不管多糟糕的故事，总能说中一星半点，如果说中的这一星半点恰恰是有些人所缺少的，那就相当于刚好补上了这个人的“改变拼图”中缺少的那一部分，但对另外一些人则未必有用，甚至可能会有副作用。这类图书的缺点就是缺少科学实

1

2
《瞬变》

验重复验证，精华糟粕一锅端，你永远不知道里面哪些是糟粕哪些是精华，可能作者本人也不一定知道。另一方面，你不知道对你自身的特定情况而言，书中所讲的方法有没有作用，固然无妨一试，但是虚假希望（false hope）的一再破灭如果导致对改变可能的彻底绝望，这就成了鸡汤的严重副作用了。第一类心理学自助书籍及作者里最为经典和有名的被收录在《50 部自励经典》（*50 Self-Help Classics*）一书中，你可以看到很多熟悉的名字：戴尔·卡耐基、史蒂芬·柯维、安东尼·罗宾斯、狄巴克·乔布拉等等。个人认为卡耐基和柯维的成名作还是值得一看的。

随着现代心理学、认知科学、神经科学的发展，出现了第二类书籍，大卫·迪绍夫（David DiSalvo）（*What Makes Your Brain Happy and Why You Should Do the Opposite*[1]、《元认知：改变大脑的顽固思维》作者）把这类书籍统称为“科学自助类”（Science-Help）。我挺喜欢他发明的这个词。现代心理学强调可验证的理论，具体验证的手段则主要是随机对照试验，其重要性在《这才是心理学》中有很好的介绍。

在科学自助类书籍里面，我喜欢的几本代表作有：《瞬变》[2]（*Switch: How to Change Things When Change Is Hard*）、《习惯的力量》（*The Power of Habit*）、《意志力》（*Willpower*）、《积极诠释力》。

其中《瞬变》的两位作者希思兄弟还著有畅销书《粘住》（另译《让创意更有黏性》）。他们的写作模式是我最钦佩的：以十年的时间跨度做各种调研、采访、资料收集整理，一本书背后的投入令人难以置信。这样的书大卖，实属实至名归喜闻乐见。《瞬变》一书的写作方式，我最欣赏的地方就在于它不是一堆松散的研究成果和案例的堆砌，而是提供了一个非常清晰的解决问题的框架（Framework）。框架非常重要，毕竟书中能够提供的策略有限，而框架则给读者提供了一张可以触类旁通的重要地图。

就以《瞬变》为例，作者借助畅销书《象与骑象人》中的大象（我们的情绪大脑）和骑象人（我们的理性大脑）的隐喻，提出了任何改变都不可或缺的三个要素：

1. 给骑象人（理性大脑）提供清晰的方向。
2. 给大象（情绪大脑）以足够的动机。
3. 扫清前进道路上的障碍。

在每一个要素上，作者都给出了精炼、有说服力的案例和研究。当然，金无足赤，这本书仍有让人不够满足的地方，在第二部分（给大象足够的动机）并没有充分探讨大象（情绪大脑）的各种动机，不管是正面的（激励），还是负面的（障碍），以及如何激发或者消除这些动机。尤其是，我们得看到这样一个事实：很多时候我们无法改变，并不是因为正面动机不足，而更多的是因为负面（阻碍）动机太足。因此，如何消解自我妨碍的负面情绪 / 动机是一个很值得探讨、也很复杂且因人而异的问题。

而普利策奖获得者查尔斯·都希格（Charles Duhigg）的畅销书《习惯的力量》则走了另一条不同的路，该书的核心命题其实很简单，就像豪斯医生常喜欢说的：People Don't Change（出自美剧《豪斯医生》）。那么，既然人们不会改变，又有什么必要去写"改变"这个话题呢？都希格认为，关键是意识到虽然人们种种习惯的触发条件，以及触发之后的奖励（"想要什么"）是不会改变的，但中间的过程（"怎么得到"）却可以改变（即让我们陷入困境的不是"想要什么"出了问题，而是"怎么得到"的方式有副作用）。都希格自己的一次亲身经历就是个有趣的例子：每天下午三点多，他总是习惯于跑到咖啡间弄点糕点吃，结果久而久之人就发胖了。为了改变这个习惯，他分析发现该习惯的触发条件为时间，奖励其实是去咖啡间有人聊天解闷（而并不是饿了），可为了得到这个奖励，却不一定要吃甜点，所以后来他就有意识不吃甜点，改为吃点其他的东西，这样触发条件和奖励不变，但却减少了令人发胖的进食。

这和应用行为分析（Applied Behavior Analysis，简称 ABA）[1] 的思路是一致的，就是"分析原行为的目的，在实现同样目的的前提下，使用新的、较少副作用的行为去替换原行为"。不过这里插一句，"分析原行为的目的"是一个非常复杂也容易出错的所在，人类行为的真正目的或动机常常潜藏在意识的水面之下，并不像表面上看起来那么显然。而一旦对原始行为的目的动机分析有偏，ABA 就变成了“用小无相功驱动少林绝学”的路数了。

个人认为这是一个很有趣的切入角度，的确能够解决一类“改变”问题，不过还是那句话，遗憾的是，“改变”是一个很大的话题，每本书都只能解决其中一部分。《习惯的力量》也是如此。另外，这本书更多的是把精力放在一些具体的行为习惯改变上，并没有着墨讲心智模式的改变，后者是个难得多的问题。

《意志力》这本书一看书名就知道，是从“骑象人”的角度去切入。这本书最值得称道的地方在于，作者是一点都不含糊的老科学家了，而且是研究意志力方面的权威。书中有不少关于意志力的有趣实验，令人信服地论证了意志力如同人们的肌肉一样（或者电池），用多了就会耗尽（家有孩子的朋友看了肯定会会心一笑），并随之引申出很多有趣的结论。例如一对经常吵架的夫妻，缓解的办法可能是下班早点回家，虽然早点回家导致更多的相处时间，但却能够避免彼此被白天的工作耗尽意志力，从而在晚上相处的时候能有更多的意志力去克制或化解糟糕的情绪。诸如此类的例子书中随处可见。当然，其中最有实践意义的，还要数关于意志力是可培养和锻炼的结论了。书中提到，最能锻炼意志力的方法之一居然是简简单单的“坐直了”练习，其背后的心理学原理令人掩卷深思。

为什么说意志力跟个人改变是很相关的呢？因为改变的动力无非来源于情绪大脑或者理性大脑这两个地方，而意志力理论则试图论证，我们并不需要消极被动地去等待我们的情绪大脑积攒足够的能量来引导我们的改变，我们完全可以理性地、通过自控力达成自我的改变。关于意志力，还有同期出版的另一本书《自控力》（*The Willpower Instinct*），比《意志力》更通俗一些，但同样有着严谨学术背景支撑，也很靠谱。

注：新近的研究对“自控力”的“资源模型”提出了很大的挑战[2]，指出意志力并

不是一个常量，并不依赖于葡萄糖作为“燃料”，以及受到“期望效应”的影响等等其他考量因素，并引出一个关键推论，就是“锻炼 & 使用意志力”未必是最好的道路，可能想办法让自己“并不需要用到意志力”才是上策。

毕竟，自控力就跟抗生素一样，救急的时候好用，但也不能当维生素磕啊。

不过话说回来，学术之争先姑且不论，《意志力》这本书本身我认为还是值得看的，意志力耗尽（或者用大白话说“耐心用完了”、“血槽空了”）这个现象也是符合常识的。

心理学、社会科学发展常常是这样一个路径：先是有人提出一个新颖的解释模型，于是媒体哗然，什么突破性（Breakthrough）、开创性（Groundbreaking）之类的赞许之词汹涌而来。然而科学家也是人，在提出理论模型时，往往会步子迈得太大没收住，即一下子把结论推广得太远，觉得模型能够解释一切了。然而利益不相干的新一代研究者却总是想挑战原有的模型来成名立万（这是好事），于是，接着进一步的研究又发现这里面有更多的细节、条件（Devil's in the detail），原有模型的解释力没有那么强，有一些情况无法解释，有一些前提并不满足，等等。这时大众媒体常常又开始过犹不及地言必称“颠覆”，而作为读者需要具备的基本心理素养，则是媒体嚷嚷“突破性”的时候别太激动，嚷嚷“颠覆”的时候也别太沮丧，心理学和社会学研究很多都无非是用数据把常识支撑了一番，这里的关键词还是“**常识**”。

纵向来看，心理学发展史就是这么一个反转再反转的过程。其实也没有反转，只是三十年河东三十年河西罢了，但因为社会舆论常常是极化地站队，所以“看上去”像是反转又反转。

我并非心理学专业出身，以下简史部分不能保证精确，偶有无关大局的演绎，但大致靠谱。如需更精确的心理学史介绍，可以参考更权威的文献。类似文献很多，一查就有，对心理学趣史感兴趣的则可以参考迟毓凯的“心理学那点事”系列[3]。

最开始是以弗洛伊德为标杆的“深度心理学”[4]，着眼的主要是潜意识中看不见的心理动力过程，方法主要是内省和临床个案观察，提出的主要是理论，重点不在于“验证”“预测”，而在“解释”。

后来，约翰·华生对这个角度受不了，觉得看不见、摸不着、不能验证的东西，没什么好说的，遂主张（弗洛伊德的）心理学不是一门科学，而若要让心理学成为科学，必须研究（且仅仅研究）“可以观察到的（外显）行为”，华生个人思想虽然极端，但行为主义毕竟把可验证性放到了心理学研究的台面上，这对于心理学研究是一个巨大的进步。

可是，螳螂捕蝉黄雀在后，没想到 20 世纪后半叶随着神经科学、人工智能而兴起的认知革命又把行为主义批得体无完肤，觉得这些家伙目光未免太狭隘，人这么复杂的生物，安装着已知宇宙中最复杂的结构（大脑），怎么可能 / 可以只看行为这一个维度呢？公平地说，虽然华生对行为主义的看法是狭隘的，但是行为主义的另一名泰斗 —— 斯金纳则明确提出“我们内隐的想法、情绪、观念也应该作为行为研究的一部分”，只不过内部状态的观察者常常只有这个人自己而已。

认知科学家们主张人类头脑中有一些复杂的“图式”（Schemas）来处理输入的信息，它们所代表的心智结构就是一个个体的全部思想和思维结构，而人的认知、情绪、行为都是这个结构的表达，而整个认知科学也就是试图弄清楚人的认知图式是怎么构成、表达和变化的。这就是认知科学的“信息处理”（Information Processing）视角。人脑是一个极其复杂而精微的信息处理设备，在这个视角下认知科学、神经科学、人工智能三大领域交替前行，互相辉映，攻城略地，所向披靡。

由认知主义衍生出来的认知派心理疗法到目前仍然是心理疗法中最有科学效度的派系之一。不过正如前面所说，三十年河东，三十年河西，很多人以为行为主义已死，弗洛伊德已完，但实际上这只是媒体，或者大众，或者部分人的一个错觉。如果说 20 世纪的心理学是撕 X 大战，那么到了 21 世纪心理学界就开始走向整合了：认知、行为、情感、深层动力，所有这些都是这只大象的某一个局部。

而事实上，行为主义也从来没有消亡[5]，系统脱敏[6]仍然是很多心理疗法中起作用的核心要素之一，包含了人的内部状态和过程的行为主义更是衍生出了ABA（应用行为分析）这样的行为塑造“核武器”，并在从非常态到常态心理领域都有着广泛的应用。而弗洛伊德的遗产也经过了后来人的改良和扬弃[7]，现代精神分析和心理动力学派很大程度上摒弃了弗洛伊德理论中神神道道的部分。此外，有比较重量级的研究表明心理动力疗法的效果（尤其是长期效果）并不比认知行为疗法差，有些情况下甚至更好[8]。毕竟，无论如何，承认与否，我们每个人都有一些平素觉察不到或不易觉察的潜意识层面的复杂动力在自动地驱使我们平时的习惯、行为、情绪，这是常识，我们也都知道防御糟糕的情绪体验是什么意思，这也是常识。

关于精神分析理论的可证伪性

始于弗洛伊德的精神分析，并不像一些坊间传言和实验心理学派乐于攻击的那样，是无法证伪的伪科学。对这一点最著名的论证来自阿道夫·格伦鲍姆（Adolf Grünbaum）的 *The Foundations of Psychoanalysis* 一书，他在书中举了这么一个例子：弗洛伊德说偏执妄想症源于被压抑的同性恋倾向。其实这个假设（Hypothesis）是可以推出能被证伪的推论的，即：如果对同性恋倾向的压抑得到了缓解，那么其偏执妄想症同样也会缓解。注意，“可证伪”和“正确”是两回事，“（理论上）可证伪”和“（实践中）易证伪”也需要分开来看，因为很多涉及人性的假设，其直接的证伪方式难以绕开道德伦理，另外，越“深层”的假设，也越难以在实践上证伪。

不过我个人还是对精神分析中一些过分“巴洛克”式的理论没有什么认同感。一个假设可以被证伪，不代表它容易被证伪，更不代表不存在更符合直觉、更容易被证伪或验证的替代假设，然而精神分析学派（至少有一阵子）沉浸于构造精妙宏伟的理论大厦，虽说理论的构成可证伪，但是否可证伪显然并不是一些人在意的重心，也许是否自洽和精妙才是他们在意的重心吧。

> 另外，更关键的是，由于“潜意识”这个万灵药的存在，精神分析学派也比其他学派更容易滑向不可证伪的边缘（毕竟对“可证伪”的重视不在精神分析派的基因里），比如上面提到的这个恐同和偏执妄想的假设，如果有人用实验跳出来说“你看某某的恐同缓解了，然而其偏执妄想并没有缓解，说明你这个理论不成立”，此时运用“潜意识”就可以轻易地打一个防守——“很简单，你观察到他恐同缓解了，他自己（意识上）也认为自己不再恐同，但实际上（潜意识）他还是恐同的，只是他自己意识不到罢了。”（摊手）
>
> 潜意识固然毫无疑问是存在的，这个已经被现代神经科学和认知科学所证实，但潜意识不能成为卡尔·萨根家养着隐形喷火龙的车库啊。[9]

有些人非常喜欢看颠覆常识的研究，媒体在报道这些研究的时候估计也觉得自己标新立异，独具一格，这个风气或许是丹·艾瑞里（Dan Ariely）和马尔科姆·格拉德威尔（Malcolm Gladwell）的畅销书带起来的。大众读者一看，哇，觉得心理学家们煞是牛逼，发现了世界的真相、人心的秘密。然而终究，还是证实常识的研究为多，而那些一开始被标榜为“反常识”或者“颠覆常识”的，很多在细细地打量之下会发现“本来就是这样嘛”。在关于“人”的这个宽泛的领域，不要轻易无视常识和直觉。

关于个人改变类的书籍，值得一提的是，还有另外一类不容忽视，就是关于正念（Mindfulness）的书籍。前文提过，正念是一个源于佛教的用语，是一门古老的思维技术，但正在跟现代心理学和神经科学结合并产生像 MBSR 和 MBCT 这样对日常心智成熟和改变非常有效的技术，这类书里有代表性的如《第七感》《冥想 5 分钟，等于熟睡一小时》等。

目前国内关于正念方面较流行的是非科学家写的书（如禅师、灵性导师写的）。这类书前面说了，或有启发，但不够深刻，就跟很多佛教寓言一样，听之觉得有理，细想又不知如何落实到日常生活和自己身上。不过话说回来，正念是最近相当火的研究领域，现代心理学有一群人热衷于从古老的心灵感悟和思维技术当中寻找真理并在现代心理学的框架下去深入阐释，正念就是其中之一。虽然正念有着最为古老的历史，但这方面的现代心理学研究算是起步不久，可以想见还会陆续有更多精彩的著作问世，值得期待。

关于“改变”的心理学派大致可以这么分类：

行为主义：有一句著名的话叫“Fake it ‘til you make it”。行为主义视角对于因为缺乏经验 / 体验而带来的自我强化的恐惧和设限是非常有价值的，所谓不做不知道，做了发现也没那么可怕。一旦“接受了这种设定”，世界也就随之打开了一个维度。

但，也不是所有的问题都是可以用行为来解决的，例如一个非常恐惧社交的人，从行为塑造上可以让他 / 她对社交环境“去敏感化”，然而他内心的情绪却仍然可能一直是焦虑的、恐慌的，因为真正令其焦虑的可能是他所认为、担心且在意的“别人看不见的内心对自己的看法”，而无论多少“直面社交场景”的行为，都难以改变别人内心的想法啊。更严重的情况是：即便别人给了正面的肯定，他仍然可以相信这都是别人的客套话而已，其实别人内心自有一番嘲笑。这种就已经接近“**不可证伪**”的认知了，**不可证伪的认知是简单的“行为 - 反馈”循环无法打破的**，因为逻辑上便不存在能够推翻他的证据。然而长期困扰人们身心的，恰恰很多是这一类认知结构。那么，是不是就没有任何办法了？办法是有的。后面咱们慢慢展开了说。

认知主义：认知派的思路类似于神秀所说：“身是菩提树，心如明镜台，时时勤拂拭，勿使惹尘埃”——行为是认知的产物，认知在上游，行为在下游，认知改变了行为就改变，所以就出现了以阿伦·贝克（Aaron Beck）的 CBT（认知行为疗法，Cognitive Behavior Therapy）和阿尔伯特·艾利斯（Albert Ellis）的 REBT（理性情绪行为疗法，Rational Emotive Behavior Therapy）为典型代表的一系列方法。其核心目标是改变人的“错误的、不适应的（maladaptive）认知”。认知疗法一度是询证（Evidence-based）心理疗法的黄金标杆，不过现在也受到了很多的质疑 [10]。

认知疗法对我们心智模式中的“信念”(Belief)、“假设”(Assumptions)、“图式”(Schemas) 的区分和解释是非常漂亮的 [11]，很值得学习。每个人都应该学学心理疗法，其实现代心理疗法中的原则和原理，对心智成长是大有裨益的。只是因为心理疗法诞生于一个主要被应用在非常态人群的年代，所以被戴上了一个不大受待见的帽子。

3
《身体从未忘记》

认知主义的最大问题来自两个方面。第一，他们高估了理性认知在人的心智系统中所占的比重和影响力。第二，他们认为一些认知模式是“错误的”“不适应的”，这个先入为主的判断令他们无法（也不会去）深入看见这些认知模式（再往深处走）对个体的适应和保护价值（结果就是抱着好心干着霸王硬上弓的事儿）。对此，《身体从未忘记》3（*The Body Keeps a Score*）面向大众读者做了很好的阐述，愿意看更学术一点的则可以参考“逃出你的肖申克六：柏拉图的洞穴”中提到的一些文献。

正念：相比于认知派的“时时勤拂拭”，正念派的思路则类似于惠能所说：“菩提本无树，明镜亦非台，本来无一物，何处惹尘埃。”——也就是说您也别执着于调整认知了，因为从认知到情绪行为本来就是“随风而来，随风而去”，我们就静静地看着它演就行了，所谓“他强任他强，清风抚山岗，他横由他横，明月照大江。”正因为这个特点，正念几乎可以说是个万灵药，可以很大程度上提高自我接纳和整合，非常值得学习。不过纯靠正念也还是不大够，因为练习和维持正念的状态也是不小的精力时间花销，此外正念本身并不“解决问题”，它是帮助你“接纳问题状态”和“认识问题真相”。

深层认知（或者可以称为“情感性认知”“内隐认知”）：前面提到，认知派系最大的问题之一是高估了理性认知的比重和影响力。在理性的、能够意识到的（Conscious）认知之外，我们的行为、情绪还是大部分由不容易意识到的“情感化认知”，或者叫“内隐认知”来驱动的。这与神经科学上的“外显记忆”（Explicit memory or declarative memory）和“内隐记忆”（Implicit memory or procedure memory）的区分相对应。情感化认知常常是非语言（Non-verbal）的刺激—反应通路（Pathway），从神经科学的角度，这些结构跳过（Bypass）了我们的意识相关的大脑皮质，跳过了存放显示记忆的海马体，直接作用于杏仁核。这就是为什么我们常常感叹“道理都懂，却过不好这一生”的原因（之一）。那么人的深层（内隐）认知结构是怎么形成的，有没有可能修改呢？答案是可能的。精神分析学派的立派宗旨应该就在改变心智的深层结构，只不过似乎并没有完满达成使命，但精神分析的背景对于理解心智结构是很有帮助的。

扩展阅读

[1]~[11] 详见勒口处“本书网址链接合集”第 26~36 条。

逃出你的肖申克八
打开心智的黑盒

一、原生家庭的影响

1
《教养的迷思》

原生家庭（或者更宽泛地说，人们成长的早年环境，而家庭环境往往是其中最重要的部分）对人的影响是什么？成年之后人的心智乃至人格还有没有可能发生根本性的改变？越来越多的人开始追寻这个问题的答案。

首先，关于原生家庭到底有多大影响，有的认为影响很大（例如心理咨询的视角），有的认为影响很小（例如《教养的迷思》[1] 中的观点）。如何理解这些对立的观点，关键在于厘清：当我们谈论原生家庭影响的时候，我们在谈论什么？

我们可以尝试把原生家庭对人的内在关系模型的影响分为三个维度：

1. 对亲子关系的影响（孩子—父母）。
2. 对孩子和自己的关系的影响（自我概念、自尊、自我价值感，等等）。
3. 对孩子和世界的关系的影响（主要通过父母在和孩子日常相处的过程中以言或行所投射出来的“外面的世界”而形成）。

一些时候，“糟糕的原生家庭”指的是糟糕的亲子关系，例如长期的压迫和反抗，这是个体之间的关系。如果糟糕仅止于这个层面，那未必会影响孩子的自我概念及其与世界（他人）的关系。当孩子从原生家庭中走出来之后，孩子可能会是一个与在原生家庭中完全不同的人，因为处在完全不同的关系中。从这个层面来说，原生家庭中糟糕的关系，未必意味着这个人就会拥有与他人之间糟糕的关系，也未必意味着孩子的自我概念被扭曲（而自我概念中有很大一部分在日常语言中是被划为“性格”一类的，例如低自尊导致的不自信，低自我价值感导致的卑微感），即影响仅止于当孩子与其父母相处的时候。换句话说，一个人可以很容易与其朋友相处，但和父母相处起来就是针尖对麦芒（《教养的迷思》中所说的情况）。

另一些时候，“糟糕的原生家庭”则指的是长期的贬低（你不行，你毫无是处）、羞辱、指责、道德贬损，等等，会影响一个人的自我概念、自尊、自我价值感。这些影响内化之后便如影随形，不管这个人走到世界的哪个角落，都会带有这个烙印（直至成长到能够摆脱这些定义）。从这个层面上说，如果缺少际遇、努力和外部帮助，糟糕的原生家庭对人的影响将非常大甚至贯穿一生。这些自我概念的烙印之所以强大，是因为它们常常是自我强化和难以证伪的。

还有一些时候，“糟糕的原生家庭”指养育人的言行长期给孩子投射出来的是一个充满危险和风险的、不值得信任的，乃至恶意的外部世界，包括物理世界和人际关系世界，例如养育人总是怕这怕那，各种口头和行为上的担忧焦虑乃至恐慌，对孩子有意无意地恐吓，给孩子描述他人时选择性地讲阴暗面，等等。在这样的家庭中，亲子关系甚至可能还不错（共同面对和抵抗一个危险的世界），但这样的环境，其实是在摧毁孩子对世界的“趋向性”。在处处遍布危险、人心叵测这样的世界设定下，可以想见孩子的“能量”不会是向外扩张型的，而是向内坍缩型的。（注：这个的反面并不是“无条件信任世界”。）

从这个层面来说，糟糕的原生家庭对人的影响也可以是很大的。对外部世界的种种隐含假设（尤其是关于“人心”的假设）常常也是自我强化和难以证伪的。例如认为他人即地狱，所以回避关系、伪装自我，进而收不到真实的关系中的反馈（即便收到正面反馈，还可以进一步解释为只是别人表面上的客套，并不真诚——由此可见有多难以证伪），后者则反过来进一步强化这个世界观。

其次，关于人能否真正摆脱原生家庭的影响，实现自我超越，对此一直存在着两种看法："原生家庭决定论"认为童年影响乃至决定了一生；而"自我选择论"则认为过去不代表未来，你可以选择自己的命运。

但这两种声音都是不完备的，也并不代表现代心理学对这个问题的完整理解。

试图坚定地去自主选择，但仍然如同腿绑沙袋而日日负重前行的人，想必对于"自主选择"的上限深有体会。因为你能选择的，最多是你的行为，然而日常困扰我们的，常常并不在行为层面，而在于绝大多数时候不由我们选择的感受和情绪。

当然，我们也可以选择种种手段屏蔽、麻痹感受和情绪或转移注意力，然而所有这些手段都同时带来种种无法回避的后果，例如屏蔽了负面的情绪，则同样也会屏蔽了饱满的热情、幸福感等正面的情绪，毕竟，不同的情感本质上来自同一个大脑"部门"。

不过，也有很多人真的从原生家庭的设定中走了出来，脱胎换骨，两世为人，所以童年决定一生的说法显然也有违客观。

要寻找这个问题的根本答案，我们需要首先知道人的心智模式是如何形成和如何改变的。

二、心智模式的基本定理

以下是关于心智模式的"基本定理"，代表了现代心理学的共识。

定理一　心智模式本质上是对外部环境（包括社会 / 人际环境和自然环境）的"建模"，根本目的是适应环境。例如，现在很多人很熟悉的"依恋理论"中，孩子在早期关系中形成的模式（安全、焦虑、回避等）都是对应不同的父母的适应模式。回避型是对情感完全疏离（且孩子对此无能为力）的父母的适应。焦虑型则是对情感基本疏离但孩子只要"作（zuō）一作（zuō）"仍能得到多一点回应（而一旦孩子不作了，父母就又不见了）的父母的适应。安全型则是确立了“当我需要的时候，父母会在”这个规律之后的适应性。年幼的孩子并没有办法改变父母是什么样的人，所以只有改变自己的适应模式，去尽量保护自己。需要注意的是，以上只是大致描述，不宜作为具体的行动参考，而且详细的依恋理论中包含了更多的亚型，因为人的行为是丰富而复杂的。再例如，高焦虑型的成年人，很可能童年有严厉的父母，在严厉的成长环境中，高焦虑是一种适应模式，为了确保不犯错，尽量把事情做到完美，从而确保自己不被父母惩罚甚至抛弃。

推论一：既然是建模，那便有可能是有偏差的（Bias），而模型偏差本质上源于外部环境中的偏差。例如在越强调惩罚的环境中，我们的心智会对“回避惩罚”赋予越高的权重（Weight），我们的注意力机制也会对环境中的惩罚和风险更敏感（Attentional Bias）。

推论二：我们其实大多数时候并不直接和这个世界交互，而是在和我们对这个世界建立的心智表达（Mental Representation）交互。而每个人对于世界的建模不同，甚至截然相反，所以我们看似处在同一个世界中，而实际上却仿佛处在平行宇宙——你的心智模式，就是你的平行宇宙。

推论三：我们的心智模式和真实的世界越是匹配，我们的生活越得心应手。当我们的心智和真实世界产生错配，往往各种麻烦就会纷至沓来。

定理二　心智的目的，首先是“生存”，其次才是“探索”（认识世界），两者产生冲突时，前者的优先级更高。

推论一：世界是不确定的，在不确定的世界中做选择，我们往往会优先规避风险。

推论二：因为心智首先要考虑生存，所以心智模式的更新是保守的，何况心智模式的形成也非一日之功，没有足够累积的证据来推翻经过了实践检验的旧模式，我们的心智是不会轻易让步改变的。此外，再考虑推论一中的决策偏好：规避风险的同时意味着我们也就失去了获得“当初选择 B 又会发生什么呢”的另一面证据的可能性。这就是心智模式具有很强的“改变抗性”的根本原因之一，即既有心智模式自身可能会“阻止”我们收集证伪它的证据。

这并不意味着改变是不可能的，只是说明它在“自然无干预”状况下的改变进程可能是缓慢的。此外，即便无干预，一个不再适应的心智模式最终也有可能发生改变，因为其最终累积的代价会越来越大，当最后一根稻草落下，心智有可能在短时间内发生根本性转向。例如习惯性讨好的人际关系模式最初形成于弱小个体讨好他人来获得生存资源，但随着人的成长，这个模式的代价累积越来越大，而且讨好常常也会给被讨好方造成困扰，当这个代价积累到拐点，其痛苦终于无以承受，此时停止讨好真被人抛弃也管不着了，因为“再没有比眼下更糟的了”，于是一朝顿悟，触底反弹，破而后立，也是可能自然发生的。

推论三：个体的自身条件产生了变化，或者心智模式最初所适应的外部环境发生了改变，从而导致心智—环境错配，是心智困扰的根本原因，因为原先具备适应性的模式在新环境中不再适应，或者原先成立的条件不成立了。例如讨好模式对于弱小者可能曾经是别无选择，然而对于有独立生存能力（自身条件变化）的成年人则是一个高消耗的人际关系模式。这个模式对于会对讨好做出回馈的人可能是有效的人际模式（在人人都相对弱小、需要抱团的集体主义环境中，这个假设往往是成立的），而一旦进入个人主义环境中（外部环境变化），面对大量不爱互相讨好（人际损耗）而只希望各自做自己的个体，这样的旧模式就会给双方添堵。再例如前面所说的，因父母严厉（有别于严格）的养育风格而形成的高焦虑型人格容易对出错赋予过高权重，可能在职场中反而会避免承担重要职责，主动错失成长机会，而当不得不承担某职责的时候，又可能因为过于注重一切细节不出错而出现“只见树木不见森林”的情况，缺乏大局观，不懂得权衡结果的完美程度和资源投入的平衡。

定理三　大多数时候，我们的行为并不是有意识思考的结果，而是被无意识的内隐心智模式所驱动的。

定理四　即便是无意识的心智模式，曾经一度也是有意识的，只是经过了无数次重复之后，渐渐地变成了第二天性，沉入了意识底层，如同我们学骑车形成肌肉记忆的过程一样。

定理五　沉入意识底层的心智模式，对我们的意识而言如同一个黑盒子，它虽然对环境一直都会有响应（情绪和行为冲动），但你对它内部如何工作几无所知。我们常常是自己的陌生人。

定理六　“黑盒子”的运作基本是不由意识控制的。你就算告诉自己一万遍不要有 ×× 情绪，或者从道理和认知上知道你不应该或者没道理有 ×× 情绪，事到临头它还是会冒出头来。因为它是“别的部门管的”，这就像你无法控制自己的心脏停止跳动一样。

推论一：认知和逻辑辩论并不能有效地改变以上提到的无意识神经回路，因为它们分属大脑不同的模块，所以“道理都懂”和“轻松做到”完全不是一个命题。

推论二：你也不必因为“道理都懂却做不到”而谴责自己，因为它们本就分属大脑的不同部门。我们的当代文化似乎假定了人只有理性模块，进而预期你道理懂了自然就该做到，这是一个陷阱，不仅导致有些时候你在无效的改变道路上越走越远，比如看一堆缘木求鱼的书，听一通南辕北辙的课，更可能导致无谓的自我谴责和天人交战——我怎么就是改不了呢。

定理七　要想深刻地改变，打开黑盒子是至关重要的。因为你真正希望改变的，是黑盒子里面的“布线”，里面的布线不改变，而只是在浅层加一个认知或行为“外挂”，还是难逃内心旷日持久的“部门”冲突和打架。

推论一：要深刻改变，首先要做的，是不带任何预设立场、不带评判，去完完整整地、深刻地理解自己，即打开黑盒子的过程。

推论二：行为主义的改变策略就好比帮你在这个黑盒子激活你的行为之前设置一道关卡，在关卡处“修正”黑盒子的输出（行为）。浅层的认知疗法就好比在这个黑盒子外面再试图包上一层盒子（“认知再解释层”），从而从外部看，那个黑盒子的输出就被改变了，但实际上内心仍然存在着“两股力量”。注意，这里只提了行为和认知派系的问题，但并不代表它们是不好的，关键是适用场合。例如由行为主义衍生的系统脱敏（Systematic Desensitization）依然是解决很多问题的不二之选。

定理八　黑盒子是可以打开的。

但改变是需要方法得当的，好的方法事半功倍，糟糕的方法则反而令人越发绝望。不过我们所处的这个时代的学科知识，对“心智如何改变”应该说已经有了比较靠谱的发言权。

心智黑盒打开的过程就是无意识的模式重新与意识层产生链接的过程。还是用学骑车的例子做类比，学会骑车是有意识到无意识化的过程，而心智改变则是反过来，重新意识到早已经沉入意识底层的“肌肉反射”，一旦和意识重新产生了链接，建立了桥梁，我们便再次拥有了影响这个“反射回路”的可能。当改变完成之后，新的回路再次慢慢沉入无意识。这其中最关键和困难的一步，就是这个重建链接的过程。

三、打开心智的黑盒

如何重建意识和潜意识的链接，便涉及心理咨询领域的方法论了，这里不一一展开。在众多的方法论当中，我发现有一类可以对我们每个人的心智成长都有助益，且可操作性很强，我把这个方法称为“反事实情境假设中的自我觉察”，这里借用 *Unlocking the Emotional Brain* 当中的一个案例（部分，翻译有所简化）：

33 岁的张明因为事业困扰来求助咨询，多年来他的事业可以说是一盘散沙，职业培训上又放弃，从未在任何工作岗位上待超过几个月。用他自己的话来说：“我是个废人，什么事情我都做不长，你知道吗，做着做着我就想，有什么意义？然后我就放弃了，转去做别的，然后继续放弃，如此反复。”这样毫无目标的生活终于让他受不了了，于是他来到了咨询师这里。

咨询师首先做的，是和他一起去弄清这种颓废的状态对他来说有什么“功能”（即他内心深处需要这一状态，只是目前这个黑盒尚未打开，所以意识层面他仍旧感到很困惑和困扰）。

以下是咨询师和张明的部分对话：

咨询师：你是否可以试着想象一种不同的生活——你已经找到了一份不错的工作，并且在工作岗位上待了一年多，你的上司在最近的一次会面中夸奖了你的工作，还给你升了职。[停顿]可以尽量逼真地、设身处地地想象一下这一情境吗？然后告诉我你内心的感受。

张　明：听起来很棒，而且绝对解决了我经济上的困扰。

咨询师：很好，继续。一定要把自己真正代入进去，就如同它真的发生了一样，想象你在工作上非常胜任，干得棒极了。在这个现实当中，你内心还会冒出其他的什么感受吗？

张　明：[停顿]那样的话可能我爸就终于能放过我了。

咨询师：展开说说可以吗？

张　明：我爸从小就总是对我说：只要你真的想要，没有什么是不能实现的。这是他的人生哲学。这对我一直是非常大的压力，就好像我应该一往无前，达成目标。而我又没有，所以我就自我怀疑，我为什么没有，我到底怎么了？我一定有什么问题。[接着描述了他饱受父亲评判、羞辱与责怪的童年和青少年，尽管没有肢体虐待。]就算明明是他把我的东西弄坏了，只要我提一句，他就会对我劈头盖脸地一顿狂骂。

咨询师：[停顿]如果你愿意，能否重新回到刚才的场景中，设想你过去一年多工作干得很棒，升职加薪，然后你在电话中告诉你的父亲这个好消息。试试看，想象一下，会有什么感觉？

张　明：[盯着地板，沉默片刻，然后短促地笑了一声]你知道吗，我说不上来为什么，但这个场景让我感到一种说不出的烦躁。

咨询师：烦躁？和你父亲打电话的时候吗？

张　明：是的。我甚至想不起来你刚才要我说什么。

咨询师：听起来好像向你爸汇报这个好消息令你感到非常的不舒服，是吗？接下来我想让你想象面对着你爸，说“如果你知道我工作干得不错，那么——”试着不假思索地去完成这个句子，用你的感受、直觉、第一时间在你脑海里闪现的想法。

张　明：如果你知道我工作干得不错，那么[停顿]你就会停止对我无休止的评判了。

咨询师：很好，再来一遍，看看还有没有新的想法出现。

张　明：如果你知道我工作干得不错……那就证明他是对的。就像是更印证了他的方式总是对的，他什么都做得很成功，啊！我知道了！这就像是证明了他连做父亲也是那么成功！你看啊，我努力去实现我的目标然后我就成功了，所以他作为父亲也是成功的，他做得不错，那他一直以来对我的那些羞辱、指责、评判，统统都没啥大不了的，因为我还是有出息了，他所做的一切都无可厚非，他可以耸耸肩说：“你看，我说的吧，你结果还是有出息了。”

咨询师：那你想要他怎么觉得？

张　明：[愤怒的语调]我想要他意识到他是个彻底的混账！我想要他对自己感觉糟透了！因为他让我感觉自己糟透了，而他却耸耸肩就当没事人一样走了！

咨询师：如果他看到你事业有成——

张　明：那他永远都不会意识到他到底是个多么糟糕的父亲了！

咨询师： 试试看完成这句话："我想让我爸意识到他是个多么糟糕的父亲的方式是——"

张　明： 我想让我爸意识到他是个多么糟糕的父亲的方式是——［陷入了沉默］

咨询师： 怎么了？

张　明：［不再愤怒了，声音变得低沉和缓慢］你知道吗，当我读到这句话时，我脑子里的声音是："——通过让自己的生活过得一团糟。"［停顿］我以前从未意识到这点。

以上，是这个案例的一小部分，即打开心智黑盒的部分。这里必须要补充几点：

1. 不是每个人类似的困扰背后都是同样的原因，不要把结论照搬到自己身上，类似的困扰背后常常有不同的逻辑，这个潜藏在背后的逻辑，就是每个人所谓的"个人真相"（Personal Truth）。实际上，盲目地将从各种心理咨询类科普文章中学到的名词概念套用到自己身上给自己下"诊断"，是当下一个常见的现象和问题，不但常常于事无补，而且这种盲目套用也可能反而会误导或干扰了对自我的个人真相的细察和体会。而这里引用这个案例是想要展示如何去正确和系统地探寻情绪背后的逻辑方法，即反事实情境假设中的自我觉察。

2. 在这个案例中，张明的"症状"本身其实就是"解决方案"，即他需要生活一团糟来向他父亲宣告其作为父亲的失责，或者反过来，避免他的父亲洋洋得意地认为自己干得不赖。这个解决方案所附着的痛苦代价（工作无起色），则是他寻求帮助的原因。直到意识层面觉察到他其实内心深处需要这个状态之前，他是难以摆脱这个状态的，因为摆脱这个状态便意味着需要去接触一个更大的痛苦（即让父亲洋洋得意地永远意识不到自己过去的错），下文会细说我们日常对痛苦的无意识规避。很多时候，我们无意识间就在痛苦和更痛苦之间做出了抉择，为了回避那个"更大的痛苦"而选择的"次大的痛苦"，则是旷日持久的心理困扰的根源。

3. 不是每个人所遭遇的困扰“症状”都同时是某个未被觉察到的深层问题的解决方案，也有的困扰只是某个未被觉察到的解决方案的副作用。例如有人的困扰可能是抑郁，但未必是因为他需要抑郁来作为某个问题的解决方案，而是他使用回避人际接触来作为自卑的解决方案，而抑郁则是“回避人际接触”这个解决方案的最严重和最令人困扰进而导致寻求帮助的副作用之一。所以，虽然“症状即解决方案”是心理咨询中最具洞察力的思路之一，但不要被这个思路所限制而无条件地假设此命题一定成立。

4. “反事实情境假设中的自我觉察”这个方法蕴含三个部分，缺一不可。第一是反事实，即你必须通过反事实假设，让自己处于一个你从未经历过的平行宇宙空间中。在这个空间中，你从未被觉察到的那些被你的日常惯例式无意识应对而安排（藏）得好好的恐惧或其他负面情绪才会暴露出来，你才会有机会接触到完整的自我。第二是情境，我们的情绪大脑并不是通过符号和逻辑，而是通过体验来思考的，所以你需要把自己尽可能真实地放到一个假设的情境中去，但是这个情境的构建要非常非常的具体，一定不要抽象描述。例如说什么话得是具体的言辞，在其中你是主角，第一人称，你的话全是用“我”开头，你可以把它想象成一个第一人称视角的全方位沉浸式的电影或情景剧，后者其实也是心理咨询常用的方法之一，目的也是为了激活情绪大脑中的内隐逻辑。第三是自我觉察，所谓自我觉察，就是直接去捕捉你的感受细节，而不是猜测，不是通过你的理性认知大脑模块去进行推理。这其实不像说起来那么简单，当你真的尝试这么做了就会发现有些时候大脑会自动给你生成一堆“理论”和想法，干扰你的感受，因此你可能需要一些刻意练习才能进入一种深层而敏锐的自我觉察状态。要知道，个人真相往往是你在恰当的情境中直接体验到的，而不是你用头脑去“想”（思考）出来的。

5. 打开了心智的黑盒，精准解锁了情绪大脑背后的模式，只是第一步，虽然的确是最重要的一步，但也往往是最最困难的一步。这之后有些情况下，改变会魔术般自行发生；另一些情况下，则需要辅以另外一些方法。这里不一一展开，详细的方法论在很多心理咨询类的经典书籍中都会有介绍。

6. 并不是所有的问题都是心理层面的问题，换句话说，心理咨询并不是一切困扰的充要解决方案。例如这个案例的后续，张明最终突破了他自己的心理困扰，接受了他的父亲无法改变的事实，完成了对他的童年的哀悼和告别，但这并不意味着他的工作和职场就会一夕之间蜕变。诚然，他将不再无意识地拖住自己的后腿不让自己去追寻成就，但他仍然还要面对因为多年错过的成长机遇而带来的职业发展困难，仍然会需要面对在陌生领域从头培训技能的（每个人都会有的）望而生畏，仍然可能会需要面对职业选择中的迷茫无措。后面这些问题都不是心理问题，而是现实问题，需要的也不是心理咨询师，而也许是职业咨询、师友帮助，以及努力和时间。但无论如何，人的心理发展或心智突破常常的确是那个最重要的万里长征第一步。

7. 并不是所有情况都需要采用反事实情境假设这一思路，其实对于我们日常生活中的自我反思或反省，很多时候一句简单的自我追问，“我在怕什么”，就足以抵达真相。只是很多人没有这一自我发问的习惯，因为追问“我在怕什么”就意味着要去接触你所怕的东西，而后者却又是我们习惯性无意识规避的。

四、浓雾中的列车

原生家庭这个议题中还有一个经常被辩论的点，就是原生家庭只代表过去，而人只有可能改变未来，成长也是面向未来的，所以过多的纠缠在原生家庭的过去中没有好处，应该去选择和构建自己的未来“叙事”。

但实际上，在探寻心智模式的源头的过程中，回到过去并不代表“纠缠”在过去。当我们谈论过往的时候，有两种心态。

1. 陷入在对往事的怨恨（而又无法回到过去改变任何东西）中，进一步消耗当下和未来。
2. 回顾过去，去深入了解自己的心智结构从何而来，如何形成，当初满足了自己的什么需要。

前者才是对未来不利的，后者则恰恰相反，蕴藏着改变和选择未来的能量。心理咨询界众所周知的是，改变难，难于上青天，然而比改变更难的，却是改变的意愿。甚至说有了改变的意愿，离改变完成就已经近了一半。心理咨询师在咨询室中其实只负责改变本身，换句话说，能来咨询的，就已经是具备了改变的意愿的那一部分人了，而还有相当多的人虽然处在困扰和痛苦中，但并没有足够强的改变意愿。因为心智的改变要翻越的不是一个栅栏，而是一座山。而决心的大小是能否翻山越岭的前提。这个决心往往取决于以下两个因素。

1. 是否真的受够了痛。
2. 是否明确、毫无疑义地看清了，除了翻过这座山，真的别无他途。

而对过往的回顾，是清晰地照见未来的最重要方式之一。

想象你在一辆快速前进的列车上，前方 10 米以外的一切都隐藏在浓雾之中，你看不清，你担心车会驶向悬崖，但刹车又不管用了，你想跳车，但偏偏就是下不了决心，因为车速太快，跳车可能摔得筋断骨折。你左右为难，犹豫不决，而就在这样的犹豫不决中，车在浓雾中继续前行。

但是，假如这个时候浓雾散去，前方的一切都无比清晰地呈现在视野之中，你举目远眺，悬崖在望。此时，不需要你去鼓舞和说服自己断臂求生，铁一般的客观事实会自动赋予你巨大的决断力。尽管跳车意味着伤筋动骨，但不这么做就意味着坠入深渊，答案此时显而易见。

这便是为什么心理咨询中总是要说“看见”这个词。看见包含两层意思，一是看见“我是谁”（心智模式），二是“我走在通往何方的路上”（心智模式所导向的结果）。

五、恐惧贩卖和壁橱中的怪兽

由于情绪大脑的高优先级属性，它常常会在事件发生的第一时间就夺走我们大脑的方向盘。在这个驾驶位的争夺中，我们的理性大脑显得尤其缓慢和被动，情绪大脑一屁股就牢牢坐在驾驶位上，然后决定后续的驾驶（思考）方向。此时我们的思维方式便不再客观，而是所谓的“motivated thinking”（动机驱使的思维方式），俗话说就是屁股决定脑袋。例如典型的两种就是愿望所驱动的思维——特别希望一件事情是真的，所以对于可能有利于它成真的证据不加细察，同时对不利于它成真的证据则有意无意忽视；反过来，还有恐惧驱动的思维——特别害怕一件事情是真的，于是目光总是盯在使它可能成真的证据上而完全忽视对它不成立的证据的考察，越想越恐慌，即我们常说的细思极恐。

恐惧在我们的日常思维和决策行为中其实扮演了远比人们所认为的更多的角色。之所以我们并不认为我们时常处在恐惧所驱动的思维中，只不过是因为很多时候恐惧还没有机会浮现到我们的意识层面，就被我们下意识的回避式应对策略绕开了（下文会对此展开详述）。

前面说过，大脑的最高优先级是确保生存，其次才是客观地去掌握世界。因此当生存恐惧被触发时，什么演绎归纳、逻辑思维、事实检验、假设检验等高级认知功能可能就直接让杏仁核给锁死了，此时智商是真的会降低的。

恐惧贩卖便是利用这个原理。算命先生和各种保健品为何会有广泛受众，因为二者善于激发人的恐惧（有时候是贪婪），“如果不 ____，就会 ____。”假如我们的大脑最高优先级是弄清真相，那么对于算命先生的断言，我们最自然的反应便是，我偏就不 ____，看看会不会真的 ____。如此来进行验证或证伪。

但俗话说“好奇心害死猫”啊，如果这里的后果是致命的，或者说极其严重的（算命的当然会确保这个后果你完全负担不起），那么要证伪这个因果关系的风险就太大了。于是，此时大脑就会进入另一个模式，不是去弄清这个因果关系是否一定成立，而是首先去确保这个“果”一定不会发生，换句话说，你的理性大脑被恐惧短路了。怎么确保呢？这就该是恐惧贩卖者们给出的形形色色的“药”闪亮登场的时候了。

更精彩的是，因为本来后果就是吓你的，实际并不会发生（成功的恐惧贩卖的另一个要点就是，需要选择一个发生的先验概率本来就很低的后果来进行恐吓），于是吃了“药”，且最后后果未发生，大脑就会将此当作一个支持“药有用”的证据。这便是被卖了还要帮数钱了。

为什么人们常会上这类当？因为这是大脑规避风险所固有的捷径策略：用一个确定的代价（吃“药”）去避免一个不确定的（没有上界 / 承担不起的）风险。

这就说到了成功的恐惧贩卖的第二个核心前提，即引发恐惧的命题要具备在恐吓对象那里看上去合乎“情理”的因果性。是否合乎情理是因人而异的，取决于对象的心智模式，一个在相信星座的人那里合乎情理的命题，在不相信星座的对象那里就没用。

最后，恐惧贩卖的要义就是要触发对象的巨大恐惧，最好是生死之大恐惧，因为如果是小小的恐惧，对象可能会冒着这点风险以探知事实为先，所以风险必须要大到令对象不敢承受探知的风险代价。

因而这里便能得出一个自然推论：越是弱者，对恐惧贩卖越易感。为什么？因为强者的风险承担能力更强，更具备“实力”去探知真相，而弱者则更倾向于花确定的代价去规避风险。因而越倾向于回避风险，也就越容易被恐惧操控。这是一个很不幸，却又无法避免的事实。毕竟一个客观上完全同样的损失事件，对于不同的对象，造成的冲击可能是天壤之别的：身价一亿元的人丢了一百万元，毛毛雨；月薪两三千元的丢了一百万元，灭顶之灾。诺贝尔经济学奖得主丹尼尔·卡尼曼（Daniel Kahneman）也正是基于此原理而提出了著名的前景理论（Prospect Theory），来描述人类在经济行为中的风险规避模式。

另外一类易感人群则和心智模式有关：我们很早便会呈现出解决生活难题 / 挫折 / 困难 / 风险的过程中的策略偏好。有两大类策略：一类是规避，即设法不让风险发生或躲开风险；另一类是应对，即当它实际发生时设法去成功应对它。

这两类策略会延伸出截然不同的人生轨迹，第一类人常常通过操纵自己或周遭环境来避开路障，而后一类人则通过加固底盘加强车身来直接碾压过去。两类策略往往都是自我强化的，越擅长规避的，会变得越来越需要规避（因为并没有花精力去加固车身），进而愈发擅长各种闪转腾挪。而越擅长正面碰撞的，则会越发皮糙肉厚（当然，同样也可能一朝折戟沉沙），进而不必或不愿承担腾挪的额外成本，而更倾向于直接正面碾过去。此外，规避也不是免费的，常常会为了避开一个已知的坑而掉入一个未知的坑，毕竟从本质上来说你只可能避开你认知范围内的坑。

从短期来看，第一类人会更少遇到摔得鼻青脸肿、伤筋动骨的情况，但从长期来看，第二类人只要有一定的自我意识避开致命大坑，往往会越走越轻松。这两类人当中，第一类对恐惧贩卖的易感性要强得多，因为他们习惯了“恐惧→规避”策略；第二类人则不容易买账，因为只要不是在作死的边缘试探，他们大抵是愿意正面交锋的。

以规避（vs. 应对）为主要策略的人还有一个特点：更容易形成灾难性滑坡思维，即从 A（一个小的后果）→ B（一个不大不小的后果）→ C（一个更大的后果）→ D（灾难性后果）的急速滑坡。

为什么会这样？因为规避策略的特点就是，我总要选一条舒服的路走（即“尽量回避不舒适”是最高优先级），因而导致对其他路一概没啥经验，然而天底下舒服的路又并不多，结果往往就是选出了一个舒服但极其狭窄的通道作为生活的基本面，看起来舒服，其实如履薄冰。日常一二三四要控制得井井有条，这个一二三四是长期实践出来的一条舒服的道路，环环相扣，一旦其中一个环节崩了，整套惯例就多米诺骨牌式坍塌了：路 A 走不了了，天，到不了 B 了，到不了 B，天，C 也到不了了，后果环环相扣。生活容易因为小事情而雪崩，天未必真塌了，但情绪崩塌是至少的。

也正因此，这类人对周遭的人和事往往有更强的控制欲，这种控制欲正是为了避免后果的灾难性滑坡。

当然，伴随着更多的控制需要，必然是更多的失控感和焦虑，毕竟人和事不是完全能以人的意志为转移的，甚至是完全不以人的意志为转移的。还有的就更精彩了，时而受控，时而不受控，例如他人的主观意志。而陷入对这类“参数”的控制欲当中，往往容易像染上老虎机赌瘾一样不能自拔，因为“随机但好像又有那么点规律可循”的谜一般的事物最容易令人不能自拔了，亲密关系中对伴侣的控制欲便是如此。

最后，采用规避策略往往也意味着对负面情绪本身的规避，因为负面情绪本身也是负面事件的一种，于是需要花精力去进行情绪管理，这更容易耗尽人的自控力，而为了避免自控力的耗尽，又必须确保日常生活的压力保持在一定限度内，这就需要付出自我管理开销，而后者反过来又让人更容易疲累，这便成了一个“自败型”（self-defeating）的方案，就像越努力去入睡越难睡着一样。

有人说自己一定要天时地利人和才能开始做事情，然后发现路越走越窄。的确是这样。天时地利人和很多时候不是你能控制的，即便能控制，也需要付出巨大的成本和产生严重的焦虑。倘若一定要安静下来、焚香沐浴才能写作，这世上就没几个作家了；一定要噪声全无才能考试，那提前几个月就得开始焦虑当天隔壁大楼会不会装修。

而遇到问题不回避而是去了解、应对和解决的人，路常常是宽的，虽然平常也有走惯的容易的路，没必要天天穿雨鞋蹚水，但大马路堵了也不妨碍他们换一条石子路，石子路也堵了就换泥土路。都堵了？爬山越野也是可以的。总之法子多得很，哪一环崩了都不会整体崩溃，这就是所谓的路子宽，吃得开。而这种能力，没有平时不回避问题而正面应对的点滴积累的功夫，到了需要应急的时候，思路是打不开的，但即便思路打开了，胆量也打不开。

有人可能会觉得，有这么夸张吗，我平常过日子也没觉着老是怕这怕那的啊！

其实恐惧规避的行为并不一定伴随着可以觉察到的恐惧情绪，心理学中关于规避行为有一个非常具有洞见的观察：当规避行为成为下意识（自动化了）的时候，恐惧情绪便不再“先行”了，因为你预期并提前避开了那个触发情绪的对象，所以情绪被绕开了（这就是为什么日常使用规避策略的人并不会在日常体验到他所规避的事物所引发的情绪）。只有当外力阻止了你的习惯性规避动作，或当外力迫使你做一件一直下意识自动回避去做的事情，此时你才会重新体验到是什么恐惧在支配你以往一贯的行为。

此外，但凡负面情绪都可能引发规避性应对，而恐惧（或者说“怕”）只是其中比较典型的一种罢了（此外还有焦虑、羞耻、内疚，等等），所以前面以恐惧为例，但实际上说的是习惯性规避。

日常生活中，习惯性规避动作其实多得超乎想象。一个最简单的例子，（看起来）不必要的拖延本质上是一种回避行为（具体规避的是什么则因人而异），但过程中你未必感到恐惧，因为拖延行为本身恰恰正是从一开始就绕开这个恐惧的手段。只有当外力迫使你偏离了习惯，例如因为什么原因你被迫立即着手完成被拖延的事情，直到此时情绪才会猛然抬头。再例如习惯性晚睡，对于一些人而言这是一种规避焦虑的无意识行为，但你平时意识不到是这个情绪在驱动你的行为，直到当你必须早点躺在床上，无法使用习惯性的晚睡策略时，焦虑的情绪才会沉渣泛起。此时是你得窥潜意识中藏着的暗流的机会。

这就像平时你总是习惯性地在岔路口左拐，一直挺好的，没觉得有什么，只有当被迫往右拐时，才会猛然升起对右边路上的庞然大物的恐惧。

所以一个推论是，如果仅仅是觉察情绪，未必能够意识到自己在规避恐惧（因为情绪不是必然的“先行物”），同时还需觉察和改变行为，例如如果习惯是做 A 的，可以假想下不做 A 是什么感受，反之也成立。这便是前文所说的反事实情境假设，与科学思维中的假设检验（Hypothesis-Testing）类似。

为什么要付出精力（和痛苦）去面对原本已经被我们在壁橱里藏得好好的恐惧呢？

当然是为了获得免于恐惧的自由。恐惧规避毕竟不是没有代价的，常常是通过一个短期的、小规模的确定代价去避免一个未来的、不确定的代价。从眼下看，这种规避也许（只是也许）是值得的，但如果长期这样惯性操作，很快累积代价就难以承受了，更不用说还有因为规避而带来的“失去成长机会”的机会成本。最后，还有因为（每个人都有的）认知局限所导致的“为了规避一个视线内可见的下水道口而结果被没看到的卡车撞了”的这种情况（*The Science of Fear: Why We Fear the Things We Shouldn't and Put Ourselves in Greater Danger*）。

六、刺的隐喻

迈克·辛格（Michael Singer）在《不羁的灵魂》[2]（*The Untethered Soul*）中对我们如何规避痛苦有一段极为深刻和生动的隐喻，这段隐喻是如此的深刻和发人深省，我认为它完全值得一个专有的名字——“刺的隐喻”，以便它广泛传播。

2
《不羁的灵魂》

想像你的手臂上有根直接触及神经的刺，碰到时会非常痛。因为太痛了，这根刺成了严重的问题。你难以入睡，因为会压到它；你很难靠近人，因为别人可能会碰到。这根刺让你的日常生活变得很麻烦，你甚至无法在林中散步，因为树枝可能会擦到刺。这根刺是你困扰的根源，而要解决问题，你只有两个选择。

第一个选择是，既然外物碰到刺会令你觉得困扰，就必须确保没有东西碰到它；**第二个选择是，**既然外物碰到刺会令你觉得困扰，就必须把它拔掉。信不信由你，这个选择将影响你的余生，是为你的未来奠定基础的核心级结构性决定之一。

先来看看第一个选择，探索它会如何影响你的人生。如果你决定必须避免外物碰到刺，那这会成为你一辈子的工作。若你想去林中散步，就必须修剪树枝，以确保你不会擦到。你睡觉时经常翻身，会碰到刺，所以也必须设法解决此事，或许可以设计一个保护装置。如果真的投入很多心力，而且你的办法似乎可行，你会认为问题已经解决。你会说："我现在可以睡觉了。你知道吗？我应该上电视接受表扬。任何被刺困扰的人都可以买到我的保护装置，我甚至还能坐收专利费。"

因此，现在你的整个生活都以这根刺为中心，并引以为傲。你持续修剪树枝，并在晚上穿戴保护装置上床。但现在有了新的问题——你恋爱了。这是个问题，因为以你的状况，连拥抱都很困难。没有人能碰你，因为可能会碰到刺。于是你设计了另一个装置，可以靠近人而不真的接触。最后，你决定你想要完全的机动性，再也不必担心刺，于是制作了一个全天候装置，晚上不用解开带子，也不必在拥抱或从事其他日常活动时换装。但它很重，于是你为它装上轮子，以液压控制，并设置碰撞感应器。那真是一个令人印象深刻的装置。

当然，你必须改造屋子里的每扇门，好让保护装置通过，但至少现在你可以过日子了，工作、睡觉、与人接近。因此，你对所有人宣布："我已经解决问题了。我是自由人，可以去想去的地方，可以做想做的事。这根刺过去一直主宰我的生活，往后再也不会了。"

事实上，这根刺完全主宰着你整个生活。它影响一切决定，包括你去哪里、喜欢和谁在一起，以及谁喜欢和你在一起。它决定你可以去哪里工作、可以住在什么样的房子里，以及晚上可以睡在哪种床上。说到底，这根刺正在主宰你生活的方方面面。

事实证明，保护自己远离问题的生活，完全反映了问题本身。你没有解决任何问题。若不解决问题的根本原因，反而企图保护自己远离问题，它终将主宰你的生活，最后你只惦念着问题，而见树不见林。你自以为缩小了问题造成的痛苦，就算已经解决问题了，但其实并没有，你所做的只是投入整个人生去避开问题而已。如今它成了你的世界中心，无所不在。

因规避痛苦而陷入更大的痛苦，乃是人生最重要、最值得反复习得的根本真相之一。为什么说"反复"习得？因为当你自认为懂得了这个道理时，你几乎一定仍然在无意识地规避着种种痛苦，只有时常内省，运用反事实情境假设去向自己发问，你才会意识到有多少时候你的潜意识已经熟练而悄悄地把你带上了那条多数人走的路，而当你意识到它时才可能清醒地选择那条少有人走的路。

第三篇
打造你的核心竞争力

怎样花两年时间去面试一个人

遇到问题为什么应该自己动手

书写是为了更好地思考

为什么你从现在开始就应该写博客

什么才是你的不可替代性和核心竞争力

怎样花两年时间去面试一个人

周思博（Joel Spolsky）曾经感叹：招聘难，难于上青天（此处笔者稍加演绎）。他有两个辛辣但不乏洞察力的断言：真正的牛人也许一辈子就投大概 4 次简历[1]，这类人往往一毕业就被好公司抢走了，而且待遇也不赖，所以他们也不想挪窝。C 语言之父、UNIX 之父、1983 年图灵奖得主丹尼斯・里奇（Dennis Ritchie，1941—2011）就是如此。而“人才”市场上能找到的，大都不是什么人才，招到这种人，轻则费钱，重则把你的公司搞挂。

1
详见勒口处“本书网址链接合集”第37条。

《构建之法》的作者邹欣老师也提到两点：

1. 最好的人也许不投简历，就决定去哪里了，所以要在他们做决定前找到他们。
2. 比较差的人会投很多次简历，找不到工作的时间越多，投的简历越多，给整个 pool 带来大量噪音，Top10% 的简历也许根本不算全部人的 Top10%。

诚然，也许没有哪个行业像 IT 行业这样，无形资产占据公司资产的大部分或绝大部分。传言，比尔・盖茨就曾说过：只要允许我带走 100 个人，我可以再造一个微软。这话没搜到原始出处，但是从一个侧面反映了 IT 公司当中智力资产所占的比例之重。

所以一个自然的推论就是，**招聘也许是一个公司决策当中最最重要的环节之一**。周思博把他在这方面的观察、体会和洞见集结成了一本小册子 *Smart and Gets Things Done*[2]，开篇就挑战“产品是公司成败的关键”这个传统观念，他

2

认为创造最适合工程师生活的环境，留下最优秀的人才，才是最先最重要的一步，接下来好的产品是水到渠成的事情。

然而，越是优秀的人，招起来自然是越难。知乎创始人周源就在知乎上分享过他呕心沥血的招人历程，看完真是让人慨叹这年头找个靠谱的人多不容易（这条知乎问答还有很多精彩的跟帖）。

> 其实从 2008 年到现在，我一直在想这事能不能有点窍门，或者是实用的方法，结论是几乎没有。我用过的大家都用的方法：
>
> - 在水木上发帖子（有点效果）。
> - 在蓝色理想上发帖子（无效）。
> - 在技术邮件组里发帖子（无效）。
> - 买 51job/ 智联最便宜的服务（有点效果）。
> - 给所有可以想到的人打电话，请他们推荐（无效）。
> - 给所有和你讨论过创业，喝过点小酒的人打电话（无效）。
> - 约前同事私下谈（有效）。
>
> 我用过的大家可能没有用过的方法：
>
> - 上 twitter，看 XXX 的 follower，一个一个看，看他们的 twitter、博客、Google Reader 分享，想办法搞到邮件，联系，半夜电话骚扰。
> - 上豆瓣，前端后端挑几本重量级的书，去找想看、看过、正在看这本书的人，一个一个看，看他们的活动、博客、Google Reader 分享，想办法搞到邮件，联系，半夜电话骚扰。
> - 找同事，问他们都看什么技术博客，想办法搞到邮件，联系，半夜电话骚扰。

正是这样的不容易，才有不少公司走内部培养的办法，这里的逻辑是：一上来就招到靠谱的人太难了，但找到一块靠谱的璞玉然后雕琢雕琢，相对就简单很多。

这倒是个办法，但这样做的人难免就陷入了纠结：培养好了，人跑了怎么办？

这也不能怪招聘的公司，的确是人之常情。其实解决的办法也很简单，培养时予以适当引导，让员工发挥主动学习能力，这样不但人能得到更多成长，公司也不会觉得投入太多患得患失。所谓师傅领进门修行在个人。

但是，这仍然还是没有解决根本的问题，就是**招聘真的很困难**。应聘者固然觉得自己是在“海投”，大海捞针一般。而招聘者何尝不也是这种大海捞针的感觉。这就好比两个人谈恋爱，都想和对方好上，但是偏偏就聊不到一块儿去。

招聘真的很困难。以至于招聘者每年需要绞尽脑汁出新的笔试题，以免往年的笔试题早就被人背熟了。出题很费脑子，要出得不太简单也不太难，能够滤掉绝大多数滥竽充数的，但又要保证不因题目不公平而滤掉真正有能力的，要考虑审题人的时间成本，就只能大多数用选择题，而选择题又是可以猜答案的（极少有人会在选了答案之后还敢在空白的地方写选某答案的原因）。更悲摧的是，有些题目出的连公司的员工们自己都会做错。（真的是员工们做错了吗？还是题目本身就出错了？）

笔试之后如果还没有被鄙视就要进入面试环节，姑且不说笔试题的种种弊端，就说面试环节，短短几个小时的面试（大多数公司也许连几个小时的面试时间都没有），既需要全面考查基本知识，又要考察编程素养，还要考察（也许最重要的）性格心态。再然后还有一项根本没法考察但却占据程序员相当一部分工作时间的：debug 能力[3]。

3
详见勒口处“本书网址链接合集”第38条。

面试官不但得找准问题，不因对方一题答对而妄下结论，也不因一题答错而就扼杀机会，还要以管窥豹，从一朵花看到整个世界，从面试人的举止言谈、分析问题的方式，甚至写程序的笔迹来观察这个人的性格、做事的方式和心态，简直是要面试官具备心理分析师的水准才行。

这厢要招人的雇主苦不堪言，那边找工作的人也是一团乱麻。大多数应届生直到毕业也不清楚他们想要去的公司到底需要什么样的能力，或者说，他们到底需要具备什么样的能力才能在应聘季拥有更大的主动权。中国虽然本科教育环

4
详见勒口处“本书网址链接合集”第39条。

境欠佳，但很多人还是希望在本科阶段整点东西出来，他们空有一腔激情和抱负，有强大的动力，但就是不知道自己需要掌握哪些技能才能满足雇主的要求，求告无门，整年整年苦闷得像没头苍蝇一样乱撞。我就收到过很多次这样的来信，他们往往很想学点东西，但又不知道哪些重要哪些不重要，到底该学到什么程度，**不知道导致不确定，不确定导致决策瘫痪**[4]，干脆什么也不做，荒废时间。

什么叫熟练？什么又叫精通？那么扎实呢？两年的 XYZ 经验又意味着什么？能这么简单地量化吗？同样是两年的“实践”，有的人能真的学到点东西，有的人也许近似一无所得。那么实习呢？很多人都一定要在简历上弄个实习经验，这个又能说明多少问题呢？大作业呢？得奖呢？有一次我面试一位学生，据简历上说编译原理课的大作业得了一等奖，可我一问什么是递归下降，却傻眼了。

这个现实的结果就是，对于绝大多数应届生求职简历而言，也许最具信息量的部分不是“精通 XXX，熟悉 YYY，掌握 ZZZ”，不是“在 UUU 实习过”，也不是这个项目那个作业，反倒是越来越被认为不重要的一项：毕业学校。

毕业学校本不应该是最具信息量的，它之所以最具信息量只是源于一个遗憾的事实：简历上其他条目实在信息量太少了。所以靠谱的面试者往往学会了无视简历上华而不实的内容，只相信面试时的亲眼所见，扫两眼简历也就罢了，最后还得自己捋起袖子慢慢面。而应聘者兴许也知道招聘者不会细究简历上的条目，所以什么词也都敢往上捅，反正先过了 HR 筛简历这关再说。

从经济学角度来讲，应聘者的这种策略是正确的，没有代价（似乎少有公司会去给已经申请过的人做一个诚信数据库），但至少有可能会带来巨大的收益。应聘成了博彩。而博彩式的应聘给招聘公司带来了巨大的筛选压力。简历成了摆设。

那么招聘这个关系里面的第三者 —— 学校 —— 所处的位置呢？学校更关心的

是毕业率和就业率，这似乎是件好事，有这个为目标，那么老师们似乎应该努力让自己的学生多学点东西。可惜就业的质量似乎不是最重要的指标，此其一。其二，老师本身大多数没有丰富的业界经验，根本不知道企业真正需要什么样的人才，可能花了精力，但却培养不出雇主真正需要的人。另一方面，老师所起的作用很多时候甚至是负面的，例如布置大作业，表面看上去是培养学生的能力，我们姑且不说抄袭，假设每个人都做了，那么大作业本身能够衡量多少东西呢？能否衡量代码质量，能否衡量团队协作能力？能否衡量交流能力？考虑到大作业用到的东西往往都是书里面现成的，大作业甚至不能衡量学习能力。**而学习能力简直算是这个行业最重要的能力了，没有之一。**

所以，简而言之，如果把人才培养 / 招聘这件事情本身类比做一个项目，那么这整个项目迄今为止就是一个巨大的失败。为什么这么说呢？

- **和需求严重脱节**：作为人才需求方的雇主的需求到底是什么？绝大多数应聘者都没搞清。更严重的是，这却一点都不是应聘者的错。因为雇主是干系人（stakeholder），有责任自己去说清楚需求是什么。结果应聘者实现的不是雇主想要的，雇主想要的应聘者没有实现。
- **应聘者雇来培训自己的人根本不管事**：学生交了学费，就相当于雇老师来培训自己，可培训者根本也不了解（或不关心）客户们的需求。这里，学生是需求方，老师则是实现方。弄清需求的职责在后者，可后者也弄不清。
- **学生自己也弄不清**：学生自己既是需求方（需要特定技能），也是实现方。可他们自己也弄不清需求到底是什么。

以上三点还不是最严重的，最严重的如下。

明白需求是什么的也不知道怎么实现：怎么去培养现代 IT 企业真正需要的人才？特别地，实战能力怎么培养？代码素养怎么培养？协作沟通能力怎么培养？学习能力怎么培养？就算都知道这些怎么培养，又怎么给在象牙塔里头，离催命之日还遥遥无期的学生提供足够的动力呢？而学生自己就算知道该学哪些技能，又怎么知道具体怎么着手？什么是最有效率的学习方法？又如何让自己保持学习的热情？

以上这些问题，就是人才培养 / 招聘的惨淡现状。简而言之，在雇主和学生之间，横亘着一条巨大的鸿沟，两头都很着急，两头都有动力，但就是没有方法，君住长江头我住长江尾。像微软、谷歌这样的巨头，干脆和高校合作，直接插手本科或硕士的教育，从而保证到时有足够强的候选人，某种程度上，这的确是根本解决之道，可一来这代价太大了，非一般企业承受得起，二来这影响面也太小了。

怎么办？

《瞬变》里面指出，表面上看来非常困难的改变，也许是因为根本就没有抓住要害。在书中作者通过大量案例分析和心理学研究，雄辩地指出促成改变的以下几个关键点。

触动内心的大象：要改变的人必须要有情感层面的动力。有一些特定的方法比另一些方法更能对人的情感产生触动。

给出清晰、明确的目标：目标一定不能含糊，模棱两可的目标让人无所适从，导致决策瘫痪。例如有段时间我们组在招实习生，我在微博上发了一条招聘信息，其中提到“扎实”的系统底层知识，有同学就写信来问，怎么叫“扎实”。我傻眼了。比尔 · 盖茨就以目标清晰明确著称，不仅在战略制定上，“每个人桌面上都有一台 PC”，而且居然还体现在招聘上 —— “如果你读完了 TAOCP，那么就给我投简历吧”。多么清晰、明确的目标啊 —— 虽然也太高了点（也许这就是比尔 · 盖茨至今没被应聘邮件淹没的原因吧）。

给前进的道路扫清障碍：人是懒惰的，只要有借口就会不想往前。如果既有明确的目标，同时道路又直指目标，一览无余，只等你开始往前走，那么便没有借口，一往无前。

那么让我们对照上面看看，可以做什么？

首先，内心的大象不需要触动，中国有很多人足够早就开始焦虑就业的事情，只是不知道往哪使劲，这部分人如果把劲头用到正确的事情上，也许足以满足现在的 IT 企业人才饥渴了。至于其他人……好吧，也许身边的人开始动起来他们也会被触动。

然后是清晰、明确的目标。这一点上雇主们的做法可谓好坏参半，好的一点是大家都强调要有实践经验、团队协作精神，坏的一点就在基础知识和技能的要求方面，可谓再含糊不过了："精通 XX 语言"，"扎实的 XX 功底"，"熟悉 XX 技术"，甚至看似最量化的描述"X 年 YY 经验"其实都根本说明不了多少东西，在信息量方面还不如我家门口菜市场上一家卖酥油饼的店门口挂的横幅——**"三天不硬，至少六层！"**。

很多朋友也许注意到一个现象，企业对应聘者简历的要求也在变得越来越灵活变通，例如 ThoughtWorks 在招聘的时候就希望应聘者能给出自己的博客地址[5]，博客对 IT 行业的意义也许胜过其他所有行业，一个积累多年的技术博客比任何简历都更能说明问题[6]。台湾的郭安定也说"为什么写技术博客对新人如此重要[7]"。可惜这个做法也有一个弊端：并不是所有技术牛人都写博客，有人就是只干不说型的，而就算写博客，乃至动手写过一阵子的，写一个常年的博客，也远比你想象的更为困难，因为很多时候，写（说）得靠谱比做得靠谱更难。所以这个过滤器很多时候用不上。

但是这的确表明了一个思考的方向，就是寻找更具鉴别力的过滤器，Stackoverflow Careers 2.0[8] 之所以强大，是因为周思博和杰夫·阿特伍德（Jeff Atwood）这两位常年混社区的资深博主创造性地将一个人在社区的活动历史浓缩成为一系列的量化数值，由于这个历史很长期，所以鉴别力非常高。但它同样也有问题，就是对于应聘者来讲相当花费时间，而且并不是花时间（在 Stackoverflow 上回答问题）就一定能花到点子上。

5 详见勒口处"本书网址链接合集"第40条。

6 详见勒口处"本书网址链接合集"第41条。

7 详见勒口处"本书网址链接合集"第42条。

8 详见勒口处"本书网址链接合集"第43条。

到底什么特征才是既通用，又能够有效地鉴别应聘者水平的高低呢？这个特征不能像博客那样难以实现，同时又必须有足够的区分度。

有的地方在要求填写简历时必须填上平时都访问哪些技术网站。这是很不错的尝试，可区分度仍然还是不够，因为上网站查东西毕竟只占现阶段大多数应届生的少数信息来源，特别是当我们更看重应届应聘者的系统性知识基础的时候，网上的东西虽然丰富，但属于提高班，也更为琐碎。

那么，究竟什么是更系统的知识来源呢？答案其实大家也都知道——

书。

我一向认为，**很多时候，是否好好看完一本好书，对一个人的提升往往能达到质的区别**。就算不好好看完一本好书，马马虎虎看完，只要书是真的好书，也肯定会有很大的提高。我在面试的时候就经常询问对方看过哪些技术书籍，经常上哪些网站，订哪些博客。这里头尤其数书籍这一项的区分度最高。此外，**好书和坏书的差别，从本质上，就是学习效率和大方向的差别**。一本烂书可以浪费你半年的时间，但一本好书却可以为你带来真正扎实的基础和开阔的视野。人们常常用“内功”来形容扎实的基础，认为学好了内功以后学什么都快，其实一点没错，好的“内功”书不仅讲清楚深刻的原理，而且指明技术的本质，刻画领域的地图。好的书抓住不变量，让人能够触类旁通。好的书不仅介绍知识，而且阐释原则，介绍那些万变不离其宗的东西。**读烂书浪费时间，但读好书却节省时间**。

象牙塔内的学生受到视野的限制，往往择书不慎，事倍功半，烂书不仅浪费时间，还会打击人的积极性，让人对知识心生恐惧，认为很难掌握，殊不知只是作者没有讲好（或者没有翻译好）。因此，为招聘头疼的公司完全可以给出“**应聘本公司前必读的十本书**”，也不一定要每个公司都不一样，在某个技术子领域有影响力的人，或者创始人们，可以来定义具有代表性的书单。

我们姑且把这个计划叫做“书单计划”，容易看到“书单计划”具备以下几个卓越的优点。

- 清晰、明确，完全**可度量**。
- **防伪：**读没读过，随便一问便知。而正因为应聘者也知道这事不像实习经验可以忽悠，所以也不敢乱往简历上捅词。
- **不在乎是否“泄题”：**书单是完全公开的，无所谓，本来就是要你去读的。想背题？背书吧。真能背下来说明认真看了。
- 管你用心不用心读，只要读了，读完了，就有区别。真正的好书，你想不被吸引都难。据我观察很多人就是不知道该去读什么书。
- **不存在“怎么做”的障碍：**所有人都知道怎么读书——一页一页读。
- **不需要招聘者投入精力：**书单在此，就这么简单，您看着办。
- 评估的负担很大程度上转移到了应聘者的身上：是不是认真看完了，有没有心得体会，您自己掂量。没看完别来找我们。

“书单计划”能很大程度上起到**强鉴别器**的作用，看了就是看了，必然能学到东西，没看就是没看。知道和不知道，区别是本质的。其实很多企业内部培训，根本上还不就是叫员工去看之前没看过的书或者资料嘛。最后，除了鉴别作用，它还是一个清晰促进的目标，是完全不花精力的培养。

当然，“书单计划”的背后是另一个令人遗憾的现实，如果不是因为这个现实，这个计划也完全没有必要，那就是，中国 IT 大学教育当中要求学的书，和企业真正需要你去读的书相比，不是完全不够用，就是写的不够好，或者更悲剧的就是根本用不上，所以在这个大背景下出来的牛人都是自己淘书自己学的。微软资深工程师,《Windows 用户态程序高效排错》[9] 作者熊力就在微博上说过：“我当年毕业的时候总结了一个公式：第一份工作的月薪 = 大学四年买过的技术书籍价格的总和。”

9
《Windows 用户态程序高效排错》

但是光有“书单计划”还不够，因为书籍只能管基础知识这一块，一些更难以量化衡量的实战“能力”又怎么办呢？至少目前为止，除了“练”好像还没有

10
详见勒口处“本书网址链接合集”第 44 条。

特别好的办法。可是在象牙塔里面做的项目，或大作业，真的能起到练的作用吗？前面说了，学生会知道自己最终要交差的不是雇主，而是老师，于是就以老师能够评判的标准来默认要求自己了，老师能够评判编码素养？代码风格？文档？设计？协作？甚至连著名的 Joel 12 条[10]的第一条“是否用源代码管理系统”都通不过。所以大多数时候，大作业能起到的作用近乎 0。

但是如果这一切是由雇主来评判的，这个“作业”是由雇主布置的，就完全不一样了。一想到作业是要作为简历的一部分的，能不紧张嘛，能不好好做嘛，能不学到点东西嘛？

可是这事儿能实现吗？雇主能给学生出大作业吗？也许一两个关系好的高校可以，可是中国那么多学生呢？

为什么不能呢？如果像书单那样，列出各个技术领域“推荐在学校期间尝试的项目”，至于动不动手做，那是学生自己的问题。做的，自然能够得到锻炼，面试的时候自然优势更大。

可问题是，面试的人又怎么来评估呢？这不又回到了没法有效评估的怪圈了吗？答案很简单——

11
详见勒口处“本书网址链接合集”第 45 条。

GitHub[11]。

GitHub 诞生于 2008 年春天，第一年便产生了 4 万 6 千个公共项目，大约一年半之后用户数就达到 10 万。三年之后 GitHub 又迎来百万级用户，托管（Host）超过两百万个项目。（到 2018 年，GitHub 用户数接近 3 千万。）

增长得太快了！就像 Twitter 一样。这样疯了一般的增长只能说明一个事实——人们等待这个产品太久了。

Social Coding。

真实的项目，真实的流程，真实的人名，一切代码审查（Code review）、代码提交（Check-in）、测试（Test）、构建（Build）、文档注释（Document），甚至讨论、计划、头脑风暴（Brianstorming）、流程，一切的一切，都是项目历史的一部分，都可以像棋局那样复盘。有经验的面试者只要稍稍扫两眼一个人的 GitHub 历史，挑出几个代码提交历史看一看，便能够迅速判断出这个人是否满足要求。不再需要费尽心机地去想题目，去观察，去揣测，花费了大量时间，却还是只能采样到几个极为有限的点。

不像象牙塔里面的大作业，这里有源代码管理系统，有自动构建，有代码提交，有代码审查，有分工合作，最重要的是——这是一个集市[12]，一个远超出象牙塔的集市，牛人相互吸引，你可以在互联网上找到和自己拥有共同兴趣的一帮人，真正做出一点事情，而不是交差，不必受限于几十个人的一个小班级（《人人时代：无组织的组织力量》[13]，*Here Comes Everybody*）。

12
详见勒口处“本书网址链接合集”第46条。

13
《人人时代：无组织的组织力量》

2011 年 7 月中旬，纽约一家公司工程部门的老大发表了一篇博客文章：*Github is Your New Resume*[14]，指出一个惊人但再合理不过的事实：越来越多的 IT 公司在招聘时要求应聘者提供 GitHub 账号，甚至有人已经写了根据 GitHub 上的历史自动生成简历的工具[15]。

仔细想想，这是必然的趋势，没有比这个再合理的事情了，既然 StackOverflow 的历史能够作为简历，GitHub 的历史不本该就是更好的简历吗：你想要拥有实战经验，懂代码提交、懂代码审查、懂测试和代码质量的重要性，懂交流和沟通的重要性，你本就应该在一个真实的项目当中去锻炼这些东西，而这些在目前已经完全可以办到。正如邹欣老师所说，你的工作就是最好的面试。

14
详见勒口处“本书网址链接合集”第47条。

15
详见勒口处“本书网址链接合集”第48条。

这件事情放在早些年，是完全没法做到的，因为那时候还没有 GitHub。正如出现 Twitter 和微博之前，很多事情都不会成为可能一样，你有千钧之力，缺乏一个合适的支点，也没法撬动一整个社群。无组织中的组织，具有强大的杠杆效应。

此外，苦闷的招聘者们也应主动行动，给出一些建议项目，正如前面提到的书单计划一样，招聘者只需引导并给出清晰、明确的目标，剩下的事情，应聘者自然会去完成，这些项目可以是实验项目，也可以是完全能做出点卖钱的东西的项目（如果好好做的话），唯一不可或缺的前提是，项目不能太小，单人就能完成的项目不理想，一两个月就能完成的项目不理想，最好足够大到能够锻炼到方方面面，偏大一点倒是无所谓的，因为一个尚未完成的项目完全可以作为简历。当然，可以想见的是，真到了那个时候，学生们肯定又是不会满足于仅去做那些已经有许多人做过的项目了。所以这里企业一开始所建议的项目只是一个助推（*Nudge*），是滚雪球之前需要的一点初始动能。后面的事情，他们自己会完成。

“GitHub 计划”同样有一些明显的，甚至不可替代的优点。

- 清晰、明确，完全可度量。
- 防伪：同样不担心“泄题”。你伪造不了 GitHub 历史，伪造不了代码提交（check-in）历史，代码审查建议（review comments），文档，交流记录……
- 它不但是招聘，也是不花精力的培养。
- 评估的责任很大程度上交给了应聘者自己。

从你的 GitHub 旅程开始，你就已经一脚踏进了真正的企业，而企业的面试也已经开始。

书单 +GitHub，就相当于一个两年左右的面试。

没有什么面试比持续两年的面试更具有信息量。

书单，加上项目，已经基本上覆盖了所需的全部技能。最妙的是，有太多的人在焦急等待着他们未来的雇主给出明确的信号，他们想投入精力，去学习和实践，成为企业需要的人，但是他们就是不知道往什么方向走，所谓有动力没方向。所以，雇主给出了清晰、明确的要求，相信对于很多人来说反倒是一个解脱："终于知道该干什么了。"《编程之美》为什么长居畅销榜？因为它透露了雇主眼中的需求，明确、清晰的需求，可以实现，并且知道怎么去实现的需求。

你提前两年就开始面试和培养未来的候选者，而且还不需要你花一分精力，人家还很乐意，没有比这更完美的面试了。

而这一切，只因两个小小的改变：

- 由需求方（雇主）给出了清晰、明确的目标。
- GitHub 这样的平台。

那么，学校 / 老师在这个事情当中的位置呢？说实话我不知道。没有哪个行业像 IT 行业这样特殊：没有什么不能够（应该）在互联网上学到的。自组织的力量完全大过传统的教育方式。而且，既然雇主都当领路人了，我不知道还有中间商什么事儿。

我曾收到一个知乎问答邀请："找工作的首要原则是什么？"当然，这个问题的答案是："弄清雇主的需求到底是什么。"

列一下我所认为的，你去微软面试前必读的十本书：

- 《编码的奥秘》（*Code: The Hidden Language of Computer Hardware and Software*）
- 《深入理解计算机系统》（*Computer System: A Programmer's Perspective*）/《Windows 核心编程》（*Windows via C/C++*）/《程序员的自我修养》
- 《代码大全》（*Code Complete 2*）/《程序员修炼之道》（*The Pragmatic Programmer*，我也把这本书称为《代码小全》）
- 《编程珠玑》（*Programming Pearls*）/ *Algorithms* / *Algorithm Design* /《编

程之美》

- *The C Programming Language*
- *The C++ Programming Language* / *Programming: Principles and Practice Using C++* / *Accelerated C++*
- 《计算机程序的构造和解释》(*The Structure and Interpretation of Computer Programs*)
- *Clean Code* / *Implementation Patterns*
- 《设计模式》(*Design Patterns*) / *Agile Software Development, Principles, Patterns, and Practices*
- 《重构》(*Refactoring*)

注意，以上同一条目下用“/”隔开的表示任选，当然你也可以都读了，相信我，时间是足够的。读这些书并不意味着逐字逐句从第一页读到最后一页 —— 当然你也可以这么做。关于聪明高效的读法，可以参考我的个人博客中关于如何阅读和查找 / 鉴别书籍 / 资料的文章。

另外，以上是我个人认为你面试微软开发职位前必须要读的十本书，它不代表微软公司的观点。它也只是一个初步的书单，肯定会受到我个人经验和眼界的限制。欢迎大家提意见。

此外，IT 不同子领域的必读书单可能千差万别，所以在发布之前我把这篇文章发给了一些朋友，他们给出了自己的书单（你是不是能看到一些有趣的共同点呢）。

云风 [16]（中国游戏编程先行者，前网易游戏部门资深程序员，简悦创始人）

如果面试，我会挑以下我读过的书，让人选择他也读过的部分，再了解他对这些书的理解。这些书其实本质上就是两类，对所面对的东西（程序语言也好，操作系统也好，底层设施也好）本身的理解程度，以及对设计思想和原则的理解：

《C++ 编程思想》/ *Effective C++* /《深度探索 C++ 对象模型》/《C++ 语言的设计

16 详见勒口处“本书网址链接合集”第 49 条。

和演化》/《C 专家编程》/《C 陷阱与缺陷》/《C 语言接口与实现》/《Lua 程序设计》/ *Linkers and Loaders* /《COM 本质论》/《Windows 核心编程》/《深入解析 Windows 操作系统》/《程序员修炼之道》/《代码大全》/《UNIX 编程艺术》/《设计模式》/《代码优化：有效使用内存》/《深入理解计算机系统》/《深入理解 LINUX 内核》/《TCP/IP 详解》

冯大辉[17]（前丁香园 CTO，无码科技创始人）

《软件随想录》/《黑客与画家》/《重来》/《UNIX 编程艺术》/《编程人生》/《浪潮之巅》/《数学之美》

17 详见勒口处"本书网址链接合集"第 50 条。

洪强宁[18]（前豆瓣技术总监）

StackOverflow 上有一个程序员必读书单帖子，这里仅列出 top10，更多参考这里[19]。

18 详见勒口处"本书网址链接合集"第 51 条。

19 详见勒口处"本书网址链接合集"第 52 条。

《代码大全》/《人月神话》(*The Mythical Man-Month*)/《编码的奥秘》/ TAOCP（不解释）/《程序员修炼之道》/《设计模式》/《计算机程序的构造和解释》/《重构》/ *The C Programming Language* /《算法导论》(*Introduction to Algorithms*)

郑昀[20]（前窝窝团研发副总裁）

工程师入门：《代码大全》/《程序员修炼之道》/《深入理解计算机系统》

工程师升级：《设计模式》/《重构 —— 改善既有代码的设计》

工程师转型：《快速软件开发 —— 有效控制与完成进度计划》/《人月神话》/《IT 项目管理那些事儿》/《软件随想录》/《最后期限》/《走出软件作坊》/《你的灯亮着吗？—— 发现问题的真正所在》

20 详见勒口处"本书网址链接合集"第 53 条。

张峥[21]（前微软亚洲研究院副院长）

Algorithms (by Sanjoy Dasgupta, Christos Papadimitriou and Umesh Vazirani) / *Data Structure and Algorithms* / *The C Programming Language* / *The Design of the UNIX Operating System* / *Compilers*（龙书）/ *Computer Architecture: A Quantitative Approach* / *Flow* / *Outliers (why hard work and luck are both important)*

21 详见勒口处"本书网址链接合集"第 54 条。

邹欣 [22]（前 MSRA 创新工程中心首席研发经理，现任 CSDN 副总裁）

22 详见勒口处“本书网址链接合集”第 55 条。

关于创新的书籍（豆列详见勒口处“本书网址链接合集”第 56 条。）：

The Myths of Innovation / *The Innovator's Dilemma* / *The Innovator's Solution* / *Crossing the Chasm* / *Inside Intuit* /《盛田昭夫》/《杰克·韦尔奇自传》/《梦断代码》/ *Innovation* /《浪潮之巅》/ *Loonshots*

关于“精通”的一篇博客《技能的反面：魔方和模仿》，详见勒口处“本书网址链接合集”第 57 条。

在我教的《现代软件工程》课上，除了教科书，每个学生要看另一本相关的书籍并写读书分析。这个博客有一些同学的读书报告：详见勒口处“本书网址链接合集”第 58 条。

读好书是如此的重要，因为好书犹如贵人，往往带领你去看到更好的书，更大的世界。希望你，莫与贵人擦肩而过。

遇到问题为什么应该自己动手

遇到问题寻找捷径为什么是很聪明的做法

我们在生活中总是在不停地试图做最优经济决策，只不过很多时候人类为适应远古社会而进化的大脑未必适用于现代工业社会（《本能》《进化心理学》《如何做出正确决定》），我们可以在超市为选择买哪一卷卫生纸斟酌半天（《怪诞行为学》），面对生活中的重大抉择时反倒轻易就随波逐流（《选择的悖论》，*The Paradox Of Choice* [1]）。

1
为什么选择越多越纠结?

我们的很多决策依赖于情绪系统的输出（从进化时间上比较"旧"的大脑部分）（《如何做出正确决定》），这部分大脑属于经过漫长的雕琢，决策机制严重适应远古社会的模块（《本能》）。比如在物质贫乏的远古时期，不管什么时候遇到富含热量的食物是必吃无误的，所以我们的情绪大脑只要闻到美食是绝对不去克制诱惑的，长出脂肪又如何？有的是饥寒交迫的时候去燃烧这些脂肪。然而这条规则到了物质充裕的现代社会却成了灾难（据美国疾控中心 2020 年的数据，美国逾四成成年人肥胖），可谓成也萧何，败也萧何。这样的例子在《本能》一书中还有不少。

我们在学习新东西遇到困难的时候，为什么会放弃？因为我们下意识中会对所面临的困难及成功后所得的收益作一个评估（经典的成本收益分析），这里特别重要的是对面临的困难的评估：我们都知道学习任何一门技能，一开始可能还兴趣浓厚，捋袖子上阵，过了一阵子便会遇到一个典型的分水岭，你会发现未知的东西比你想象的要多，困难重重，似乎一眼看过去没法确信什么时候才能掌握，甚至觉得有点 Mission Impossible。当觉知到的困难到达一定程度之后，我们的大脑便会想：既然很大可能最终失败，甚至看不到成功的可能，为什么要白费力气去学一通呢？还不如省省呢。**这是一个聪明的经济决策，去权衡性价比应该是每个经济个体的原则**。然而，**这个决策笨就笨在，它高估了困难程度**，因此决策的前提就弄错了。为什么这么说呢？现代社会很多新东西是知识密集型的，而不像远古社会可能绝大部分是体力活。对体力活的评估我们很在行，大约能知道困难有多大，需要耗时多久，有没有可能完成。**然而对学习新知识的困难程度的评估，我们却很不在行，因为大部分知识等你掌握了之后才会"豁然开朗""柳暗花明"的，**而在这之前你会觉得这东西太难了，完全没有头绪，摸不着门道，觉得山重水复疑无路（尤其是对于学习曲线陡峭的知识而言），你会想："既然无路，就别去碰得满头是包了吧，何苦呢？"

有一个很不错的概念叫做"Unknown Unknown"，大意是**如果你不知道一个东西，你也不会知道你自己不知道它**。很多时候新知识就有这个特性 —— 掌握了之后觉得很明白，掌握之前却觉得"不可能啊""这简直没有解嘛"。在这样的认知之下，你自然会高估前方的困难、风险和不确定性，因为你不知道什么样的知识才能解决你的困惑。然而事实上呢？只要智商没有根本的差别，别人的大脑能够掌握的知识，你的大脑也能掌握，你所感觉到的巨大困难只不过是因为 Unknown Unknown，你所需要的只是耐心地踏遍这块知识版图，当你掌握了那些你该掌握的知识之后自然会柳暗花明。

遇到问题寻找捷径为什么只是小聪明

我们在遇到困难的时候会试图去寻找捷径，心里的想法大概是：既然我自己解决可能需要耗费极大的精力，甚至连最终能否解决都无法判断，那么为什么要冒风险花费大量的时间去尝试呢？还不如想想其他法子。比如绕过问题，或者将问题外包给别人。

这很聪明，很经济：用最小的代价解决手头的问题。看上去是一个寻求经济上最优解的法子。

不过到底是局部最优还是全局最优呢？

“用最小的代价解决手头的问题”——**这里的问题在于，难道我们计算收益的时候仅仅考虑是否解决了手头的问题吗？**如果解决的过程中得到了**其他的收益**呢？

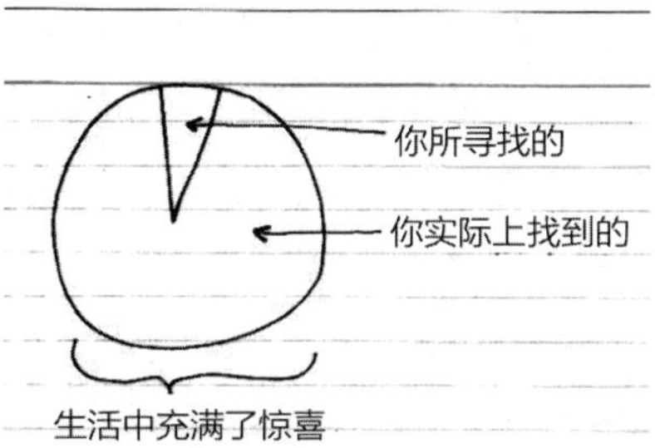

来自 indexed

为了解决一个技术问题，你踏遍互联网，翻了若干教程、网站、书籍，最终解决了这个问题，同时还知道了以下这些：

1） 以后遇到类似的问题该到哪儿最快最有效地找到参考。
2） 哪些网站是寻找这个领域最有价值信息的地方。
3） 哪些书是领域内最经典的书。
4） 遇到了一些类似的问题，从而理解了除你原本想要弄明白的问题之外的一系列问题。
5） 遇到了一些不类似的问题，从而拓宽了视野。
6） 在寻访答案的过程中遇到了一些牛人。

为了解决一个内存泄漏的缺陷，你学习了一堆底层知识，了解了一堆调试工具，熟读了若干维基百科页面，表面上看来，仅仅为了解决这一个小缺陷，你花的时间未免太多了点，然而关键就在于，它的收益远远不止于解决了这一个小缺陷，下次你遇到任何类似缺陷时，三下五除二就能解决了。

好比一条漫长的跑道，在你遇到障碍的时候，如果你总是选择绕过，那么你最终将越来越发现只能绕过障碍，而无力搬开。如果你大多数时候选择搬开障碍，虽然相比那些绕过障碍的人，你的速度看似慢了很多，但随着你越来越熟练于解决障碍，最终你的速度将远远超过总是抄“近路”的。

在生活或工作中，**很大程度上你遇到的每个问题都不是孤立的，既然你遇到了某问题，那么很大的可能性是你以后还会遇到类似的问题**。当然，这个说法的另一面是，也有一些问题是一锤子买卖，即以后不会遇到类似的问题，因此只求迅速解决。不过按照我的经验这样的问题实在太少了，此外，你觉得你真的能够分辨你面对的问题是否属于这类问题吗？底线是，就算是这样的问题，你自己动手解决也能培养学习能力和思考能力。如果你判断它是一锤子问题，外包给别人解决，那么你就永远没机会发现这个问题背后蕴藏着哪些知识，这就成了一个自我实现的预言。

如果选择总是问别人，下次你还得继续问别人，**每次直接问到问题的答案同时意味着你永远都要靠别人的大脑来获得答案**。

困难的路越走越容易，容易的路越走越难。

书写是为了更好地思考

我经常在走路和睡前总结学过的内容，思考遗留的问题，经过一段时间的阅读和思考，一个总体的知识框架就会逐渐浮现在脑海中，之后我会将它书写下来。**然而，我惊讶地发现，在我书写时，新的内容往往仍会源源不断地冒出来，我的键盘就像自己也会思考一样**。

“跟波利亚学解题”一章中提到将问题求解的思维过程记录下来的好处，其实文中列出的几点不仅非常有助于问题求解，对平时的思考也大有裨益。

书写的好处有以下几点：

1. 书写是对思维的备忘。人在思考一个问题的时候，就像是在黑暗中打着电筒往前走，每一步推导都将我们往前挪一小步，然而电筒的光亮能照到的范围有限。事实上，我们的工作记忆[1]资源是有限的，有研究证明我们只能在工作记忆里持有 7 ± 2 个项目，此外认知负荷也是有极限的。我们走了几步发现后面又黑了，想到后面就忘了前面的，想到某个分支上去就忘了另一个分支，我们常常想着想着就想岔了，想岔了也就罢了，问题是一旦想岔了太远，就很难回到当初岔开的地方了。有时候，我们是如此努力地试图一下就走出很远，同时又老是怕忘记当前取得的进展和重要结论，结果意识的微光就在一个很小的范围内打转，始终无法往前走出很远。而将思维过程记录下来，我们就有了完全回溯自己的思维轨迹的可能。举个具体的例子，平时面对一个问题我们常常首先会想出几个主要的、关键的思考方向，但是这个时候如果没有笔记，就只能一个一个展开思考，结果展开思考了一个，却忘掉了第二个是什么了。如果

1 大脑中负责保存临时信息的神经网络模块。

记笔记，我就会先一一罗列出思考的关键方向，然后逐一展开。思考任何一个分支的过程中有新的发现，但一时间没有剩余的思维去细想，就先用关键字记在一旁，一会回头再仔细思考。某种程度上笔记起到了备忘的作用。

2. 书写是对思维的缓存。正因为我们的工作记忆有限，所以在头脑中思考问题时就往往只能保持几个最重要的核心概念，导致想来想去在一个有限的范围内打转，思维总是走不太远。对此我深有体会，平时在走路的时候虽然也思考问题，但总是觉得思维的广度很有限。不妨设想一下，数学家要是没了纸和笔，数学的发展会遭受到多大的阻碍，也许爱因斯坦能够在大脑中构思一个证明的最关键环节，但是你能否设想不用纸笔来“缓存”思维的中间步骤，而完全在大脑中证明费马大定理呢？有时候我甚至觉得能够用纸笔缓存思考的中间结果正是人类的理性之光可以走得如此之远的最重要条件。例如我的每一篇博客在开始写之前，大纲和简记只占最终成文内容的一半，而另一半（更重要的那部分）却是在书写时自己冒出来的。

3. 书写本身就是一种思维方式。如果你用过语音备忘录并与文字笔记 App 对比过使用感受，你就会发现，语音备忘录有其实时性和随意性的优势，但劣势也很明显，当你使用文字记录想法时，你的思维仿佛会自发地变得更有序、精确、线性和有组织。书面文字本身的一维性特点，反过来似乎会对思维本身形成一种有益的制约。我们在交谈时，经常会做一些随机性的跳跃、反复，而在书写文字时，这种跳跃性就会让文字显得杂乱无章，所以我们被迫一点点、细致地把我们的理性和感性中的内容整整齐齐排布在这个一维线性的行文段落中，这种一维序列化的过程本身就是对思维很好的整理。诺贝尔奖得主、行为经济学家丹尼尔·卡尼曼在《思考：快与慢》中提出，我们的大脑可以大致分为两个系统：一个基于联想和非符号的“快”系统和一个基于逻辑和符号的“慢”系统。毫无疑问，口语更接近于前者，而书写则更接近于后者。实际上，长期的写作训练甚至可能会让你的口头表达更精确和有条理。可以毫不夸张地说，书写是最值得我们每个人后天习得的核心技能之一。《快公司》（*Fast Company*）杂志对图灵奖得主艾伦·凯（Alan Kay）做过一次访谈，其中问到艾伦对 iPhone 的看法，艾伦提到一本令他印象深刻的书 —— *Human Universals*,

书中便写到人类学家长期对数千个人类社会的观察研究表明，所有的人类社会都共享一些普遍的特性，例如语言、故事、基于血缘关系的族群，等等，但只有一部分人类社会发明了文字（读写）、数学等，然后再发明学校去确保这些发明能够被一代代传承，正是这些发明让一部分人类社会脱颖而出。发展心理学家也喜欢把前者称为我们的一阶（First-order）能力，而后者称为基于一阶能力而后天构建出来的二阶（Second-order）能力。换句话说，前者是本能，而后者是技能。

4. 书写是与自己的对话。在书写的时候，你不断地观察自笔端流出的信息，一行文字落笔之后，大脑的临时记忆就不必再费力地保持这些信息，因为这行黑底白字会不断主动地通过视觉刺激来提醒你它的存在，于是你就可以将空出来的思维精力用于反思自己的观点。不信你可以自己观察一下，如果不用纸笔，仅用大脑，是否很难在**思考一个问题的同时对自己的思考进行反思呢?**

5. 书写是与别人的交流。每个人的思维都有一些盲点，盲点之所以为盲点就是自己很难觉察得到。虽然我用了很长的时间来训练思维的客观和清晰，但总是不断发现自己的思维仍会时不时不自觉地陷入某个盲区。对人类思维的特点了解得越多，我就越是从心底里谦卑地认识到与人讨论是多么重要。每个人的盲点不一样，你的盲点可以在别人那里得到补充，别人的盲点也可以被你纠正。三个臭皮匠顶一个诸葛亮的含义便在于此。书写，交流，最重要的价值就在于此。除了盲点，我们一般很难觉知自身知识体系中的缺口。我们的思考如果因为对某个重要知识的无知，犯了严重的错误，一般自己是难以反省出来的——**如果你不知道一个东西，很大的可能性是你也不知道你自己不知道它**。而把自己的思考写出来让别人发现漏洞，对自己的知识体系可谓善莫大焉。

6. 有时候，语言自己也会思考。在付诸笔端之前，思想在脑海中的存在形式往往较为模糊、抽象，有时甚至是图像的形式。然而，如果需要写出来，甚至写出来给别人看并与之交流，就必须使用文字符号。文字符号其实有自己的一套系统，计算语言学上称为语义网络，同一个概念，在大脑中模糊的感觉，和明确地表达成某个特定的词语，是不一样的。你会因为用了某个特定的词语从而想到另一个词语，你写着写着就会发现一些词语就像本身有灵性一样，将其他的词语都带出来了。有时候，这种效应会导致书写变成一场文字游戏，但好的一面是有些时候也有益于拓宽或启发思维。

我知道很多人不书写是因为觉得没有什么可写的，其实这是一个怪圈，你越是不开始书写，总是拿有限的思维缓存去默想一个问题，就越是没有内容可以写。**如果你逼着自己将一些不成熟的想法写下来，看着自己写的内容，试着进一步拓展它们，就有可能在理性的道路上走得很远，很远**。

祝大家书写快乐！

为什么你从现在开始就应该写博客

为什么你从现在开始就应该写博客

用一句话来说就是，**写一个博客有很多好处，却没有任何明显的坏处**。

让我说得更明确一点：**用博客的形式来记录下你有价值的思考，会带来很多好处，**却没有任何明显的坏处。当然，碎碎念、心情琐记、没话找话等都不算思考。

个人认为，长期写一个**价值博客**主要有以下几大好处：

1. 能够交到很多志同道合的朋友。我自己既写博客，也读别人的博客，在这个时代，相对于平常生活圈子里有限的朋友而言，真正能在数量级层面拓宽朋友圈子的途径几乎只有一个：通过网络。而如何在网络中寻找到气味相投的朋友，如何判断别人和自己是否真正有共同语言？当然，通过天天在社交网络上碎碎念的那些日记是难以做到的。我佩服的一些朋友几乎全都是长期用博客记录想法的人，**因此，和他们即便不打照面，也是心照不宣**。即便素未谋面也能坐下来就聊得热火朝天。

在结交志同道合的朋友方面，为什么博客的潜力要远胜于原始的交谈方式？很简单，第一，**博客不受地域限制，整个互联网上从 A 到 B 只有一个点击的距离，**而传统的建立朋友圈子的方法则受到地域限制。第二，也是更重要的一点，即如果按照以前结交朋友的方式，需要互相聊天，交流观点，然后才逐渐熟悉起来，这需要一个较长的过程，而且更糟糕的是，当你遇到另一个陌生人，又要把整个过程重复一次，表达你对老友表达过的那番想法。可博客却做到了“**一次表达，无数次阅读**”，当我看到一个写了好几年的博客，看完了之后我仿佛和这个人交谈了很久，用程序员们喜欢听的话来说就是，“**博客极大地增强了表达的复用性**”。

我曾在 CSDN 上写了近六年的博客，在 2006 年建立了一个六七千人的 Google 邮件讨论组（起名为 TopLanguage），由于我的博客的长期阅读者都是互相有共同语言的，因此这个讨论组一开始就聊得热火朝天，而高质量的技术讨论则进一步吸引了更多牛人的参与，雪球滚起来之后，就很难停下来了。从讨论组的讨论中我获益良多。

2. 书写是为了更好地思考。我在“书写是为了更好地思考”里面详细总结了书写的好处，这里就不再重复了。有些想法如果不写下来，也就忘掉了，曾有一个在 BBS 上广为流传的“数学牛人们的轶事”的帖子（来自 ukim），里面讲了希尔伯特的一则轶事：一次在希尔伯特的讨论班上，一个年轻人作报告，其中用了一个很漂亮的定理，希尔伯特说：“这个定理真是妙不可言（Wunderbaschon），是谁发现的？”那个年轻人茫然地站了很久，对希尔伯特说：“是你……”

3.“教”是最好的“学”。如果一件事情你不能讲清楚，十有八九你还没有完全理解。在软件开发行业，面试官经常会要求应聘者讲解一个东西，他会说他不懂这个东西（他要是真不懂的话效果其实是最好的），而你的任务则是说到让他理解为止。

为了让一个不明白的人做到明白，你必须要知道从不明白到明白他究竟需要掌握哪些概念，这就迫使我们对我们大脑中整个知识体系来个寻根究底，把藏在水面之下的那些东西统统挖出来，把大脑中那些我们知道、**但不知道自己知道**的潜在概念或假设（Assumptions）都挖出来，把它们从内隐记忆拉扯到外显记忆中。因为只有完全知道、**并知道自己知道**一切来龙去脉的人，才能真正把一件事情讲通透。

但是，你可能会怀疑，那除了能够讲清楚，弄清自己到底知道哪些东西还有其他什么好处吗？如果没有其他好处，那我又何必费这个劲呢？我又不当老师。

之前提到的 TopLanguage 邮件讨论组里的一位朋友 sagasw 曾经讲了一个小故事（其实也就是现在程序员们所熟知的橡皮鸭调试法）：据说在某个著名软件公司里，开发组的桌上放着一只小熊，大家互相问问题之前，先对着小熊把问题说一遍，看能不能把问题描述清晰，基本上说得比较有条理以后，答案也就随之而来了。当然，你不一定要对小熊说，你可以在大脑中虚构一个不懂行的听众，然后说给他听。这是可行的，我经常在路上用。不过如果你能坐下来，我建议你还是说给实际的听众听 —— 写下你的思考，因为书写是更好的思考。

我们的绝大多数知识在绝大多数时候都隐藏在潜意识中，其实我们意识的“窗口”很小，我们的工作记忆只能容纳寥寥数个条目（记得那个“看你能够记住屏幕上同时闪现的多少个数字”的 flash 小游戏吗？），我们平时所作的推理过程很大一部分都是自动的，发生在潜意识中，而我们只能感知到一些中间结论。不信你回忆一下你在和别人讨论问题的时候有多少次觉得“**反正就是这样，我感觉得到它是对的，但是你问我，我也说不清到底怎么回事**”，对此你不觉得很奇怪吗？如果你都不能从逻辑上支持自己的结论，你怎么就能确信它是对的呢？仅仅因为你的直觉强烈地告诉你它是对的？那如果旁边有另一个人，他和你持相反的观念，而他的直觉也强烈地告诉他他是对的。这时候你又怎么想？“他的直觉错了，我的直觉是对的？”难道你这么自信你的直觉是世界上最可靠的？

我自己则是非常珍惜类似这样的机会，即当“我强烈地觉得它是对的，但我却说不出所以然来”，这**往往是到大脑中翻箱倒柜的时候，弄清来龙去脉的时候，深入反思的时候，纠正一直以来错误的潜在前提假设的时候**。另一方面，“**我强烈地觉得这个说法有问题，但我却说不清它为什么有问题，到底哪有问题**”，这也是一个极有意义的瞬间，它几乎总是意味着你对一个问题的认识有潜在的偏差，肯定是在你自己都没有觉知到的地方引入了一个潜在的假设、偷换了一个重要的概念，等等。而这正是深入反思的时候，当你终于潜到问题的底层，触摸到问题的实质，看清了水面之下的冰山整体时，你会有一种通体舒泰的感觉。

为什么说以上这些？因为刚才说的是你必须等待这样的反思机会，但如果你选择经常总结自己的知识体系，并说出来给你的读者听，你就会发现你自己**创造**了（而不是被动地等待）这样的机会。如果我们平时不反思，我们觉得很多事情都是当然的，但结果是如果要你一开口说给别人听，常常会发现事情就开始变得不那么明显了，你说着说着，就开始莫名其妙地发现自己需要用到“**反正**”这个词了。

一旦你注意到自己开始用“反正”论证大法，你就知道，反思的机会来了。

一旦你把自己潜意识里面的东西从幕后拉出来，你就有了面对并反思它们的可能，而不是任它们在幕后左右你的思维。很多时候我们的思路出了问题并不是我们不会反思，而是不知道自己的思维中有哪些隐含的假设（Assumptions），如果你只感觉到答案，却**不知道你的大脑在得到这个答案之前做了哪些推理，你又怎么知道哪一环可能出了问题呢**？另一方面，一旦你弄清了自己到底是怎么想的，离意识到问题就不远了，很简单的道理 —— 如果别人和你争辩的时候总是只摆立场，你就很难和他辩，但如果他把自己的推理过程原原本本暴露给你，批判起来总是容易得多。也正因如此，有很多人总是把逻辑藏在背后，不敢暴露出来。

绝大多数时候其实我们都会不假思索地得出一些结论，就像上了发条的自动机，但我们并不知道这些结论到底是怎么来的，在思维的背后到底发生了哪些事情，故而当我们发现自己的结论错了，便一头雾水，没法着手寻找到底在哪错了。如果你注意一下很多人的发言（论坛、博客等），把他们的发言分为“前提”“假设”“逻辑”“结论”这四个部分，你会发现一大堆人只会不停地下结论，摆立场，却见不到这些结论或立场的前提、假设和个中逻辑，倒也不是他们不愿意写出逻辑，而是因为反思自己的思维过程确实非常困难，我们的推理过程很大一部分发生在意识的水面之下，只有当有了重要结论的时候这条逻辑链才会浮出来冒一个泡，让我们的意识捕捉到。更何况绝大多数时候我们用的其实并不是完整严密的逻辑思维，而是思维捷径。

去教一个完全不懂的人，则是一种最强大和彻底的反思途径——因为他没有任何预备的知识，所以要让他弄懂你所知道的，你就必须彻底反思你的知识体系，弄清这座大厦的根基和骨架在什么地方，一砖一瓦到底是怎么垒起来的。你不能自己站在 11 层上，然后假设你的读者站在第 10 层，指望着只要告诉他第 11 层有哪些内容就让他明白。你的读者站在第一层，你必须知道你脚下踩着的另外 10 层到底是怎么构造的。这就迫使你对你所掌握的、或之前认为正确的那些东西作彻彻底底地、深刻地反思，你的受众越是不懂，你需要反思的就越深刻。

4. 讨论是绝佳的反思。另一方面，**很多时候我们并不是有机会说给完全不懂的人听，更大的可能性是说给同领域有一定基础的人听**，这个时候并不代表就不能促使自己反思了。实际上，你会发现，只要公开自己的想法，**几乎总能看到持不同意见的人**。然后你通过**比较你和他的观念之间的差别**，会发现你们在一开始的思路上就存在差异，差异从哪里来的。**在进一步讨论中你们就会不断地迫使对方拿出更深层次的理由**，这同样也是一种非常有效地促使自己反思的方法，在讨论的过程中双方的理由自然会变得越来越深入，越来越接近问题的本质，**一些平时难以注意到的深层面的差异性就会逐渐浮现出来，你也就多了一次难得的机会去审视自己的思维中到底存放了哪些错误的信息**。

5. 激励你去持续学习和思考。如果你没有持续学习和思考的习惯，你的博客很快就会没有内容可写，就只能整点碎碎念或转载，然后你就会失去读者，继而可能会关掉博客，而一旦关掉博客你也就死了写博客的心，然后就少了一条激励你去思考和总结的途径，然后你变得更不高兴总结和思考，然后……

为了打破这个死循环，不要永久停止更新你的博客，就算你两个月、三个月都不写，只要你每篇都是写自己思考的产物，写有价值的东西，在互联网上，金子的确总是会发光的，因为有无数的信息聚合平台在期待这些有价值的内容，有搜索引擎为你的内容提供海量的潜在读者，有海量的人肉在手动挖掘和转载那些有价值的东西。**我们所能做的最差决策莫过于停止做一件没有任何坏处，却有一大堆好处的事情**。

为了让你的博客有价值，你必须持续总结自己学习的结果，不断思考，给出比别人深刻、独到的见解。这看起来有点本末倒置，但很快本和末就会正过来。

6. 学会持之以恒地做一件事情。很多人在生活中容易觉得迷失，不知道想要做什么，是因为没有一件能够持续地做的事情，用俗话来说就是没有主心骨。用积极心理学的话来说就是没有一件能够创造流体验的事情，而书写自己的思想则是一件容易产生流体验的事情，在书写特别是理性地书写的时候，大脑逐渐进入推理分析模块，一切不愉快的情绪、烦躁感都会逐渐消隐。不过前提是你得开始，并且坚持度过一开始的困难期，以后的一切便习惯成自然了。

7. 一个长期的价值博客是一份很好的简历。这里的“简历”并非是狭义上的求职简历，而是泛指让他人了解自己的窗口，你会因此而结识更多的人，你的博客价值越高，你结识的人就越厉害，而跟牛人交流又会极大开阔你的眼界，打开一扇又一扇你原本不知道的门，于是你就变得更厉害……这是一个良性循环。

怎么做到长期写一个价值博客

注意到我并没有说“怎么做到长期**坚持**写一个价值博客”，因为当思考和总结成为习惯之后，诉诸文字及借助书写来进一步思考就变成了一件自然而然的事情，就变成了一件“因为你在思考和总结从而必须书写下来”的事情，博客就变成了**副产品**。

一开始你是因为要写博客而去使劲地思考和总结，指望给出令人眼睛一亮的东西，到了后来，就变成了因为你习惯了思考和总结，因为你意识到书写是更好的思考，你就必须将你的想法变成文字。至此本和末就会各归原位，不再颠倒。

怎样做到长期写一个价值博客？也许有人会给出很多有趣有用的小技巧来提供动机和激励，譬如如何做 SEO，如何鼓励读者留言，等等，但是这些我都不想说，我只想说最重要的，那就是：

让你自己成为一个持续学习和思考的人，并只写你真正思考和总结之后的产物，其他一切就会随之而来。

可能出现的问题以及怎样应对

即便上文给出了 N 条写博客的理由，但有时候只要有一条不写的理由就会让人停止做一件事情。所以这里特别加上一节“可能出现的问题以及怎样应对”，《影响力 2》[1] 第五章雄辩地证明，“Much of Will is Skill”，**意志力很大程度上来源于有正确的方法，而非天生。**

1
看过《影响力》，你就会接着看这本。

1. 担心别人认为没有价值。事实是，你面临过的问题总会有人面临过，你独立思考了，别人没有，你的文章对他们就会有价值。当然，肯定会对某些人没有价值，他们早就知道了，但就算你再厉害，也总是有人比你厉害的，不能说因为这些理由就不记录你自己的想法了，你自己思考了之后理解得最深刻，就算有别人想过了，总有人没有想到的。况且，思考成了习惯，你的思考能力也会越来越强，你的文章也会越来越有价值。重复，**无论你面临什么困惑，总会有很多人同样面临过，于是你苦苦思索之后的结果，肯定会对很多人有意义**。

或者，**你想通了之后觉得其实也很简单，于是不愿意或不好意思写了，但要知道，问题在想通了之后总是简单的，问题的困难程度不在于想通了之后还觉得有多难，而在于从你觉得它难到你觉得它简单需要耗费多少思维体力**，你耗费的时间越长，说明有越多的人最终还是没有想明白（路越长走到底的人越少）。

最后，虽然我现在看自己一年前的文章觉得挺不成熟，但是如果没有那些不成熟的思考，也不会有现在更成熟的思考，我几年后来看现在写的东西，还是会觉得不成熟。

2. 担心想法太幼稚或有漏洞等被别人笑话。人非圣贤。正是因为单个人的想法总是有漏洞，才值得拿出来交流（“书写是更好的思考”，讨论是绝佳的反思），被别人指出问题正是改进的空间，藏着掖着的想法永远不可能变得更成熟。

3. 得不到激励。这其实是个最无聊的问题了，只有写碎碎念的博客才会面对“激励”的问题。如果写自己的总结，写自己独立的思考，那么书写下来，理解通透，本身就是一个极大的激励。就算放在私密笔记本里不公开也一样有成就感。况且，如果你真做到了书写**价值博客**，那么绝对不用担心你的观点得不到传播，也许一开始会耗时长一点，但是这在任何事情上都是必要的初始阶段。Gmail 团队核心人物保罗 · 布赫海特（Paul Buchheit）和 StackOverflow 创始人杰夫 · 阿特伍德都曾经感叹过：Overnight success takes a long time（突然的成功其实都历经长久酝酿）。不过对于价值博客来说，现在网络上的聚合类服务这么多，机器的、人肉的、半人肉的都有，情况又要好得多了，而且我相信情况还会越来越好。

4. 写不出来。这个问题也比较无聊，思考本不是一件急于求成的事情。长期订阅我的博客的朋友知道我更新频率极低，原因很简单，要么是有手头的事情要处理，思考的时间被压缩了，要么是遇到比较大或比较困难的问题需要长时间的思考和积淀，没有关系，如果没有想清楚就再想想。爱思考的人和不爱思考的人有一个本质的区别，前者在生活中总是挂着几个问题在大脑中，它们时常都会冒出来骚扰你一下，让你琢磨琢磨，不爱思考的则是没事不主动想问题，遇到问题还要先看看能否找捷径（找人帮忙）解决。

无论如何，不用急于求成，在一个主题上深入下去思考，总能挖到别人挖不到的角落。你能让一个问题在大脑中停留的时间越长，就越是能够发现新的东西。一般来说，对于自认为有价值的问题，我会让它在意识或潜意识中待短则一周长则一个月（视问题大小而定），利用走路吃饭的时间琢磨，**有时即便已经想通了写下来了发出去了，大脑仍然还是会在回味问题，并不会把它撤出潜意识，然后看到某篇文章或某本书的时候忽然又有新的感悟**。

能够把问题长时间停留在潜意识中是一种技能，会带来很大的好处，停留得越长你越琢磨得透彻，比别人看到的就越多。我们必须要戴着问题的眼镜看待事物才能发现新的视角，否则就会出现视而不见的效应，别的不说，广为人知的例子是阿基米德的“尤里卡！”，如果不是长时间琢磨着一个问题，一直把它放在思维中，是不会从洗澡领悟到“排水测体积”的，否则他洗了那么多年澡怎么不早发现呢？

所以，如果你习惯了思考问题，就总会有东西写，先有思考，然后有总结，然后在总结中进一步思考。

当然你也可以试试把不成熟的想法写下来，试着整理成条理清晰的文字，然后看看能否在整理的过程中走得更远。这往往是可行的。比如这篇文章在我的简记里面原本其实只有三行字（包含大约十来个备忘关键词），而最初在我的大脑里面其实只有一个走路时冒出来的问题——为什么要写博客？

什么才是你的不可替代性和核心竞争力

翻开任何一本经济学的教材，或者直接访问维基百科的经济学（Economics）条目，都会首先看到“物以稀为贵”这条铁律。人才作为资源的一种，也是同样的道理。而稀缺性，也可以叫做不可替代性。一种资源越是稀缺，不可替代性就越强。再加上如果这种资源具有实实在在的使用价值（而不是荷兰的郁金香泡沫），那么其价格就会越高。

问题是，如何构筑你的个人知识体系，使得你的知识技能集尽可能成为不可替代的呢？

CSDN 前任总编孟岩先生曾写过一篇博客“技术路线的选择重要但不具有决定性”，用有说服力的数据阐述了技术路线的选择对于个人知识体系的不可替代性并非一个关键因素，文中也提到了这样一段话：

> 那么核心竞争力是什么？我观察圈子里很多成功和不成功的技术人，提出一个观点，那就是个人的核心竞争力是他独特的个性知识经验组合。这个行业里拥挤着上百万聪明人，彼此之间真正的不同在哪里？不在于你学的是什么技术，学得多深，IQ 多少，而在于你身上有别人没有的独特的个性、背景、知识和经验的组合。如果这种组合，**1）绝无仅有；2）在实践中有价值；3）具有可持续发展性，那你就具备核心竞争力**。因此，当设计自己的发展路线时，**应当最大限度地加强和发挥自己独特的组合，而不是寻求单项的超越**。而构建自己独特组合的方式，主要是通过实践，其次是要有意识地构造。关于这个观点，话题太大，我不打算赘述。

孟岩先生在文中没有对这个问题展开叙述。我一直也在寻思这个问题，长话短说，**我相信以下的知识技能组合具有相当程度的不可替代性：**

1. **专业领域技能**。成为一个专业领域的专家，你的专业技能越强，在这个领域的不可替代性就越高。如何获得强悍的专业技能，在我看来，一半看大学阶段打下的坚实的基础，一半看在工作中获得的经验。对于大学阶段而言，有一点是值得注意的，就是项目驱动的学习，并不能取代系统的、坐冷板凳式的学习。在近几年对应届生的面试中，我观察到一种倾向，就是IT 行业人员越来越多地依赖于项目驱动的学习，导致基本功不够扎实。项目驱动固然是一种很有效的方式，但同样有不足，体现在两点：1）往往导致和项目无关的内容被忽视，使得习得的知识缺乏足够的系统性；2）可能导致以解决眼前的项目问题为导向、短视的以用为本思维。任何一个领域，都有一些非常根本的、深刻的基础知识，这些知识往往在做练手项目的时候是难以被涉及的，然而是否掌握它们却能影响一个人在领域中的长远发展。所以在项目驱动学习之余，不要忘记有意识地下一些“无用的”死功夫去学习那些万变不离其宗的基础知识，去啃一啃经典的教科书，也许眼下未必能用上，但对于长远发展却非常重要。

2. **跨领域的技能**。即解决问题的能力，创新思维，判断与决策能力，批判性思维，表达沟通能力，等等。我们在职场上经常会发现，两个人看上去专业技能水平相似，然而却可能在解决问题尤其是开放性问题（也正是解决这类问题的能力最容易使人在职场中脱颖而出）的时候，发挥出程度完全不同的战斗力。这也许就是“十倍程序员”背后的原因之一：面对开放性问题时，一头雾水摸不着头绪的人和逢山开路遇水架桥的人，两者的战斗力真的有如 0 和 1 的区别。这背后根本的原因，却不在专业技能的多少。举个简单的例子，我们在做数学证明题时都有过类似这样的经历：明明这道证明题（在看完答案之后发现）所用到的所有知识都不出乎我所掌握的之外，但当时就是卡在一个点上，如同天堑一般无法逾越，而看完了答案又觉得一切如此理所当然。为何？因为专业知识并不是问题解决的充分条件，如同食材不是一道好菜的充分条件一样。尤其是在解决开放性问题的过程当中，能否将问题深刻厘清、细化，能否发散思考，能否反向思维，能否类比对照，能否联想到本质上类似的问题，等等等等，甚至能否把问题悬在脑海中锲而不舍地反复揣摩，皆属于不在特定领域知识范畴之内的思维层面的技能，以下三个章节有一些详细展开：“跟波利亚学解题”“如何有效地记忆与学习”“逃出你的肖申克五：看不见的牢笼”。

3. **学习能力**。严格来说学习能力也属于跨领域的技能，但由于实在太重要，并且可以跨任何领域，这里单拎出来说。如何培养学习能力，到目前为止我所知道的最有效的办法就是持续学习和思考新知识。在现代社会，随着自动化程度越来越高，以及知识迭代更新的速度越来越快，留给人类的工作越来越倾向于探索性和创造性的工作，这类工作一方面需要前面提到较强的解决开放性问题的思维能力，另一方面还需要很强的探索和学习新知识的能力。因为开放性问题的本质就是从思路到需要用到的知识可能都是新颖的。我们需要随时准备踏入至少对自己而言未曾踏入之地，并且迅速取得新地图。与此相关的还有针对特定任务选择合适的学习“粒度”的能力，例如要搭建一套新的系统，你未必需要成为了解它的方方面面的绝对专家，可能只需要了解系统的主要构成部件和它们的适用场合即可（粗“粒度”学习），但如果你需要跟踪排查一个新系统的故障，那了解这个系统的功能就变得作用不大，你就可能需要专注到系统某个特定模块的工作原理层面去学习（细“粒度”学习）。

4. **性格要素**。严格来说这也属于跨领域技能，理由同上。一些我相信很重要的性格要素包括：专注、持之以恒、自省（意识到自己的问题所在的能力，这是改进自身的大前提）、好奇心、自信、谦卑，等等。值得注意的是，自信和谦卑并不相悖，前者是相信别人做得到的自己也能做到，后者是不要总认为自己确信正确的就一定是正确的。最后，一些性格上的困扰常常也会阻碍人们在职场上发挥出 100% 的能力，譬如比较常见的一些例子：出问题之后首先想到的是推诿责任而不是解决问题；沟通过程中对人不对事；因为担心搞砸而不敢尝试新的任务或项目；视所有人为竞争对手，于是拒绝开放的合作和沟通，等等。这些心理因素不像技能方面那么看得见摸得着，但却是深刻影响职场发展的**隐形的手**。这也是为什么我认为人人都应该学一点心理学的原因之一。

关于如何培养这些方面的能力，我在“一直以来伴随我的一些学习习惯”一章中也提到了一些方法。

第四篇

跟波利亚学解题

跟波利亚学解题

一些故事

波利亚在他著名的《怎样解题》(*How To Solve It* [1]) 中讲了这么一个有趣的心理学实验:

1
解决问题的思维过程有迹可循吗?

> 用一个缺了一条边的正方形围栏围住被试(狗、黑猩猩、母鸡、人类婴儿),在围栏的另一侧放上一个被试很想要的物体(对动物来说是食物,对人类婴儿来说是有趣的玩具),然后观察被试各自的行为。实验发现,狗扒着围栏吠了几声发现无法通过,不久便学会了从围栏缺口的那一边绕出去,母鸡则朝着围栏一个劲地扑腾,想不到绕弯子。此外,人类婴儿很快就学会了绕过障碍,而黑猩猩也学得很快(黑猩猩是和人类最近的灵长类亲属)。

这个实验说明了动物解决某些问题的能力是进化而来的,天生就被硬编码在大脑的神经元网络里。

事实上,不仅解决问题方面是如此,人类整个认知系统中有大量功能从本质上都是硬编码的(因而才有人人都概莫能外的各种认知偏差)。《动机心理学》[2] 中有一个令人印象深刻的例子:

2
《动机心理学》

> 先给小鼠喝某种甜味水(称为"可口水"),然后用 X 射线促使其产生反胃感,让小鼠形成对这种水的厌恶和回避(经典条件反射)。但如果不是在水里面加味道,而是在它喝水时伴随强光刺激(即让它喝"光噪水"),然后同样刺激其反胃,却

> 无法使它形成对“光噪水”的厌恶。另一方面，如果不是促使其反胃（身体不适），而是用电击惩罚，则无法让它形成对“可口水”的厌恶，而是形成对“光噪水”的厌恶。

显然，小鼠对事件之间关联的归因也有某种硬编码的倾向。在这个例子中，小鼠的大脑里硬编码了“将身体不适（内部事件）归因于食物而不是闪光”“将电击（外部事件）归因于闪光而非食物”这种逻辑。

人类也有类似的归因倾向。金出武雄在《像外行一样思考，像专家一样实践》中提到，人类的直觉其实也是计算，捷径式的计算，只不过由于我们目前还不了解人类大脑内神经元网络的全部结构（或者说“感性”的物质基础），这才把“感性”当成人类所特有的。金出武雄的这种观点跟心理学中的认知捷径不谋而合。实际上，越是高等的动物，大脑中用于处理特定问题的硬编码神经回路就越多越复杂。例如，达尔文早在《人类和动物的情绪表达》中就先知先觉地提出了动物情绪的适应价值；《本能》列出了用于解决生存繁衍问题的特定认知倾向；《决策与判断》里则列出了人类在解决更具一般性的决策问题时的一些系统性的、可预测的认知偏差；而《怪诞行为学》更是把这个认识提高到方法论的层面，主张人类的非理性是完全可预知的。

越是高等的动物，解决问题的能力越强：猩猩能够进行某种顿悟，在脑子里就构想出通过堆放在墙角的箱子来帮助获取高高吊着的香蕉；而处于进化之树顶端的人类则拥有非比寻常的大脑。在人类的整个进化过程中，解决问题的能力一直在进化，要说人脑中的神经元最重要的部分是为了解题而存在的也不为过。不同的人只是解题能力不同，并没有本质上能与不能的差异。

波利亚在《怎样解题》中还举了下面这个例子：

> 一个原始人站在一条小溪前，他想要越过这条小溪，但溪水经过昨天一夜，已经涨了上来，因此他面临一个问题：如何越过这条小溪。他联想起以前曾经从一棵倒下并横在河上的树上走过去，于是他的问题变成了如何找到这样一棵树。他环顾

四周，发现溪流上没有这样横着的树木，周围倒是有不少生长着的树木，于是问题再次变成了：如何让这些树木躺到溪流上。

在这个想象的故事中我们看到了一个问题是如何一步步归约的。首先，原始人通过对一个已知类似问题的联想认识到一个重要的条件：如果有一棵树横在河上，我就可以借助这棵树过河。这就将一个无法直接解决的问题转化为了一个新的、已知并容易解决的问题。值得注意的是，这里“联想”是极其重要的一个环节：联想可以将现有问题与已知的类似问题联系起来，并从后者中吸取能够利用的方法；联想还可以将与问题有关的定理或性质从大脑的知识系统中提取出来。

基本上，如果一个联想能够得到某个性质，进而将问题往上归约一层，或者将条件往下推导一层，这个联想就是有用的。事实上，仔细注意一下解题的过程，你也许会发现，所有的启发式（Heuristics）思维方法实质上都是为了联想服务的，而联想则是为了从我们大脑的知识系统中提取出有价值的性质或定理，从而补上从条件到结论、从已知到未知之间缺失的链环。

一段历史

实际上，人类自从进入理性文明以来，不仅在不断地解题，还在持续反省和总结自身的解题方法。在这条路上，我们有一个真正光荣与辉煌的梦想，那就是发现人类解题的所有一般性法则，并借此建造出一台通用解题机，解决人类所能解决的所有问题。

与物理中的建造永动机不一样，这个梦想并非遥不可及，自从古希腊哲学家对人类心智进行反省思考以来，许多著名的数学家和哲学家为此建造了阶梯。帕普斯（Pappus），亚历山大学派最后一位伟大的几何学家，就曾在他恢宏的八卷本《数学汇编》中描述了其中的一种法则，他将它称为“分析与综合”，大意如下：

首先我们把需要求解的问题本身当成条件，从它推导出结论，再从这个结论推导出更多的结论，直到某一个点上我们发现已经出现了真正已知的条件。这个过程称为分析。有了这条路径，我们便可以从已知条件出发，一路推导到问题的解。

波利亚在他的书中把这种做法叫作反向解题法（Working Backwards）。

笛卡儿也曾经试图将人类思维的规则总结为 36 条（最终完成了 21 条）。莱布尼茨，现代计算机实质上的发明者，也说道：

在我看来，没有什么能比探索发明的源头还要重要，它远比发明本身更重要。

再后来，捷克数学家波尔查诺也试图总结人类思维的本质规律，他在其著作《科学的理论》中写道：

我根本不奢望自己能够提供任何超于其他天才所使用过的科学探索方法之外的新方法，从这个意义上，你别指望能在书中看到什么新的东西。但是，我会尽我的全力去总结所有伟大的思想者们共有的、思维的原则和方法，我认为即便是他们自己在思考的时候也未必全都意识到自己在使用什么方法。

再后来，就到了近代，随着科学技术的进步，心理学最活跃的子学科之一——认知科学——开始蓬勃发展，人类开始向思维乃至自我意识的物质基础发起进攻。两位多才多艺的计算机科学家兼认知科学家，赫伯特·亚历山大·西蒙（Herbert Alexander Simon，也是经济学家，获 1978 年诺贝尔经济学奖）和艾伦·纽厄尔（Allen Newell）合作开发了世界上第一个“通用问题求解系统”（General Problem Solver，GPS）。GPS 是根据人类在解题中的共同思维规律编制而成的，虽然只能解决有限的几类问题，但这是第一个将“问题解决策略”和“知识”分离开来的程序。显然，在知识之外，人类的思维有着一些一般性的指导规则。波利亚在《数学与猜想》[3] 中写道，欧拉是最重视数学思维的教学的，欧拉认为如果不能把解决数学问题背后的思维过程教给学生，数学教学就是没有意义的。

3
《数学与猜想》

一些方法

这些一般性的思维方法，就是波利亚用了整整三本书，一共五卷本（《怎样解题》《数学的发现》[4]《数学与猜想》）来试图阐明的。波利亚的书非常独特。从小到大，我们看过的数学书几乎无一不是欧几里得式的：从定义到定理，再到推论，是瀑布式的。这样的书完全扭曲了数学发现的真实过程。

4
《数学的发现》

举个例子，《证明与反驳：数学发现的逻辑》在附录一中讲了一个非常有趣的例子：柯西当年试图将函数的连续性从单个函数推广到无穷级数上面去，即证明由无穷多个连续函数构成的收敛级数本身也是一个连续的函数；柯西给出了一个巧妙的证明，似乎漂亮地解决了这个问题。然而傅里叶却给出了一个噩梦般的三角函数的收敛级数，它的和却并不是连续的。这令柯西大为头疼，以至于延迟了好些年才出版他的数学分析教程。后来，赛德尔解决了这个问题：原来柯西在他看似无懈可击的证明中非常隐蔽地（他自己也在不知觉的情况下）引入了一个潜在的假设，这个假设就是后来被称为"一致收敛"的条件。当时我看到这里就去翻我们的数学分析教科书，发现"一致收敛"这个概念第一次出现时是这样写的：定义 —— 一致收敛……

从这个意义上来说，《数学：确定性的丧失》[5]从历史的角度再现了真实的数学发展过程，是一本极其难得的好书。而事实上，从数学历史发展过程去讲授数学，也是数学教学的最佳方法。不过，《数学：确定性的丧失》的不足在于并未从思维的角度去再现数学发现的思维过程，而这正是波利亚所做的。

5
《数学：确定性的丧失》

总结波利亚在书中提到的思维方法，尤其是《怎样解题》中的启发式思考方法，有这样一些。

1. **时刻不忘未知量**。即时刻记住你到底想要求什么，问题是什么。莱布尼茨曾经将解题思考的过程比喻成晃筛子，把脑袋里面的东西都给抖搂出来，然后正在搜索的注意力会抓住一切细微的、与问题有关的东西。事实上，要让注意力抓住这些有关的东西，就必须时刻将问题放在注意力层面，否则即使关键的东西抖搂出来了也可能没注意到。

2. **用特例启发思考**。一个泛化的问题往往给人一种无法把握、无从下手，或无法抓住里面任何东西的感觉，因为条件太泛，所以看起来哪个条件都没法入手。这种“不确定性”（例如元素个数不确定，某个变量不确定，等等）会成为思维的障碍。通过考虑一个合适的特例，我们不仅能将问题的条件确定下来，从而不断试错以助探问题的内部结构，同时该特例很有可能实质上隐藏了一般性问题的本质结构，最终通过对特例的考查寻找一般问题的解。

3. **反过来推导**。反过来推导是一种极其重要的启发法，正如前面提到的，帕普斯在他的鸿篇巨制中将这种手法总结为解题的最重要手法。实际上，反向解题隐含了解题中至为深刻的思想：归约。归约是一种极为重要的手法。关于归约，有个著名的笑话：有一位数学家失业了，去当消防员。经过了一些培训之后，正式上任之前，训练的人考他：如果房子失火了怎么办？数学家答出了所有的正确步骤。训练的人又问他：如果房子没失火呢？数学家答：那我就把房子点燃，这样我就把它归约为了一个已知问题。人类思维本质上善于“顺着”推导，从一组条件出发，运用必然的逻辑关系，得出推论。然而，如果问题的未知量与已知量看上去相隔甚远，这个时候顺着推实际上就是在运用另一个启发式方法 —— 试错。虽然试错是最常用，也是最有效的启发法，却并不是最高效的。对于许多题目而言，其要求的结论本身就隐藏了推论，不管这个推论是充分的还是必要的，都很可能对解题有帮助。如果从结论能够推导出一个充要推论，那么实际上我们就将问题进行了一次“双向”归约。如果原问题不容易解决，那么归约后的问题也许就容易解决了。通过一层层地归约，逻辑的枝蔓从结论上一节节地生长，我们往往会发现，自己离已知量越来越近。此外，即便是从结论推导出的必要非充分推论（“单向”归约），对问题也是有帮助的 —— 任何不满足这个推论的方案都不是问题的解。例如通过驻点来求函数的最值，我们通过考查函数的最值（除了函数边界点），发现它必然有一个性质，即在这个点上函数的一阶导数为 0，虽然一阶导数为 0 的点未必是最值点，但我们可以肯定的是，任何一阶导数不为 0 的点都可以排除，这就将解空间缩小到了有限多个点，剩下的只要做做简单的排除法，答案就出现了。再例如线性规划中经典的单纯形算法（又见 *Algorithms*[6]），也是通过对结论的考查揭示出只需遍历有限个顶点便必然可以到达最值。此外很多我们熟知的经典题目也都是这种思路的典范，例如《怎样解题》中举的例子：用一个容量为 9 升的桶和一个 4 升的桶在河里取 6 升水。这个题目通过正向试错，很快也能发现答案，然而通过反向归约，则能够不偏不倚地命中答案。另一些我们耳熟能详的题目也是如此，例如：100 根火柴，两个人轮流取，每个人每次只能取 1 ~ 7 根，谁拿到最后一根火柴谁赢；问有必胜策略吗，有的话是先手还是后手必胜？这个问题通过试错就不是那么容易发现答案了。同样，这个问题的推广被收录在《编程之美》[7] 中：两堆橘子，各为 m 和 n 个，两人轮流拿，且只能选择在某一堆里拿（即不能跨堆拿），你可以拿 1 个 ~ 这堆余下的橘子，谁拿到最后一个橘子谁赢；问题同上。很多聪明的算法也都是通过考查所求结论隐藏的性质来降低复杂度的，例如刚才提到的单纯形问题，例如经典面试题“名人问题”“和最小（大）的连续子序列”，等等。倒推法之所以是一种极为深刻的思维方法，本质上是因为它充分利用了题目中一个最不易被觉察到的信息 —— 结论。**结论往往蕴含着丰富的条件，例如对什么样的解才是满足题意的解的约束。一般来说，借助结论中蕴含的知识，我们便可以更为“智能地”搜索解空间**。举一个直白的例子，有人要你在地球上寻找一栋满足如下条件的建筑：__ 层高，__ 风格，__ 年代始建，……（省略若干约束条件）对此，最普通的解法是穷举地球上每一栋建筑，直到遇到一栋满足条件的为止。而更“智能”的（或者说更具“启发”性的）方法则是充分利用题目里的约束信息，例如：假若条件要求 60 层的楼房，你就不会去非洲找；如果要拜占庭风格的，你估计也不会到中国来找；如果要始建于很早的年代的，你也不会去新建的城市里找；等等。倒推法是如此的重要，以至于笛卡儿当时认为可以把一切问题归结为求解代数方程组，笛卡儿的万能解题法就是首先将问题转化为代数问题，然后设出未知数，列出方程，最后解这组（个）方程。其中设未知数本质上就是一种倒推：通过设出一个假想的结论 x，将题目对 x 的需求表达出来，然后顺势

6

7
《编程之美》

而下推导出 x。仔细想想设未知数这种手法所蕴含的深刻思想，也就难怪笛卡儿会认为它是那个解决所有问题的一般性钥匙了。

4. **试错**。试错也许是运用最广泛的启发法。你拿到一个题目，里面有一些条件，你需要求解一个未知量，于是你对题目这里捅捅那里捣捣，你用上所有的已知量，或使用所有你想到的操作手法，尝试看看能不能得到有用的结论，或者离答案近一步。事实上，如果一个问题的状态空间是有限的，往往可以通过穷举所有可能性来找到那个关键的性质。例如这样一个问题：有一个囚犯，国王打算处决他，但仁慈的国王给了他一个生还的机会。现在有两个瓶子摆在他面前，一个装了 50 个白球，一个装了 50 个黑球，这个囚犯有一个机会可以随便怎样重新分配这些球到两个瓶子中（当然，要保证不空），分配好之后囚犯被蒙上眼睛，国王随机取一个瓶子给他，他在里面摸出一个球（因为蒙着眼睛，所以也是随机抽取），摸到白球，则活，否则处决。问：这个囚犯如何分配这些球，生还概率最大。结合特例和试错法，这个题目的答案是很容易发现的。这样的题目还有很多。实际上，历史上很多有名的发现也都是无意间做出的（可以看作是试错的一种）。

5. **调整题目的条件**（如删除、增加、改变条件）。有时候，通过调整题目的条件，我们往往能够迅速发现条件和结论之间是如何联系的。通过扭曲问题的内部结构，我们能发现结构里面原本重要的东西。例如这样一个题目：A 国由 1 000 000 个岛组成，岛与岛之间只能乘船往返，有些岛之间有船来往，从任意一个岛都可以去到另外任一个岛，当然其中可能要换船。现在有一个警察要追捕一个逃犯，一开始在不同的岛上，警察和逃犯都是每天最多乘一次船，但这个逃犯还有点迷信，每个月的 13 日不乘船，警察则不迷信。警察每天乘船前都知道逃犯昨天在哪个岛上，但不知道他今天会去哪个岛。请证明，警察一定可以抓到逃犯（即到达同一个岛）。通过拿掉题目中一个关键的条件，观察区别，然后再放上那个条件，我们就能“感觉”到题目内在结构上的某种约束，进而得到答案。

6. **求解一个类似的题目**。类似的题目也许有类似的结构、类似的性质、类似的解决方案。通过考查或回忆一个类似的题目是如何解决的，也许就能够借用一些重要的点子。然而问题在于如何从大脑中提取出真正类似的题目，即那些抽象结构一样的题目。很多问题表面看是类似的，然而抽象结构却不是类似的；另一些题目表面看根本不像，然而抽象层面却是一致的。表面一致抽象不一致会导致错误、无效的类比；而表面不一致抽象一致则会阻碍真正有用的类比。*The Psychology of Problem Solving* 一书对此有详细的介绍。后面也会提到，为了使大脑中的知识结构真正能够“迁移”，在记忆、掌握和分析问题时都应该尽量抽象地去看待，这样才能建立知识的本质联系，最大化联想空间。

7. **列出所有可能跟问题有关的定理或性质**。这个不用说，我们在最初学习如何解题的时候就是这么做的。

8. **考查反面，考查其他所有情况**。很多时候，我们在解题时容易陷入一种特定的手法，比如为什么一定要是构造式地来解这个题目呢？为什么不能是逼近式地？为什么一定要一步到位算出答案？为什么不能从一个错误的答案调整到正确答案？为什么这个东西一定成立？不成立又如何？等等。经典例子：100 个人比赛，要决出冠军至少需要赛多少场。

9. **将问题泛化，并求解这个泛化后的问题**。刚才不是说过，应该通过特例启发思考吗？为什么现在又反倒要泛化呢？其实有少数题目泛化之后更容易解决，即解决一类问题比解决这类问题中某个特定的问题更容易。波利亚称之为“发明者悖论”，并在《数学与猜想》第一卷开头给出了一个绝妙的例子，可惜这里篇幅有限，我就不摘抄了。

以上是我认为最重要的，也是最具一般性的、放之四海都可用的思维法则。一些更为“问题特定”的，或更为现代的启发法，可以参见《如何求解问题：现代启发式方法》[8] 及所有的算法书。不过，在结束这一节之前，还有两个有趣的启发法值得一提。

8
《如何求解问题：现代启发式方法》

1. **意识孵化法**。这个方法有点像老母鸡孵小鸡的过程：我们先把问题吃透，放在脑子里，然后等着我们的下意识把它解出来。不过，不宜将这个方法的条件拉伸过远，实际上，除非能够一直保持一种思索的状态（金出武雄所谓的“思维体力”），或者问题很简单，否则一转头去做别的事情，你的下意识很容易就把问题丢开了。据说庞加莱有一次在街上，踏上一辆马车的那一瞬间，想出了一个重要问题的解。其他人也想仿效，结果没一个人成功。实际上，非但马车与问题无关，更重要的是，庞加莱还几乎把所有注意力和思维空间都让给那个问题了。同样，阿基米德从浴缸里跳出来大喊“尤里卡”也是如此，如若不是经过了极其痛苦的长时间思索，也不会如此兴奋。如果你也曾经花过几天的时间思考一个问题，肯定也会有类似的经历。

2. **烫手山芋法**。说白了，就是把问题扔给别人解决。事实上，在网络时代，这个方法有着无可比拟的优越性。几乎任何知识性的问题，都可以迅速搜索或请教到答案。不过，如何在已知知识之外发掘出未知知识，如何解决未知问题，那就还是要看个人的能力了。数学界流传着一个与此有关的笑话：如果你有一个未解决的问题，你有两个办法 —— 第一，自己解决它；第二，让陶哲轩对它感兴趣。

9

除了波利亚的书，陶哲轩的《陶哲轩教你学数学》（*Solving Mathematical Problems*[9]）也对解题的启发式思路进行了极有意义的介绍，该书第一章遵循波利亚的思路从一个具体的题目出发，介绍了如何运用波利亚在书中提到的各种启发式方法尝试解题。

总而言之，充分挖掘题目中蕴含的知识，是解题的最关键步骤。本质上，所有启发式方法某种意义上都是为此服务的。这些知识，有些时候以联想的方式被挖掘出来，此时启发式方法便充当了辅助联想的手段；有时候则以演绎和归纳的手法被挖掘出来，此时启发式方法则充当助探（辅助探索）工具。

一点思考

1. 联想的法则。人类的大脑是一个复杂而精妙的器官，然而某种程度上，人类的大脑也是一个愚蠢的器官。回顾你解过的一些有意义的好题目，就会发现它们有一个共同点：没有用到你不知道的知识，然而那个最关键的、攸关成败的知识点你就是想不到。所以你不禁要问，为什么明明这个知识在我大脑里（也就是说，明明我是"能够"解决这个问题的），但我就是没法想到它呢？

"你是怎么想到的？"这是问题解决者最常问的一个问题。甚至对于熟练的解题者来说，这个问题的答案也并不总是很明确的，很可能他们自己也不清楚那个关键的想法是怎么"蹦"出来的。我们在思考一个问题的时候，自己能意识到的思维部分似乎很少。绝大多数时候我们能感知到的就是一个一个的转折点在意识层面显现，我们的意识就像一条不连续的线，在其上的每一段之间那个空当内发生了什么我们一无所知，往往我们发现自己被卡在一个地方。我们苦思冥想，然后一个知识点（也许是一个性质，也许是一个定理）从脑子里冒了出来，或者说，被我们意识到，然后我们沿着这条路走一段，然后又被卡住，等待一个新的关键知识的出现。那么这些知识是怎么冒出来的？要让它们"冒出来"我们可以提供怎样的帮助？我们可以在意识层面做一些工作，帮助我们的下意识联想到更多重要的知识吗？那些灵光一现的瞬间，难道只能等待它们的出现？难道我们不能通过一些系统化的步骤去"捕获"或"生成"它们？又或者我们能不能至少做些什么工作以使得它们更容易发生呢？

正如金出武雄在《像外行一样思考，像专家一样实践》中所说的，人类的灵感一定是有规律的，认知科学目前至少已经确认了人类思维的整个物质基础——神经元。而既然它们是物质，自然要遵循物质的运行规律。只不过我们目前还没有窥破它们，但至少可以确信，它们在那里。**事实上，不需要借助于认知科学，单单是通过对思维过程的自我观察，也许我们就已经能够总结出一些重要的规律了，也许对自身思维过程的反观真的是人与其他动物的本质区别。**

《专注力》中有这样一个例子：

> 一天夜里，你被外面的吵闹声叫醒了，你出去一看，发现有一群人，其中有一个人开着很名贵的轿车，他跟你说他们正在玩一个叫“拾荒者”的游戏，由于一些原因，他必须要赢这个游戏，现在他需要一块 1.5m × 1m 的木板，如果你能帮忙的话，愿以一万美元酬报。你怎么办？

被测试的大多数人都没有想到，只要把门拆给他就可以了（如果你想到了，祝贺你），也许你会说现在的门都是钢的，没关系，那你有没有想到床板、立柜的门、大桌子的桌面之类的？

这个问题测试的就是心理学上所谓的“范畴陷阱”。“木板”这个名词在你大脑里的概念中如果是指“那些没有加工的，也许放在木材厂门口的，作为原材料的木板”，那么“木板”就会迅速在你的下意识里面建立起一个搜索范畴，你也会迅速地反应到“这深更半夜叫我上哪儿去找木板呢？”而如果你一下就想到了，那么很有可能“木板”这个概念在你大脑里的范畴更大、更抽象，也许包含了所有“木质的、板状的东西”。

这就是联想的法则。

我们的大脑无时无刻不在对事物进行归类，实际上，不仅是事物，一切知识，都在被自动地归类。在有关对世界的认知方面，这被称为认知图式。我们根据既有的知识结构来理解这个世界，会带来很大的优势。模块化是降低复杂性的一个重要手段。然而，**知识是一把双刃剑：一方面，它们提供给了我们解决问题无与伦比的捷径优势，**“砖头是砌墙的”，于是我们遇到砌墙这个问题就可以迅速利用砖头；然而**另一方面，知识却也是思维的桎梏**。思维定势就是指下意识遵循既有知识框架思考的过程。上面那个木板的例子也是思维定势的例子。每一个知识都是一个优势，同时又是一个束缚。著名的科幻作家阿瑟·克拉克有一句名言：如果一位德高望重的老科学家说某个事情是不可能的，那么他很可能是错的。所以，如何在获取知识优势的同时，防止被知识束缚住，是一门需要我们学习的技术。

掌握这门技术的钥匙，就是抽象。在吸收知识的时候进行抽象，同时在面对需要用到知识的新问题时也要对问题进行抽象。就以大家都知道的砖头有多少种用途为例，据说这道题目是用于测试人的发散思维的，能联想到的用途越多，思维定势就越小。实际上，借助于抽象这个利器，这类题目（乃至更广的一类问题）是可以系统性地进行求解的，我们只需对砖头从各个属性维度进行抽象。例如，砖头是——长方形的（长方形的东西有什么用途？还有哪些东西也是长方形的，它们都有什么用途？）、有棱角的（问题同上）、坚硬的、固体、有一定体积的、边界线条平直的、有一定重量的……对于每一个抽象，我们不妨联想还有其他什么物体也具有同样抽象的性质以及用途。当然，除了抽象，还有“修改”，我们可以在各个维度上对砖头的属性进行调整，以期得到新的属性，例如大小可以调整、固体可以调整为碎末、棱角可以打磨、重量也可以调整、形状也可以调整……然后看看新的属性可以如何联想开去。

看完这个简单的例子，我们不妨再看一看一些算法上的例子。同样一个算法，不同的人来理解，也许你记得的是某个特定的巧妙技巧（或许这个技巧出现在关键的某一步，从而带来了最令人意外的转折点），而另一个人记得的也许是“递归”这种手法，还有另外一个人记得的也许是“分治”这种更一般化的解题思路。从不同的抽象层面去掌握这道题目的知识信息，以后遇到类似的问题，你能够想起这道题所提供的知识的可能性差异极大。

The Psychology of Problem Solving 的第 11 章举了这样一个例子。

> 先让被试（皆为大学生）阅读一段军事材料，这份材料介绍一小撮军队如何通过同时从几个不同方向小规模攻击来击溃一个防守严实的军事堡垒。这个例子的本质是对一个点的同时弱攻击能够集聚成强大的力量。然后要求被试解决一个问题：一个医生想要用 X 射线杀死一个恶性肿瘤，这个肿瘤只能通过高强度的 X 射线杀死，然而那样又会伤及周围的良好组织。医生应该怎么办呢？在没有给出先前军队例子的被试中只有 10% 想到答案，这是基线（Baseline）。然后，在先前学习了军队例

子的被试中，这个比例也仅仅只增加到 30%，也即只有额外 20% 的人“自动”地将知识进行了迁移。最后一组是在提醒之下做的，达到了 75%，即比“自动”迁移组增加了 45% 之多。

这个例子说明，知识的表象细节会迷惑我们的眼睛，阻碍我们对知识的运用和迁移，在这个例子中是阻碍问题之间的类比。

而抽象则正是对非本质细节去枝减叶的过程，抽象是我们在掌握知识和解决问题时一把有力的奥卡姆剃刀。所以，无论是在解题还是在学习的过程中，多问问自己“**我是不是已经掌握了这个知识最深刻最本质的东西**”是非常有益的。

2. 知识，知识。如果你是一个熟练的解题者，你也许会发现，除了一些非常一般性的、本质的思维法则，将不同“能力”的解题者区分开来的，实际上还是知识。知识是解题过程中的罗塞塔碑石。一道几何题为什么欧几里得能够做出来而我们不能，是因为欧几里得更了解几何图形有哪些性质，借助于一个性质，他很容易就能抵达问题的彼岸；反之，对于不知道某个性质的我们，倒过来试图“发现”需要这样的性质有时几乎是不可能的。有人说数学是在黑暗中摸索的学科，不无道理。并不是所有的问题都能够通过演绎、归纳、类比等手法解出来的。这方面，费马大定理就是一个绝好的例子，《费马大定理：一个困惑了世间智者 358 年的谜》[10] 一书描述了费马大定理从诞生到解决的整个过程。事实上，通过对费马大定理本身的考查，我们几乎是毫无希望解决这个问题的，我们根本不能推导出“好，这里我只需要这样一个性质，就可以解决它了”，也许大多数时候我们可以，但那或者是因为我们有已知的知识，或者这样的归约很显然。而对于一些致命的问题，例如费马大定理，最重要的归约却是由别人在根本不是为了解决费马大定理的过程中得出来的。运气好的话，我们在既有的知识系统中会有这样的定理可以用于归约；运气不好的话，就得去摸索了。

10 将费马大定理诞生和被证明的过程娓娓道来。

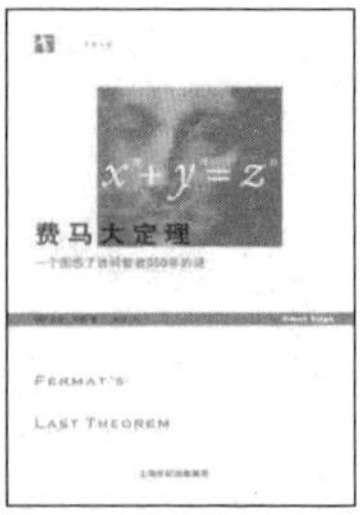

所幸的是，绝大多数问题并不像费马大定理那样难以解决，而且绝大多数问题需要用到的知识，在现有的知识系统里面都是存在的。我们只要掌握得足够

好，就有希望联想起来，并用于解题。

当然，也有许多题目，求解它们的那个关键的知识可以通过考查题目本身蕴含的条件来获得，这类题目就是测试思维本身的能力的好题目了。而如果这个知识根本无法通过对题目本身的考查得出来，那么这个题目测试的就是知识储备以及联想能力。

3. 好题目，坏题目。在我看来，好题目可以测试一个人思维的习惯（因为知识性的东西更容易弥补，尤其是在这样一个年代；而好习惯不是一朝一夕养成的），应该具备这样一些性质：

1） 不需要用到未知的知识。

2） 需要用到未知的知识，但一个敏锐的解题者分析题目即可自行发现这些所需的知识。

3） 考查解题的一般性思路，而不是特定（ad hoc）的解题技巧，尤其是当这个技巧几乎不可能在短时间内通过演绎和试错发现的时候。例如题目需要用到某种性质，而这个性质对于不知道它的人来说几乎是无法从对题目的考查中得出来的。

4） 考查思维能力。这一类能力具体包括联想能力、类比能力、抽象能力、演绎能力、归纳能力、观察能力、发散能力（思维不落窠臼的能力）。

5） 考查一般性的思维方法。通过特例启发思考，通过试错寻找规律，通过泛化试探更一般性命题，通过倒过来推导将问题进行归约，通过调整（分解、删除、增加，等等）题目的条件来感知它们之间的联系以及和结论的联系，通过系统化的分类讨论来覆盖每种可能性。

6） 好题目举例。烙饼排序问题（考查特例启发法及观察能力）、Nim 问题

（还有简单版本的取火柴问题，烙饼排序问题和 Nim 问题可参见《编程之美》）、9 升和 4 升水桶倒 6 升水的问题（考查倒过来思考问题的能力）、9 点连线问题、6 根火柴搭出 4 个面的问题、“木板” 问题（考查思维定势，此外《心理学与生活》第九章也有好几个经典的问题）、许多数论问题（观察能力、演绎能力、归纳能力）。

而**坏题目**呢？

1） 好题目各有各的好，坏题目都是相似的。

2） 举个例子。一个人住在一栋非常高的楼上，每天早晨乘电梯下到一楼，出门上班。但晚上回来之后却最多只能坐到一半高度的楼层，剩下一半只能走楼梯上去，除非下雨天。问为什么。这个例子据说不少人小时候在脑筋急转弯里做过，但我很怀疑正常人能不能想出来。这个题目的问题在于解题者需要用到千百个有可能与题目有关的性质中的一个，而且这个性质还根本无法通过对题目本身的考查得出来，只可能某天我们碰巧遇到类似的场景也许才能想到。知道答案的人也许会说答案很显然，但别忘了心理学上的**事后偏见 —— 一旦知道结果之后，所有指向结果的证据看上去都那么显然和充分，而同时所有反结果的证据看起来都那么不显然和不充分**。例如这个题目关键是要想到这人是矮子和雨天要带伞，也许你会说“只要考虑一下电梯的按钮面板就会发现了”，或者“看到下雨，那还不想到带伞吗”，然而这只是事后的合情推断。在不知道答案的情况下，这个故事中有数不清的因素可能会成为问题的解释，除非某天我们碰到类似的问题，否则大致也只能一个个穷举使劲往上凑，例如除了身高，还有是不是眼睛看不见、是不是耳聋、是不是不会说话、男人女人、什么牌子的电梯、住宅是哪种类型？这些因素重要吗？不重要吗？最令人头疼的是，在不知道答案的时候，我们也根本不知道它们重不重要，出谜语的人可能从任何一个微小的地方引申出某个谜语来；更头疼的是，我们不知道我们所不知道的那些因素是不是也可能与题目的解有关。例如这样一个问题：一个人走进酒吧，问酒保要一杯水，酒保掏出一支枪，对着他扣下扳机；这人说声

“谢谢”，走了出去。这些题目固然有趣，但几乎没有价值。

3） 值得注意的是，这类问题与著名的 9 点连线问题和 6 根火柴搭出 4 个面的问题（还有《如何求解问题：现代启发式方法》里面那个经典的“小球在盒内碰撞何时回到原轨迹”的问题）不同，后者的条件都在眼前，并且解的搜索空间无论如何很小，就看思维能不能突破某一个框框。而上面这些问题则是要人进行近乎不可能的联想。9 点连线问题实际上是可以系统化思考解决的，但不公平的问题则像许多谜语一样，随便哪个人都可以出一个另一个人根本无法想出来的谜语，因为谜语隐含的信息加上人可能从谜语中联想出来的信息，也不足以构成解题的充分条件。除非你遇到出题人在出题时的心理或所处情况，否则是无法解的。

4） 最后，发散性思维其实是可以系统化的，参见前文“联想的规则”。

出题的误区如下。

1） 最大的误区就是把知识性的题目误当成能力型的题目。如果题目中需要用到某个重要的定理或性质，而对于一个原本不知道这个定理或性质的人来说是无法通过题目本身获知这个性质的，那这就属于知识性的题目。

2） 虽然几乎所有题目归根到底都是知识性的，但有些题目更为知识性，尤其是当解题中需要用到的定理或性质并不那么简单直白的时候。

3） 一个最好的题目就是问题明明白白，而且最终的解也没有用到什么神秘的定理，但要想获知解，取决于你会不会思考一个问题（参见“好问题”）。例如烙饼问题和 Nim 问题，还有许许多多简洁明确但很锻炼思考力的算法问题。

4\. **一个好习惯**。在解题的过程中，除了知识储备这一必要条件，对于一些并不涉及什么你不知道的定理的问题，很大程度上就要看你的思维能力或习惯了。**而在思考一个问题时，最容易犯的一类错误就是忘了考虑某种可能性，不管这种可能性是另一种错误做法**。例如只顾着构造一个一步就能得出结果的算法，却忘了还可以从错误情况逼近；只顾着正着推导，却忘了可以反过来推；或只顾着反过来推，居然忘了可以考查简单特例；试了各种方法，却发现忘了考虑题目的某个条件；觉得试遍了所有可能性，已经走不下去了，然而其实很早就已经落入了思维陷阱；等等。事实上，即便是一个熟练的解题者也容易顾此失彼。因为我们一旦意识到一个看似能够得到结论的解法，整个注意力就容易被吸引过去，而由于推导的路径很长，所以很容易在一条路上走到黑，试图再往下走一步就得出解，却忘了回过头来看看在更高的层面上还有没有其他方法，思路上有没有其他可能性。

为了避免这样的错误，一个有效的办法就是将自己的思考过程包括其中的重要环节清晰地写在纸上（称为“看得见的思考”），这有如下几个好处。

1）人在思考一个问题的时候，就像是在黑暗中打着电筒往前走（事实上，我们的工作记忆资源是有限的，有研究证明我们在工作记忆里只能持有 7±2 个项目；此外认知负荷也是有极限的），每一步推导、每一步逻辑或猜测都将我们往前推一步，然而电筒的光亮能照到的范围是有限的，我们走了几步之后发现后面又黑了。有时候，我们是如此努力地试图一下就走出很远，同时又老是怕忘记目前已经取得的进展和重要结论，结果意识的微光就在一个很小的范围内打转，始终无法往前走出很远。而将思考过程记录下来，则给了我们完全的回顾机会。如果你习惯做笔记，肯定会发现，有时候觉得两句话就能说完不需要记下来的东西，一旦开始往纸上写，你就自然而然能得出更多的结论和东西，越写越多，最终问题有关的所有方面都被推导出来展现在你面前。

2）思考问题时的注意力是自上而下控制大脑的神经处理过程的，当我们集中注意力在某一个过程上时，其他的过程就会受到抑制。我们平常都遇到过注意力太过集中以致忽略了周围发生的事情的情况（处理环境输入的神经回路受到抑制）。所以，当我们竭尽全力将一些非常重要的因素控制在工作记忆里时，实际上很大程度上抑制了其余的思考——可以想见如果科比在跳投的瞬间集中注意力思考跳投的各种技术要素的话会发生怎样的灾难。此外，这么做还占用了宝贵的工作记忆空间；从这个意义上看，借助于纸笔，将思考的东西写下来其实扩充了我们的工作记忆，增大了思维的缓存。注意，这倒不是说思考问题不需要集中注意力，而是说由于将项目维持在工作记忆中需要很多的认知精力，我们的注意力无法暂时移开去思考其他相关的子问题，而写到纸上我们就减轻了工作记忆的负担，可以转移注意力去集中思考某个子问题。同时我们又可以随时回过头来，重新将以前想过的结论装入记忆（内存），完全不用费心维持在我们的工作记忆中以免遗忘。

3）一句话从嘴里说出来，或者写到纸上，被视觉或听觉模块接收，再认知，跟在心里默念所产生的神经兴奋程度是不一样的。我们都有过这样的经历：一句令人不愉快的话，我们心里清楚，但就是不愿意自己也不愿意别人从嘴里说出来。同样，将思考的过程写到纸上，能够激起潜在的更多的联想。这种情况的另一个可能的原因是我们大脑中思维过程的呈现形式和纸上的表现形式是不一样的，既没有那么严格、详细，也没有那么多的符号（如数学符号）——再一次，工作记忆资源是很有限的——而纸上的东西作为视觉线索，可能激起我们更多对既有知识的回忆。

4）我们在思考问题的过程中容易落入思维定势，不知不觉就走上了某条“绝大部分时候是如此”的思维捷径，对于一些问题而言这固然能够让我们快速得到解，但对于另一些问题而言是致命的。我们容易在逻辑的路径上引入想当然的假设，从而排除某种不该排除的可能性或做法。通过将思考过程写到纸上，我们便能够回头细细考查自己的思考过程，觉察到什么地方犯了想当然的毛病。

5）我们在思考过程中的每一个关键步骤也许都有另一种可能性，一个问题越复杂，需要推导的步骤就越多，我们就越容易忽视过程中的其他可能性，一条路走到黑。而将思考过程写下来，在走不下去的时候回过头看看，也许会发现另一种可能性，另一条“少有人走的路”。

6）最后，通过将思考过程写下来，我们就能够在解题后完整地回顾自己的整个思路，并从中再次体悟那些关键的想法背后所发生的心理活动过程，总结思考中重要的一般原则，分析思维薄弱的环节，等等。就算是最终发现并没有到达结果的无效思路，也未必就没有意义，不是因为错误的思路，也不会知道正确的思路，况且对一道题目用不上的思路，对其他题目未必用不上。彻底反思自己的思考过程，就能从每次的解题中获得最多的收获。

5. **练习，练习**。本质上，练习并不会产生新能力。然而练习最重要的一个作用就是将外显记忆转化为内隐记忆，也就是将平时需要用大脑去想（参与）的东西转化为内在的习惯。例如我们一开始学骑自行车需要不断提醒自己注意平衡，但随着不断地练习，这种技能就内化成了所谓的程序式记忆（内隐记忆的一种），从而就算你一边骑车一边进行解题这样需要消耗大量脑力的活动，也无需担心失去平衡（不过撞树是完全可能的，但那是另一回事）。

同样，对于解题中的思维方法来说，不断加以练习，就能做到无意识间运用自如，大大降低意识的负担并加快解题速度。

不过，并非所有的练习方法都是等效的，有些练习方法肯定要比另一些更有效率。例如，解题是一项涉及人类最高级思维机制的活动，尤其是其中的推理（归纳和演绎）和联想，而其中又数联想是最麻烦的。前面提到，绝大多数时候启发式方法实质上都是在为联想服务 —— 为了能像晃筛子那样把大脑里那个关键的相关知识抖搂出来，并且为了方便以后联想，在当初吸收知识的时候就需要做最恰当的加工才行，例如前面提到的“抽象”加工。除此之外，还有将新学的知识与既有的知识框架整合，建立最多的思维连接点（或者说“钩子”）。对于知识的深浅加工所带来的影响，《找寻逝去的自我》中有精彩的介绍，其中也提到了提取线索对回忆的影响 —— 从这个意义上来说运用启发式思维方法来辅助联想，其实就是进行策略性记忆提取的过程。最后，人类的无意识思维天生有着各种各样的坏习惯，例如前面提到的范畴陷阱就是创新思维的杀手，而根据表面相似性进行类比也是知识转移的一大障碍，更遑论各种各样的思维捷径了（我们平常进行的绝大多数思考和决策，都是通过认知捷径完成的）。

可以说，如果任由我们天生的思维方式发展，也许永远都避不开无意识中的那些陷阱，好在我们除了无意识还多出了一层监督机制 —— 意识。通过不断反省思维本身，时时纠正不正确的思考方式，我们就能够对其进行淬炼，最终养成良好的思维习惯。反之被动的练习虽然也能熟能生巧，但势必花的时间更多，而且涉及复杂的思维机制的解题活动，远远不是通过钱眼往油壶里倒油这样简单的活动所能类比的：倒油不像思维活动那样有形形色色的陷阱，倒油不需要联想和推理，倒油甚至几乎完全不需要意识的辅助性参与，除了集中注意力（而解题活动就算对于极其熟练的人来说也不断需要大量的意识参与）。所以对于前者，良好的思维习惯至关重要，而反省加上运用正确的思维方法则是最终养成良好思维习惯的途径。

练习还有另外一个很重要的作用，就是增加领域知识（关于知识在问题解决中的作用，前面已经提到过）。我们看到很多人，拿到一道题目大脑中立即就反应出解法，这个反应快到他自己都不能意识到背后有什么逻辑。这是因为既有的知识（我们常说的“无他，实在是题做得太多了”）起到了极大的作用，通过对题目中几个关键元素或结构的感知，大脑中的相关知识迅速被自动提取出来。而对于知道但不熟悉相应知识（例如很早我们就知道归纳法，但是很久以后我们才真正能够做到面对任何一道可能用归纳法的题目就立即能够想到运用归纳法），或者干脆就不知道该知识的人来说，就需要通过启发法来辅助联想或探索了，后者可以一定程度上代偿对知识的不够熟悉，但在一些时候知识的缺失则是致命的（参见上面第 2 点）。

不过要注意的是，那种看到题目直接反应出解法或许也不是纯粹的好事，因为这样的解题过程严重依赖于既有知识，尤其是做过的类似题目，其思考过程绝大部分运用的是联想或类比，而非演绎或归纳。更重要的是，联想也分两种，被动联想和策略性联想（参考《找寻逝去的自我》），这里用的却是被动联想。

所以，能直接反应出解法并不代表遇到真正新颖的题目时的解决能力，后者由于不依赖于既有领域知识，就真正需要看一个人的思维能力和习惯究竟如何了。

6. **启发法的局限性**。首先要肯定的是，启发法在一定（也许很大）程度上可以代偿知识的不足，这里的知识主要是指大脑中的“联系”，下面还会提到另一种知识，即硬知识（Hard Knowledge）。例如，一道题目，别人直接通过类比就能联想到某道解过的题目，并直接使用其中一个关键的性质把题目给解出来了。你并没有做过那道题目，这导致两种可能的结果：第一，你就是不知道那个性质；第二，你虽然“知道”那个性质，但并没有在以前的解题经历中将那个性质跟你手头这个问题中的“线索”联系起来，所以你还是“想不到”。后一种可以称为软知识（Soft Knowledge），即你“知道”，但就是联想（联系）不起来。所谓不能活学活用，某些时候就是这种情况，即书本上提供什么样的知识联系，大脑里也记住什么，而没有事后更广泛地去探索知识之间的本质联系（总结的作用）。前一种硬知识则是你就是不知道，它不在你的大脑里。

而启发式方法在两个层面上起作用。

1）**辅助联想起软知识**。例如，特例法是一种启发式思考方法，它引入了一个简单的特例，特例中往往蕴含有更多的“线索”，这些线索有可能就会激发起你对既有知识的联想。另外一种强大的辅助联想办法就是对题目进行变形，变形之后就产生了新的视觉和语意线索，比如式子的对称性、从直角坐标到极坐标从而引发对既有知识的联想，等等。实际上大量启发式方法的作用就是辅助联想，通过对题目中的线索的发掘，激起大脑中已知相关知识的浮现。在这个意义上，相对于那些能够直接联想到某个性质的人，那些不知道但可以通过启发式思维联想到的人，启发式思维就提供了一种“曲径通幽”的策略性联想。还是以经典的例子砖头的用途来说：有人立即能够直接联想到“敲人”，有人也许不能。然而启发式联想策略“抽象”就能够帮助后者也联想到“敲人”，因为“抽象”策略启发人去考虑砖头的各个性质维度，如“质地”“形状”，当你考查到“质地坚硬”“棱角”，离“敲人”的功能还会远吗？本质上，能够直接联想到“敲人”功能的人是因为大脑中从“砖头”到“敲人”这两个概念之间的神经通路被走过了很多遍（例如由于经常拿砖头敲人），神经元之间的联系相当“粗”（形象的说法，严格的事实请参考《追寻记忆的痕迹》），而不经常拿砖头敲人的人呢，这个联系就很弱，乃至于根本激不起一次神经冲动。那么为什么通过启发式方法又能联想到呢？因为启发式方法相当于带入了一种新的神经调控回路，首先它增加了你联系到砖头的属性维度上的可能性，激活了“质地坚硬”“棱角”这两个语意概念（注意，如果没有启发式方法的参与，这是不会发生的），进而激活了这两个属性与“敲人”的联系。从本质上看，解题中的启发联想方法做的也就是这个工作。而越是一般性的启发式方法，对广泛的问题越有帮助，例如《怎样解题》中介绍的那些，例如分类讨论、分治，乃至我认为很重要的一点——写下自己的思维过程，详细分解各个环节，考查思维路径中有无其他可能性。我们很容易拿到一道题目便被一种冲动带入某一条特定的思路当中，并且遵循着“最可能的”推导路径往下走，往往不自觉地忽略其他可能性，于是在那些可能性上的联想就被我们的注意力“抑制”了。

2）**辅助探索出硬知识**。倒推法是一种启发式思考方法，它将你的注意力集中到问题的结论中蕴含的知识上，一旦你开始关注可能从结论中演绎出来的知识，你就可能得到硬知识，即并不是早先就存在于你大脑里，但是可以通过演绎获得的知识。上一章中的最小和子序列中的倒推方法就是一个例子。

而启发式方法的局限性存在于以下两个方面。

1）**有些联系是不管怎样“启发”也想不起来的**。例如“当布被刺破了，干草堆就重要了”，你怎么解释这句话？如果有人提示一下“降落伞”，每个人都会恍然大悟。这是因为从“布”到“降落伞”之间的单向联系是近乎不存在的，而且就算运用启发法，例如考虑所有布做的东西，也基本不可能想到降落伞，因为同样，从“布做的东西”到“降落伞”之间的关联也是极其微弱的。我们大脑里只能保留那些最最重要的联系，如果一提到布,"降落伞"和"衣服""被单""窗帘"等日常物品以同等重要级别闪现，就乱套了。那为什么从降落伞我们能想到布呢？我们实际上不能，我们为什么有些时候能，是因为假如有人叫你"考虑降落伞的材料"，后者就激发了"降落伞之材料"这个语意，后者又指导了我们去考查降落伞的材料构成，于是我们想到是布，否则"布"是不会直接被激发出来的。那为什么在我们的这个问题中，一旦有人提到降落伞，我们就能建立从布到降落伞的关联呢？这是因为"降落伞"和"布"这两个语意单元的同时兴奋增大了它们之间关联的可能性，就好比是加大另一端的电压从而发生了"击穿"一样。

本质上，解数学题也是如此，费马大定理的求解过程是一个很好的例子，谷山志村猜想就相当于那个"降落伞"的提示。我们还听到很多这样的故事（或者自己经历）：苦思冥想一个问题不得要领，某一天在路上走，看到某个东西或听到某句话，然后忽然，一道闪电划破长空，那个问题解开了。我敢保证，如果一个人早就把那个问题从脑海里扔到九霄云外去了（不再处于兴奋状态了），那么就算线索出现，也是不可能发生顿悟的。我们都知道，带着一个问题（使其在大脑中处于兴奋状态）去寻找答案更可能找到，即便不是有意去寻找，只要问题还在大脑里，任何周围可能与之相关的线索都不会被大脑漏掉，因为"问题"和"周围的其他线索"同时的兴奋增大了关联的可能性。如果问题早就被从大脑（意识或潜意识）中撤下了，即便周围出现提示也不会被捕捉到。

2） **许多硬知识无法通过启发探索得到，至少是不能被"直接命中目标"地探索出来的**。一个问题有可能跟三角函数有关，也许你只能带着问题去探索三角函数的所有性质，从而最终发现那个关键的性质。费马大定理与椭圆方程有关，也许只能去探索椭圆方程的所有性质，这个过程在一定程度上是盲目的、试错的、遍历的，而不是直接面向目标的。再聪明的人也无法从费马大定理直接反推到谷山志村猜想。在这些时候，启发式方法最多只能提供一个探索的大致方向。例如，探索三角函数的性质，并随时注意其

> 中哪个可能对我这个问题有帮助；或者探索模运算的性质，看看哪些性质可能会有用；又或者探索椭圆曲线的性质；等等。启发式方法并不能使我们的探索精准地命中目标，而只能划定一个大致的范围。也难怪有人说数学是盲目的。

但话说回来，启发式方法虽有局限性，但并不能否认启发式方法在大量场合大有裨益，许多时候，单靠启发式方法就能带来突破，而且如果两个人掌握的知识性的东西一样多，他们能否运用更优秀的思维方法就决定了各自能力的高下。

7. **总结的意义**。解题练习最重要的目的不是解出特定的题目，而是在于反思解题过程中一般性的、跨问题的思维法则。简单地将题目解出来（或者解不出来看答案，然后“恍然大悟”），只能得到最少的东西，解出来固然能够强化导致解出来的那个思维过程和方法，但缺少反思便不能抽取出一般性的东西供更多的题目所用。而解不出来，看答案然后“哦”的一声更是等同于没有收获，因为“理解”和“运用”相差何止十万八千里。每个人都有过这样的经历：一道题目苦思冥想不得要领，经人指点其中的关键一步，顿时恍然大悟 —— 这是理解。但这个理解是因为别人已经将新的知识（那个关键的一步）放到你大脑里了，故而你才能理解。而要运用的话，则需要自己去想出那关键的一步。因此，揣测和总结别人的思维是如何触及那关键的一步，而你自己的思维又为什么触及不到它，有没有一般性的原则可以指导你下次也能想到那个“关键的一步”，这是很有意义的。

很多时候一道题目解不出来，最终在提示下解出来之后，我们发现其中并没有用到任何自己不知道的知识，那么我们就不禁要问，既然那个知识在大脑里，为什么我们当时愣是提取不出来呢？而为什么别人又能够提取出来呢？我怎么才能像别人那样也提取出相应的知识呢？实际上这涉及关于记忆的最深刻的原理，文中已经提到了一些，有兴趣的读者建议参考以下几本书：《追寻记忆的痕迹》《找寻逝去的自我》，以及 *Synaptic Self* 和 *The Psychology of Problem Solving*。

一般性的思维法则除了辅助联想（联想起关键的知识），另一个作用就是辅助演绎 / 归纳（助探）。一开始学解题的时候，我们基本上是先读懂题目条件，做可能的一些显然的演绎。如果还没推出答案，基本就只能愣在那里等着那个关键的步骤从脑子里冒出来了。而所谓的启发式思维方法，就是在这个时候可以运用一些一般性的、所有题目都适用的探索手法，进一步去探索问题中蕴含的知识，从而增大成功解题的可能性。从一般到特殊，启发式的思维方法有很多，最具一般性的，波利亚的《怎样解题》已经基本全部都介绍了。一些更为特殊性的（例如"如果全局搜索空间没有递归结构，那么考虑分割搜索空间"，或者那些"看到 XX，要想到 YY"的联系），则需要自己在练习中不断抽象总结。

扩展阅读

[1] Wikipedia：检索 Polya（波利亚）。

[2] Wikipedia：检索 Heuristic（启发式）。

[3] Wikipedia：检索 Simplex algorithm（单纯形算法）。

知其所以然（一）

寻找那只下金蛋的鸡

目前几乎所有算法书的讲解方式都是欧几里得式的、瀑布式的、自上而下的，每一个推导步骤都是精准制导的，直接导向目标结论 f。由因到果，定义、引理、定理、证明一样不少，井井有条一丝不乱。而实际上，这完全把人类大脑创造发明的步骤给反过来了。看似阳关大道，实则车马不通。

而对读者来说，这就等于直接奉上答案和做法，然后再让你去验证这个答案和做法是可行和成立的。至于到底是怎么来的，从问题到答案之间又经历了怎样的思维过程，却鲜有书能够很好地阐释。在我看过的一些算法书里面，除了波利亚的《怎样解题》和乌迪・曼伯尔（Udi Manber）的《算法引论：一种创造性方法》[1]还算不错，其他的很多算法书，包括有名的《算法导论》《如何求解问题：现代启发式方法》《算法概论》（*Algorithms*）《编程珠玑》[2]，甚至TAOCP（公平地说，由于高德纳对算法领域的历史了解得非常通透，所以许多地方能够从原始脉络来讲述一个问题，譬如令人印象深刻的从竞赛树到堆的讲解就寥寥一页纸便道出了数据结构堆的本质来，而像前面列的几本都没能做到），在思维的讲述上都算不上合格。当然，并不是说这些书没有价值，作为

1
《算法引论》

2
《编程珠玑》

知识性的参考书籍，它们将知识整理出系统结构，极大地便利了读者对知识的掌握，就像《什么是数学》所做的工作一样。为什么这么说呢？因为我发现每次需要寻找对一个算法的**解释**时，翻开这些书，总是直接就看到关于算法逻辑的**描述**，却看不到整个算法的诞生过程背后的**思想**。

我们要的不是相对论，而是诞生相对论的那个大脑。我们要的不是金蛋，而是下金蛋的那只鸡。

为什么会这样，其实是有原因的。

我们在思考一个问题的过程中有两种思维方式：

1. 联想。这种思维方式某种程度上可以说是“混乱”的（虽然从一个更根本的层面上说是有规则的），所谓混乱是指很多时候并不确定联想到的做法最终是否可行，这些联想也许只是基于题目中的某个词语、语法结构、问题的某个切片、一些零星局部的信息。这个过程是试探性的。最后也许有很大一部分被证明是不可行的。很多时候我们解决问题用的都是这种思维：首先枚举关于这个问题所能想到的所有你学过的知识，然后一一往上套看看能否解决手头的问题。这种思维方式受制于人脑联想能力本身的局限性。我在“跟波利亚学解题”一文中就提到了几个例子。联想本身需要记忆提取的线索，所以受到记忆提取线索的制约，如果线索不足，那怎么也联想不起来。而提取线索的建立又取决于当初保存记忆时的加工方法（《找寻逝去的自我》）。同时，面对一个问题，你能够从中抽取出来的联想线索又取决于你对问题的认识程度 / 抽象深度；表浅的线索很可能是无关的，导致无效的联想和试错（*The Psychology of Problem Solving*）。总之，联想这个过程充满了错误的可能。

2. 演绎 / 归纳。演绎 / 归纳是另一种思维方式，远比联想有根据。其中演绎是严格的、必然的，归纳也是有一定根据的。在面对一个问题的时候，我们有意无意地对问题中的各个条件进行演绎，譬如福尔摩斯著名的“狗叫”推理——狗 + 生人 => 吠叫，而昨晚狗没有叫 => 那个人是熟人，就是一个典型地对问题的各个条件进行演绎的推理过程。还有就是通过对一些特殊形式的观察来进行归纳，试图总结问题中的规律。然而，不幸的是，面对复杂的问题，演绎 / 归纳也并不总是“直奔”问题的解决方案的。人的思维毕竟只能一下子看到有限的几步逻辑结论，一条逻辑演绎路径是否直奔答案，不走到最后往往是不知道的，只要答案还未出现，我们大脑中的逻辑演绎之树的末端就始终隐藏在黑暗之中。而当最终答案出现之后，我们会发现，这棵演绎之树的很多分支实际上都并不通往答案。所以，虽然演绎 / 归纳是一种“必然”的推理，却并不“必然”引向问题的结论，它也是试错的，只不过比联想要更为靠谱一些。

既然认识到，**人类解决问题的两大思维方式实际上都有很大的试错成分**（好听一点叫“探索”），那么就不难意识到，对一个问题的思考过程实际上是相当错综复杂的，而且充满了无效分支——在思考的过程中我们也会不断地对分支进行评估，做适当的剪枝——因此当我们找到问题的解之后，**一来思维的漫长繁杂的过程已经在大脑里面淡化得差不多了**，只有那些引向最终结论的过程会被加“高亮”——我们在思考的过程中本就会不断地抛弃无效的思路，只留下最有希望的思路，简而言之就是最后证明没用或早先我们就不抱希望的一些想法就被从工作记忆中扔掉了；**二来思考过程是我们的空气和水，而“鱼是最后一个感觉到水的”**，我们感觉不到思维法则本身的存在，我们只是不知不觉运用它；**三来由于我们的目标是问题的解**，解才是我们为之兴奋和狂喜的东西，而不是求解的过程，**过程只是过程，目的才是目的**，这就像一个寻宝者，在漫长曲折的寻宝历程之后，当找到宝藏的时候，他会对宝藏感到狂喜（记得阿基米德的“尤里卡”吗？）而迫不及待地要展示出来，而漫长的思考本身却成了注脚。我们是有目的的动物，目的达到了，其他的就相对不那么重要了。最后，对于传授知识的人，也许还有**其四：感到介绍思维过程是不相干的**，毕竟思维过程并不是算法问题的解。然而不幸的是，忽视到达解的那个过程实际上却变成了舍本逐末。我们看到的是寥寥数行精妙绝伦的算法，然后仰天长叹自己想不出来啊想不出来。为什么想不出来，因为你不知道那短短数行算法背后经历的是怎样漫长的思考过程，**如果说问题求解是一部侦探小说，那么算法只是结局而已，而思考过程才是情节**。

呃……这里……第二步为什么是“显然可知”……?

知其所以然

既然如此，也就难怪没几本算法书能真正讲述和还原算法发明背后的思维过程了（那个“渔”字）。金出武雄在《像外行一样思考，像专家一样实践》中说**写论文应该写得像侦探小说一样，**我很赞同。欧几里得式的介绍，除了提供枯燥的知识，并没有提供帮助人获得知识的工具——思维。对数学书籍的欧几里得式写法的批评其实也是由来已久了，并且有人呼吁了好几种其他的教学方法[1]。**从这方面来看，我们所尊敬的一些“圣经”级书籍在传道授业上还不如侦探小说**，前者是罗列一大堆知识，后者则是阐述获得知识的过程——推理和联想。

然而，我们都是人，人类该有的思维方式，我们难道不是都有吗？既然如此，思维本身又有什么需要一遍遍教的呢？

并非如此。

讲述思维过程而非结果有几个极其重要的价值。

1. 内隐化。思维法则其实也是知识（只不过它是元知识——是帮助我们获得新知识的知识）：是内隐的记忆。我们在思考的过程中觉察不到思维法则的作用，它们却在幕后实实在在地左右着我们的思维轨迹。要将思维方法内隐化，需要不断练习，就像需要不断练习才可在无意识状态下就能骑自行车一样。

2. 跨情境运用。思维法则也是知识记忆，是问题解决策略。既然是记忆，就受到提取线索的制约，这就是为什么当波利亚告诉你要“注意未知数”之后你还是不能真正在所有需要你“注意未知数”的地方都能提醒自己“注意未知数”。很多时候未知数是很隐蔽的，未知数并不会总是头顶一个大帽子上面写着“我是未知数”。所以很多时候我们缺乏对这个策略的“提醒”线索，这也是为什么**你学会了在解决数学问题的时候“注意未知数”，却不一定能在解决现实生活中的问题时，时刻都能“注意你的未知数”**（《你的灯亮着吗？》整本书的价值便在于此）。因为解数学题和解决生活中问题的场景不一样；不同的环境线索，在你大脑中激发的记忆也不一样。就连在问题求解中，不同的问题之间的细小差别也可能导致思维轨迹很大的不同，有时你的注意力会被一个无关线索激发的联想吸引开去，忘记如“注意你的未知数”这样的重要法则。而一本从思维角度来讲问题求解的书则可以一遍遍将你置于不同的问题场景下，然后在该提醒你的时候提醒你，让你醒悟到**“哦，原来这个时候也应该想到这个啊”**。做多了这样的思维演习你就会逐渐从中领悟到某种共性，并将一些思维习惯进行强化，最终能在需要运用某策略时适时地想起来。

3. 对问题解的更多记忆提取线索。我们平时学习算法时几乎仅止于理解，即别人把一个方案放在你面前，你去验证一下，心说“哦，不错，这个的确可以工作”，然后就没了。稍微简单一点的算法还好，复杂一点的对记忆的负担非常大。这就是为什么有时候我们看到一个绝妙的解法，这个解法不知道是从哪里来的，但经过我们的理解，却发现是对的，我们感叹，真巧妙。结果几天后，别人问起这个问题，我们说：**“唉，那是个多么巧妙的算法啊，但是我只记得它巧妙，却不记得它到底是怎样的了。”**为什么？因为不知其所以然，算法只是一堆离散的机械步骤，没有背后的思想支撑，这些步骤之间缺少本质层面上的关联（先知亚里士多德早就指出：学习即连接[2]），所以就跟背历史书没多大区别。然而，**知道了算法是怎样一步步推导出来的，我们就一下子拥有了大量的记忆提取线索：对算法发现过程中的任何一个关键步骤（尤其是本质）的回忆都可能使我们能够自己动手推导出剩余的内容**。譬如你知道堆（Heap）是怎样由朴素的决策树演化而来的，它又是为了解决什么问题的，你即便忘记了具体的细节，也可以自己推导出来。譬如你知道 KMP 算法的本质在于消除回溯，至于如何消除回溯却并不是那么难以推导的，所以即便忘了也可以借助于大脑的逻辑演绎能力再现出来。或者你知道 Tarjan 算法其实只是从后序遍历经过两个优化调整而来的，那这个出了名的绕人的算法也就不那么难以理解和记忆了。其中并查集的使用其实只是优化手段 —— 为了能够迅速判断祖先节点是谁 —— 而非算法本质。当然，算法设计的主要任务本来就是通过问题条件中蕴含的知识来“消除冗余计算”和“避免不必要计算”，所以你也可以说并查集的使用是关乎本质的，只不过，知道了为什么需要引入并查集，就会强烈地感觉到一切都是顺理成章的了。或者你知道排序的本质，就能够对什么是最优排序及其为何最优有深刻的认识（见本书“快排为什么那样快”一文）。四两拨千斤。

4. 包含了多得多的知识。**记一个算法，就只有一个算法**。一个萝卜一个坑。就好比背 99 乘法表只能解决乘法问题一样。而记背后的思想，却有助于解决一类问题。思想所处的抽象层面往往比到处都是实现细节的算法本身要高，越高的抽象层次越是本质，涵盖范围越是广泛。数学的发展本身就体现了这个过程，抽象代数就是非常好的例子。**算法诞生过程中的思路往往包含了比实际算法更本质的知识，**实际算法乃至算法的某种语言实现包含了太多表面的不相干知识，它们会阻碍我们对本质的理解。

5. 重在分析推理，而不是联想。学了一大通算法和数据结构之后，一个副作用是看到一个问题之后，头脑中会立即冒出一堆可能相干的数据结构和算法来。联想是强大的思维捷径，在任何时候都会抢占大脑的工作记忆，由不得你控制。比如我问你“如何寻找区间的最大值”，首先进入你意识的肯定就是学过的那个算法，甚至算法的实现细节都一一浮现，也许最先跳出来的还是算法实现中某个最容易弄错的边界细节，或是某个比较棘手的实现技巧！然而这些其实根本不反映一个算法的本质，结果想来想去总是停留在问题的表层。而另一方面，重在思维的传授则可以让人养成从问题本质入手（即“第一性原理思维”）、逐步分析推理的习惯，而不是直接生搬硬套。当然，完全不可否认，联想本身也是极其重要的思维方法，甚至可以说是人类思维最重要的特征。很多时候我们并不知道问题的本质是什么，就需要靠联想、类比来领路探索。只不过，养成优先从问题的本质入手进行考察的好习惯绝对是有更大的好处的。

那到底什么样的书才算是授人以渔的呢？波利亚的《怎样解题》绝对算是一本，他的《数学的发现》也值得一看。具体到算法书，光看教科书是不够的。要深入理解一个算法的来龙去脉，从一个算法中领悟尽量深刻的东西，需做到以下三点。

1. 寻找该算法的原始出处。TAOCP 作为一个资料库是绝对优秀的，基础的算法只要你能想到的，几乎都可以在上面找到原始出处。查到原始出处（例如一篇论文），就可以去网上搜来看了，毕竟最初的作者往往对一个方案的诞生过程最为了解。比如经典数据结构中的红黑树是出了名的令人费解，但它的作者塞奇威克（Robert Sedgewick）一张 PPT 就讲得通通透透[3]，比《算法导论》上的讲法强上数倍。

2. 原始出处未必也都推心置腹地讲得那么到位。前面说过，算法设计出来之后人们几乎不会去回顾整个思维过程的细节，只把直指目标的那些东西写出来，结果就又是一篇欧几里得式的文章了。于是你就迷失在一大堆“定义”“引理”“定理”之中了。这种文章看上去整个写得井井有条，其实是把发明的过程整个给颠倒过来了。我一直就想，如果作者们能够将整个的思维过程写出来，哪怕文字多上十倍，我也绝对会比看那一堆定义和定理要容易理解得多。话说回来，怎么办？可以再去网上找找，牛人讲的未必比经典教材上的差[4]。那倘若实在找不出好的介绍呢，就只能自己揣摩了。**揣摩的重要性，是怎么说都不为过的**。揣摩的一些指导性的问题有为什么要这样（为什么这是好的）？为什么不是那样（有其他做法吗？有更好的做法吗）？这样做是最好的吗（为什么？能证明吗）？这个做法跟其他的什么做法有本质联系吗？这个跟那个的区别是什么？问题的本质是什么？这个做法的本质又是什么？到底本质上是什么东西导致了这个做法如此 ×× ？与这个问题类似的还有其他问题吗（同样或类似的做法也适用吗）？等等。

3. 不仅学习别人的思路，整理自己的思路也是极其重要的。详见“跟波利亚学解题”中“一点思考”小节的“4. 一个好习惯”和“7. 总结的意义”两个部分。

扩展阅读

[1] Wikipedia：Mathematics education（数学教育）。

[2] Wikipedia：Hebbian theory（Hebbian 理论）。

[3] 详见勒口处“本书网址链接合集”第 59 条。

[4] 参见负暄琐话博客关于 Suffix Tree 的文章，详见勒口处“本书网址链接合集”第 60 条。

知其所以然（二）

为什么有必要知其所以然

我有一个习惯，看定理必看证明。在我看来，知道一个定理却不明白其证明，比不知道这个定理还要糟糕，因为前者会给你一种懂了的错觉。在**弄明白背后的证明之前，任何一个定理对你来说都是等价的 —— 等价于背乘法口诀**（只不过有的长一点有的短一点）。一个原本美妙的定理，把其证明扔掉就是真正的买椟还珠，暴殄天物。

从现实意义来说，**去理解一个定理的证明会带来巨大的好处，首要的好处就是你很难再忘掉它**。这一点其实很容易解释 —— 在理解一个定理的证明之前，定理对你而言是一堆没有内在联系的词句，而在理解了证明之后，定理就归约为证明它所需的条件加上逻辑。“逻辑”本来就存在于你的大脑中，而证明的过程中除了公理和用到的常见定理（往往没几条），需要你去记的，一般来说也只有一两个关键的洞见（或灵感），也就是我们常说的证明中的神来之笔。比如几何证明中某条看上去莫名其妙的辅助线，一旦你知道了这条辅助线，那么整个证明就毫无难处，该定理的信息量便直接缩减为一条辅助线的信息量。虽然看上去这一步信息并没有缩减多少，但是如果你考虑到类似的辅助线不仅会用在这个特定的定理上，往往会在很多地方用到 —— 很多关键的证明手法是通用的，那么其实你就是把所有以这条辅助线为关键证明手法的定理的集合的信息量归约为了这条辅助线。如果你进而甚至能够理解作这条辅助线背后的思路来由，那就更厉害了，因为**思路比套路更具一般性**。理解了正确寻找辅助线的思路，你就根本不必去记某条特定辅助线的作法，还可以把所有以作一条或几条辅助线为证明核心的定理之集合的信息量归约为“寻找辅助线的思路”。

这是一个树状的知识结构，越往上层走，需要记忆的节点就越少。所谓触类旁通者，其实便是因为擅长去理解解法背后更具一般性的东西。我还有一个习惯，就是看到美妙的证明和解法，总会一遍又一遍地反复揣摩，试图理解成想出这个证明的人到底是怎么想出来的，有没有什么一般性的方法可循。

很多时候，在这样揣摩的过程中，你会理解到更深刻的东西，对问题的性质及解决问题的思路会有更深刻的认识，这些认识不仅对于你理解当前这个定理或问题有极大的帮助，同时也有助于你解决以后会遇到的表面上不同但本质一样的问题。

与看定理必看证明类似，看一个问题的解法，必然要看解法诞生的过程，背后是否隐藏着更具一般性的解决问题的思路和原则，否则一个解法就只是一个问题的解法。这跟背口诀一样，即便记住了也无法推广，就算当时记住了也容易遗忘。

举个经典的例子：每本算法书都会讲动态规划，每本讲动态规划的书都会讲背包问题，每次讲背包问题都会讲可重复背包和 01 背包，我们就拿《算法概论》这本还算不错的算法书对背包问题的讲解来说吧，重复背包问题的递归公式是这样的：

$$K(W) = \max\{K(W - W_i) + V_i : W_i \leqslant W\}$$

其中 W 是背包容量，V 是物品价值，下标 i 代表第 i 个物品，而 $K(W)$ 代表子问题 W 的最优解。这个公式的理解倒是很简单：为了把问题降阶，我们在最终的最优解里去掉一个物品，对这个物品的可能性进行讨论，它必然是任何 V_i 之一（前提是 $W_i \leqslant W$，否则就装不下），而在去掉这个物品之后，剩下的物品肯定构成问题 $\mathrm{K}(W - W_i)$ 的最优解，于是递归关系出现了。

此外也可以这样来理解：要拿一组最优物品，那么总得开始一个个拿吧，对第一个拿的物品进行讨论，而问题的最优解等于讨论的各个分支的最优解中的最优者；如果拿掉 V_i 之后，剩下来要怎么拿才能最优呢？这就是一个 $K(W-W_i)$ 的问题了。

01 背包问题就大不一样了 —— 每个物品都只有一件，拿掉之后就不能再拿了。我们不妨看看重复背包问题的解法能否用到 01 背包上。还是讨论第一个拿的物品，设被拿掉的是第 i 个物品，问题就归结为把剩下的物品（注意，可拿的物品少了一件）最优地装入容量为 $W-W_i$ 的包里，所以，问题的参数便变成了两个，一个是背包剩余容量 $W-W_i$，另一个是剩余可拿的物品集合 $S\backslash\{i\}$（表示去掉 i 之后的子集），显而易见第二个参数是物品集合的各种可能的子集，那么其可能性个数就是 2^n ，这就导致子问题的个数是 2^n，由于要依次计算每个子问题，那么算法复杂度显然也是 2^n ，是不可接受的。

那么，《算法概论》中又是怎么来讲解 01 背包问题的解法的呢？以下是英文版原文：

> Our earlier subproblems now become completely useless. We must therefore refine our concept of a subproblem to carry additional information about the items being used. We add a second parameter, 0 < = j < = n: K(W, j) = maximum value achievable using a knapsack of *capacity w* and *items 1..j:* The answer we seek is K(W, n).

首先作者说了，之前重复背包问题的解法在这里完全废掉了，所以我们必须重新定义子问题，并且子问题的条件必须要包含目前拿剩下的物品。以上这些都还不错，关键是接下来就让人吐血了。作者接着说道："我们给子问题加上一个新的参数 j……"

凭什么啊？

还是让我们回顾一下这幅经典的漫画吧：

呃……这里……第二步为什么是“显然可知”……?

知其所以然

“我们给子问题加上一个参数 j”，这就像你在看数学证明时看到无比邪恶的“我们考虑……”一样。一看到这样的句子，你就知道，这个问题的证明远远不像看上去那么简单，之所以你一路看下去理解上全无困难，那完全是因为作者直接把最重要的一个洞见告诉你了。举个很简单的例子，证明素数无最大，谁都会第一时间想到去反证：假设存在一个最大的素数 P，那么找到比 P 大的素数就是证明中最关键的一步。怎么找的？一般书上是不会说的，你会看到书上这样说：假设 P 是最大的素数，那么我们考虑 P' = 小于等于 P 的所有素数的乘积 +1。那么 P' 一来显然大于 P，二来不能被小于它的所有素数整除，所以 P' 就成了大于 P 的素数。

1

《数学天书中的证明》

如果你经常注意反证法，你会发现一个有趣的现象，反证法里面经常会有这样一句“我们考虑”，而“我们考虑”后面几乎肯定接着一个天外飞仙一般的洞见。素数无最大这个古老的证明里面的“我们考虑”尚算是比较有迹可循的（我们想要构造一个更大的素数，而素数的等价定义就是“不能被小于它的所有素数整除”，为了达到这个目的，构造的方法就较明显了）。但是有很多证明的关键一步就跟嗑药磕出来做梦做出来走路跌跟头跌出来的一样（不信去翻一翻《数学天书中的证明》[1]，*Proofs from THE BOOK*），让你完全不知道证明的人是怎么想到的。

话说回来，很多数学证明的关键步骤，最早想出来的人也是尝试了各种方法，撞了无数堵墙，在寻求证法的尝试空间中做了无数次回溯才“妙手偶得”，与其说是妙手偶得，不如说是绞尽脑汁。可以说，其中很多关键步骤是很难逆向工程的，但并非全无章法可循，否则问题求解也就成了真正的黑魔法了，陶哲轩也不会写出 *Solving Mathematical Problems* 这样的著作来了。

算法的解法则比精妙的数学证明更容易逆向工程一点。只要你有耐心仔细地去琢磨算法的关键步骤和本质，总能从中窥探到一些更一般性的思想和思路。

此外，很多经典问题，算法书上的讲法虽然时时令我们失望，但只要去网上一搜，则通常会发现更优秀的解释，背包问题就是如此。

简单地说，对于每个问题，如果都能真正弄清以下这几点，你的理解、记忆及学习的效率肯定都会得到质的提高。

1. 为什么这种解法是对的？
2. 为什么那种解法是错的？
3. 为什么这种解法不是最优的？
4. 说明为什么没有更优的解法。

回到人民群众喜闻乐见的经典例子：背包问题。为什么 01 背包问题的正确（高效）算法是正确（高效）的？表面的解释是，因为 01 背包问题的子问题定义是 $K(W, j)$，其两个维度相乘的可能性一共有 nW 种，也就是说，一共要计算 nW 个子问题，而计算每个子问题的复杂度是 $O(1)$ 的。

但是如果仅仅满足于这样的解释，可以说是隔靴搔痒，并未触及本质。**算法本质上可以看作是在一个解空间当中的搜索问题，所以要分析一个算法的好坏，首先要弄清它的解空间的结构，然后分析它是怎么来探索这个解空间的。**

弄清解空间的结构是第一步，例如排序算法，其解空间可以看作是所有可能的下标排列组合，其中有且仅有一个排列是正确的排序排列（简单起见假设元素各不相同）。那么一个算法在探索这个解空间方面的行为就决定了它的效率高低，最简单的，如果一个算法每次只能检查解空间中的一个点，那么这个算法的复杂度就是解空间的大小，对排序算法而言也就是 $n!$。从这个角度来看，我们就会很容易地发现，所有基于比较的排序算法，其复杂度为什么是以 $O(n\log n)$ 为下界的，因为一次比较操作最多有两种结果，$a>b$ 或 $a<b$，既然只有两种结果，那么最多只能将解空间进行二分，如果每次都能完美地二分，那么找到那个唯一点最终需要的步骤就是 $\log(n!) = O(n\log n)$。如此就不难理解为什么基于比较的排序算法的复杂度最高不过如此了。

回到 01 背包问题，其解空间其实也是类似的。一次选取就是一个 01 数组，其中每个元素代表其所对应的物品要不要选取。很显然，这个解空间的大小是 2^n。在 01 背包的算法里面，每当我们解出 $K(W, j)$（需要 $O(W)$ 次计算）之后，解空间就会被折半（排除掉 1/2 的可能性），一共如此做 n 次，就能得到最终解。由于每次折半的代价是 $O(W)$，便不难理解为什么算法复杂度是 $O(nW)$ 了。

那么，为什么每次计算出 $K(W, j)$ 就能使解空间折半呢？那就需要来看看这个算法是如何探索解空间的，算法探索解空间的方式在其递归公式里面：

$$K(W, j) = \max\{K(W, j-1), K(W-W_j, j-1) + V_j\}$$

也就是说，首先看你要不要选取第一个物品，有两种可能性（两个分支），每个分支都是一个更低阶的子问题，即在其中的任意一个分支下都要决定要不要选取第二个物品（又是两个分支），如此递归下去，可以构建出一棵有 2^n 个叶子节点的树，每条从根节点到叶子节点的路径“01…101”就对应一个解，其中每个分叉代表“选”或“不选”当前的物品。

建立在对这个解空间的理解上，我们再来看为什么 01 背包问题的正确解法能做到 $O(nW)$。你最好先将这棵树画在纸上，其中每个节点都是一个子问题 $K(W,j)$，每条分叉都是 0 或 1。当我们计算出所有的 $K(W, 1)$（需要 $O(W)$ 次操作）之后，我们容易注意到，所有离叶子节点的距离为 1 的内部节点 $K(W, 2)$ 到叶子节点的两个分支都必然只能取其一了，也就是说，有一半的叶子节点被排除掉了（对解空间折半）。当我们进而计算出 $K(W,2)$ 之后，同样的道理，我们容易看到，到叶子节点距离为 2 的内部节点的两个分支也只能取其一了，这就进而再次将解空间折半。由于每次折半需要 $O(W)$ 的复杂度，所以就不难理解算法的总复杂度为 $O(nW)$ 了。另一种理解的方法是，当我们计算出 $K(W, j)$ 的时候，从内部节点 $K(W, j)$ 到根节点的唯一路径便确定了。经过 $O(nW)$ 次计算，从根节点到那个唯一解（叶子节点）的路径便完全确定了。

知道怎么做是从正确（高效）解法得到的，而知道为什么必须得那样做则往往是从错误（低效）的解法当中得到的。

然而遗憾的是，大多数算法书或教程都只顾一上来就告诉你正确的做法是什么，对于一些常见的错误解法或低效解法，却根本不加分析。经验告诉我们，理解错误的做法为什么错误同样甚至更为重要，往往只有这样，我们才能深刻地体会到为什么正确的解法是如此正确。

还是拿经典的背包问题来作例子，你几乎看不到哪本书会告诉你一个典型的低效解法低效的深刻原因。我们都知道动态规划的核心在于子问题的划分，同样的问题，不同的划分办法得到的复杂度完全不一样。前面已经提到了，重复背包问题的思路在 01 背包问题上会带来指数级的复杂度，但这是为什么呢？如果你满足于说：因为如果拿重复背包问题的思路来解 01 背包问题，子问题定义的第二个维度（物品的子集，见前文）是指数级的，那么要计算所有子问题，当然是指数级的。实际上你只是看到这个问题的表象。

如果从对解空间的探索方式来说，可以容易看出这个现象的本质。我们回顾一下 01 背包问题的正确（高效）算法：

$$K(W, j) = \max \{ K(W, j-1), K(W-W_j, j-1) + V_j \}$$

这个算法讨论的是两种情况，“要”或“不要”选取第 j 个物品。这两种情况所对应的解空间是完全不交的，这就有效地将解空间划分为了不重复的两个部分。

再来看利用重复背包问题思路的解法：

$$K(W, S) = \max\{ K(W - W_i, S\backslash\{i\}) + V_i : W_i \leqslant W \}$$

这里讨论的是首先拿掉哪一个物品，还是那句话，讨论的每一个分支都对应了算法对解空间的一个切分，我们容易看出，在“先拿物品 i”和“先拿物品 j”这两个分支里面，存在大量的重复，因为先拿物品 i 再拿 j，和先拿物品 j 再拿 i 对应的是完全一样的一组选取。事实上，将这个递归公式画成树状结构，就会发现有 $n!$ 个叶子节点。$n!$ 是什么概念？01 背包问题的解空间大小本质上就只有 2^n 次方，穷举也不过 $O(2^n)$ 的复杂度，结果这样一切分却变成了 $n!$，可见这种对解空间的切分方法的冗余度是多么高了。你不妨看看，每一次计算 $K(W, S)$ 子问题能对解空间排查多少呢？是否能像前面正确的算法那样，每次都能有效排查一半情况？理解了这一点之后，我们便注意到在划分解空间，也就是定义子问题时的一个原则，就是在建立递归公式的时候，**尽量将解空间进行不交的切分**。同时我们便有了称手的工具去分析一个动态规划的解法的效率。

最后再举一个例子：算法书上几乎必讲的霍夫曼（又译作哈夫曼）树。你所看的算法书在讲霍夫曼树的时候给了证明吗？讲过霍夫曼树的历史八卦吗？也许你看了霍夫曼树的构造方法之后觉得：“哦，这样啊，显然。”但是你可曾想到，在最优编码这个问题上，连香农之前给出的解法都不是最优的（Suboptimal），而且霍夫曼在得到这个算法之前也是绞尽脑汁几近放弃。**如果你 10 分钟就“理解”了，那么百分之百只是背了课文而已。**

扩展阅读

[1] Wikipedia：Shannon-Fano coding（香农编码）。

知其所以然（三）

为什么算法这么难？

广大码农同学们大多有个共识：算法是个硬骨头，很难啃，悲剧的是啃完了还未必有用——除了面试的时候。实际工程中一般都是现成的模块，码农们只需了解算法的目的和时空复杂度即可。

不过话说回来，面试中的算法哪怕是项目中几乎不大可能用到的算法，也不能说是毫无道理的。**算法往往是对人们学习和理解能力的一块试金石**，难的都能掌握，容易的一般更不在话下。志于高者得于中，反之则不成立。另一方面，虽说教科书算法大多数是那些即便用到也会直接采用的现成模块，但不幸的是，我们这群搬砖头的有时候还非得做些发明家的事情：要么是得把算法当白盒加以改进以满足特定需求，要么干脆就是要发明轮子。所以，虽说面试中的算法本身未必用得到，但熟悉各种算法的人通常更可能熟悉算法的思想，从而更可能具备这里说的两种能力。

那么，为什么说算法很难呢？我认为只有两个可能的原因。

1. 算法本身就很难，也即算法对人类大脑来说就是件难事。
2. 讲得太烂。

下面会说明，算法之所以被大多数人认为很难，以上两个原因兼具。

我们说的算法难有两种情况：**一种是学算法难；第二种是设计算法难**。对于前者，大多数人（至少我当年如此）学习算法几乎是在背算法，就跟背菜谱似的（菜谱，“Cookbook”，是深受广大码农喜爱的一类书）。然而算法和菜谱的区别在于，算法包含的细节复杂度是菜谱的无数倍，算法的问题描述千变万化，逻辑过程百转千回，往往看得人愁肠百结，而相较之下任何菜谱涉及的基本元素也就那么些（所以程序员肯定都具有成为好厨师的潜力）。注意，即便你看了算法的证明，某种程度上还是"背"（为什么这么说，后面会详述）。我自己遇到新算法基本都会看证明，但是发现没多久还是会忘掉，这就是死记硬背的典型症状。如果你也啃过算法书，相信也会有同感：为什么当时明明懂了，但没多久就忘掉了呢？为什么当时明明非常理解其证明，但没过多久自己去证明时却发现怎么都补不上证明中缺失的一环呢？

初中学习几何定理时，你会不会傻到去背一个定理的证明？不会。你只会背结论。为什么？一方面，因为证明过程包含大量的细节；另一方面，证明的过程环环相扣，往往只需要注意其中关键的一两步，就能自行推导出来。算法逻辑描述就好比定理，算法的证明过程就好比定理的证明过程。但不幸的是，与数学里面大量简洁的基本结论不同，算法这个"结论"可不是那么好背的，许多时候，**算法本身的逻辑就几乎包含了与其证明过程等同的信息量，**甚至算法逻辑本身就是证明过程。随便翻开一本经典的算法书，看几个经典的教科书算法，你就会发现算法逻辑和算法证明的联系有多紧密。于是我们又回到刚才那个问题：你会去背数学证明吗？**既然没人会傻到去背整个证明，又为什么要生硬地去背算法呢？**

那么，不背就不背，去理解算法的证明如何？理解了算法的证明过程，便更有可能记住算法的逻辑细节，理解记忆嘛。然而，遗憾的是，绝大多数算法书在这方面做得实在糟糕，证明倒是给全了，逻辑也倒是挺严谨的，可是似乎没有作者能真正还原算法发明者本身如何得到算法以及算法证明的思维过程。按理说，证明的过程应该反映了这个思维过程，但是在下文关于霍夫曼编码的例子中你会看到，其实饱受赞誉的 CLRS（指《算法导论》）和《算法概论》不仅没能还原这个过程，反而掩盖了这个过程。

必须说明的是，没有哪位作者是故意这样做的，但任何人在讲解自己已经理解的东西时，往往会无意识地对自己的讲解进行"线性化"，例如证明题。回忆一下高中做平面几何证明题的经历，你就会意识到，其实证明的过程是充满了试错、联想、反推、特例、修改问题条件、穷举等一干“非线性”思维的，混乱不堪，而并不像写在课本上那样——引理1、引理2、定理1、定理2，一口气直到最终结论。这样的证明过程也许容易理解，但很难记忆。过几天你就会忘记其中一个或几个引理、其中的一步或几步关键的手法，然后当你回过头来自己试着去证明的时候，就会发现卡在某个关键的地方，为什么会这样？因为证明当中并没有告诉你为什么作者当时会想到证明算法需要那么一个引理或手法，所以，虽说看完证明之后，对算法这个结论而言你是知其所以然了，但对于算法的证明过程并未知其所以然。

在我们大脑的记忆系统当中，**新的知识必须要和既有的知识建立联系，才容易被回忆起来（“如何有效地学习与记忆”），联系越多，越容易回忆，而一个天外飞仙似的引理，和我们既有的知识毫无联系，自然容易被遗忘**。（为什么还原思维过程如此困难呢？“知其所以然（一）：寻找那只下金蛋的鸡”有详述。）

正因为绝大多数算法书上糟糕的算法证明过程，很多人发现证明本身也不好记，于是宁可选择直接记结论。当年我在数学系，考试会考证明过程，但似乎计算机系的考试考算法证明过程就是荒谬的。作为“工程”性质的程序设计，似乎更注重使用和结果。但是如果需要你在项目中自己设计一个算法呢？这种时候最起码需要做的就是证明算法的正确性吧。我们面试的时候往往都会遇到一些算法设计问题，我总是会让应聘者去证明算法的正确性，因为即便是**一个“看上去”正确的算法，真正证明起来往往会发现也并不是那么容易**。

所以说，从培养算法设计者的角度来说，绝大多数算法书是失败的，比数学教育更失败。大多数人学完了初中平面几何都会做证明题（数学书不会要求你记住几何所有的定理），但很多人看完了一本算法书还是一团浆糊，不会证明一些起码的算法。我们背了一堆堆结论，非但这些结论许多根本用不上，就连用上的那些也不会证明。为什么会出现这样的差异？因为数学教育的理想目的是让你成为能够发现新定理的科学家，而计算机系算法教育的目的却更现实，是为了让你成为能够使用算法做事情的工程师。然而，事情真的如此简单么？真是这样的话干脆连算法结论都不要背了，只要知道算法做的是什么事情，时空复杂度各是多少即可。

如果说以上提到的算法难度（讲解和记忆的难度）属于偶然复杂性（Accidental Complexity）的话，算法的另一个难处便是本质复杂性（Essential Complexity）了：算法设计。还是拿数学证明来类比（如果你看过《算法导论》就知道算法和数学证明是多么类似），与单单只需证明相比，设计算法的难处在于，定理和证明都需要你去探索，尤其是前者 —— 你需要去自行发现关键的那（几）个定理；跟证明已知结论相比（已经确定知道结论是正确的了，你只需要用逻辑来连接结论和条件），这件事情的复杂度往往又难上一个台阶。

一个有趣的事实是，**算法的探索过程往往蕴含算法的证明过程**，理想的算法书应该通过还原算法的探索过程，从而让读者不仅能够自行推导出证明过程，同时还能够具备探索新算法的能力。之所以这么说，皆因为我是个懒人，懒人总梦想学点东西能够实现以下两个目的。

1. 一劳永逸：程序员都知道“一次编写到处运行”的好处，多省事啊！学了就忘，忘了又得学，翻来覆去浪费生命。为什么不能看了一遍就再也不会忘掉呢？到底是教得不好，还是学得不好？
2. 事半功倍：事实上，程序员不仅讲究一次编写到处运行，更讲究“一次编写到处使用”（也就是俗称的“复用”）。如果学一个算法所得到的经验可以到处使用，学一当十，推而广之，时间的利用效率便会大大提高。究竟怎样学习，才能够使得经验的外推效率达到最大呢？

想要做到这两点就必须**尽量从知识树的“根节点”入手**，虽然这是一个美梦，例如数学界寻找“根节点”的美梦由来已久（参见本书“跟波利亚学解题”的“一点历史”小节），但哥德尔一个证明就让美梦成了泡影（“永恒的金色对角线”），不过，这并不能阻止我们去寻找更高层的节点 —— 更具普适性的解题原则和方法。所以，理想的算法书或者算法讲解应该是从最具一般性的思维法则开始，顺理成章地推导出算法，这个过程应该尽量还原一个普通人思考的过程，而不是让人看了之后觉得“这怎么可能想得到呢”。

以前面提到的霍夫曼编码为例，我念本科时第一次看霍夫曼编码，只看了算法描述，觉得挺直观的，过了两年，（毫不意外的）忘了，因为不知道为什么要把两个节点的频率加在一起看作单个节点——一件事情不知道“为什么”就会记不牢，知道了“为什么”的话便给这件事情提供了必然性。不知道“为什么”这件事情便可此可彼，**我们的大脑对于可此可彼的事情经常会弄混，它更容易记住有理有据的事情**（从信息论的角度来说，一件必然的事情概率为 1，信息量为 0，而一件可此可彼的事情信息量则是大于 0 的）。第二遍看是在工作之后，终于知道要看证明了，拿出著名的《算法概论》来看，边看边点头，觉得讲得真好，一看就理解了为什么要那样来构造最优编码树。可是没多久，又给忘了！这次忘了倒不是忘了要把两个节点的频率加起来算一个，而是忘了为什么要这么做，因为当时没有弄清霍夫曼为什么能够想到应该那样来构造最优编码树。结果只知其一不知其二。

必须说明的是，如果只关心算法的结论（即算法逻辑），那么理解算法的证明就够了，光背算法逻辑难记住，理解了证明会容易记忆得多。但如果也想不忘记算法的证明，那么不仅要理解证明，还要理解证明背后的思想，也就是背后的为什么。后者一般很难在书和资料上找到，唯有自己多加揣摩。为什么要费这个神？只要不会忘记结论不就结了吗？取决于你想做什么，如果你想真正弄清算法设计背后的思想，就必须要揣摩算法原作者是怎么想出来的。

回到霍夫曼编码问题，我们首先看一看《算法概论》上是怎么讲的。

首先它给出了一棵编码树的成本函数（Cost Function）：

cost of tree = Σ freq(i) * depth(i)

这个成本函数很直白，就是把编码的定义复述了一遍。但是接下来就说了：

> There is another way to write this cost function that is very helpful. Although we are only given frequencies for the leaves, we can define the frequency of any internal node to be the sum of the frequencies of its descendant leaves; this is, after all, the number of times the internal node is visited during encoding or decoding…

接着就按照这个思路把成本函数转换了一下：

> The cost of a tree is the sum of the frequencies of all leaves and internal nodes, except the root.

然后就开始得出算法逻辑了：

> The *first formulation* of the cost function tells us that the *two symbols with the smallest frequencies must be at the bottom of the optimal tree,* as children of the lowest internal node (this internal node has two children since the tree is full). Otherwise, swapping these two symbols with whatever is lowest in the tree would improve the encoding.
>
> This suggests that we start constructing the tree greedily: find the two symbols with the smallest frequencies, say i and j, and make them children of a new node, which then has frequency fi + fj. To keep the notation simple, let's just assume these are f1 and f2. By the *second formulation* of the cost function, any tree in which f1 and f2 are sibling-leaves has cost f1 + f2 plus the cost for a tree with n − 1 leaves of frequencies (f1 + f2), f3, f4, .., fn. *The latter problem is just a smaller version of the one we started with.*

读到这里我想大多数人有两种反应：

1. 理所当然；

2. 恍然大悟。

因为我当时也是这么觉得的。可是后来发现自己无法从头证明一遍时，我知道肯定是理解得不够深刻。如果理解得够深刻，那么基本上是不会忘掉的。

如果看完霍夫曼编码这样一个简短证明你觉得顺理成章，一切都挺显然，那就坏了，即便是看上去最基本的性质，实际上往往也没那么显然。“逢山开路，遇水架桥”在我们今天看来是无比显然的事实，但是试想在没有桥的远古时代，一个原始人走到一条湍急的河流前，他会怎么想，他又能有什么法子呢？这是个他从来没有遇见过的问题。如果后来有一天，他路过另外一条小溪，看到小溪上有一截被闪电劈断的枯树，于是他踏着树干走过了小溪，并意识到“树横过河面”可以达到“过河”这个目的，这就将条件和目的建立了直接的联系（事实上，是自然界展示了这个联系，而原始人只是记住了这个联系）。后来他又路过那条河流，他寻思如何达到“过河”这个目的时，忽然意识到在他的记忆中已经遇到过需要达成同样目的的时候了，那个时候的条件是“树横过河面”，于是问题便归结为如何满足这个“树横过河面”的条件，而后一个问题就简单多了。（事实上波利亚在其著作《怎样解题》中举的正是这么个例子。）

为什么那么多的算法书，就看不到有一本讲得好的？因为我们求解问题过程中的思维步骤太容易被自己当作“显然”的了，但除了我们天生就会的认知模式（联系、类比），没有什么是应该觉得显然的。试错是我们天生就会的思维法则么？是的，但是可供尝试的方案究竟又是怎么来的呢？就拿上面的例子来说，一个从没有见过枯树干架在小溪上的原始人，怎么知道用树架桥是一种可选的方案呢？俗话说巧妇难为无米之炊啊！我们大脑的神经系统会的是将目的和条件联系起来，第一次原始人遇到小溪过不去，大脑中留下了一个未实现的目的，后来见到小溪上的树干，忽然意识到树干是实现这个目的的条件，两者便联系起来了，因此问题就规约为如何架树干了。

回到《算法概论》中的证明上，这个证明看似简洁明了，其实有几处非常不显然的地方，甚至不严谨的地方，也正是你过段时间之后试图自己证明时可能会卡住的地方：

1. 作者轻飘飘地就给出了成本函数的另外一种关键的描述，而对于如何发现这种描述却只是一语带过：“*There is another way to write this cost function that is very helpful...* we can define the frequency of any internal node to be the sum of the frequencies of its descendant leaves”这其实就是我常常痛恨的“我们考虑……”，这里作者其实就是在说“让我们考虑下面这样一种奇妙的转换”，可是怎么来的却不说。但必须承认，《算法概论》的作者还是算厚道的，因为后面他又稍微解释了一下：“this is, after all, the number of times the internal node is visited during encoding or decoding…”这个解释就有点让人恍然大悟了，但是千万别忘了，这种恍然大悟是一种错觉，你还是没明白为什么他会想到这一点。这就像是作者对你说“仔细观察问题的条件，我们容易发现这样一种奇妙的性质……”怎么个“仔细”法？凭什么我自己“观察”半天就是发现不了呢？霍夫曼本人难道也是死死盯着问题“观察”了一学期然后就“发现”了吗？我们有理由相信霍夫曼肯定尝试了各种各样的方法，做出了各种各样的努力，否则当年香农都没搞定的这个问题花了他一学期，难道他在这个学期里面大脑就一片空白（或者所有的尝试全都是完全不相干的徒劳），然后到学期末尾忽然“灵光一现”吗？

2. 如果“仔细观察”，我们会发现两个成本函数中频率的概念有微妙的差异，在第一个成本函数中，只有叶子节点有频率，而这个频率必须和叶子节点的深度相乘；而在第二个成本函数中，内部节点也具有了频率，可是所有节点的频率忽然全都不跟深度相乘了。频率的不同含义令人困惑。

3. 作者提到：第一个成本函数告诉我们频率最低的两个节点必然处于最优编码树的底端，作为最低内部节点的两个子节点。这是一个不严谨的说法，从前文给出的条件和性质，只能推导出编码树的最底层必然能找到频率最低的两个节点，但它们未必一定要是兄弟节点，如果树的最底层不止能容纳两个节点的话它们就可以有不同的父节点。“我们不妨考虑”这样一个例子：对 A、B、C、D 四个字母进行编码，假设它们的频率分别是 1、1、2、2。这个时候我们可以构造如下图所示的两棵树，两棵树的 cost 都是

12，都是最优的。但其中一棵树中，两个频率最低的节点并非兄弟。

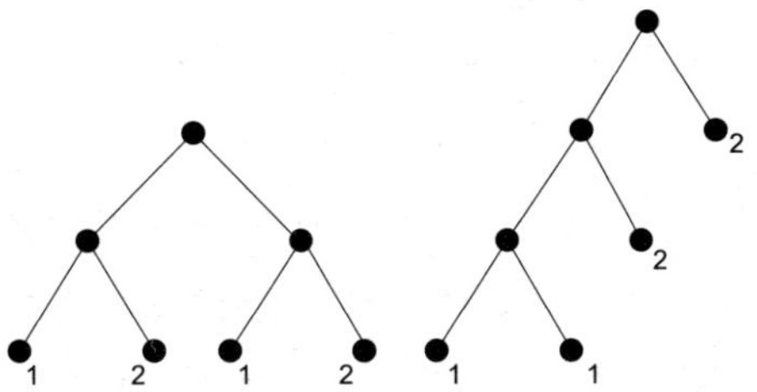

图1

为什么要提到上面这几点不显然和不严谨的地方？因为只要在算法书上看到这类地方，基本上就意味着作者其实跳过了关键的思维步骤。

不幸的是《算法概论》一书讲霍夫曼编码已经算是讲得好的了，如果你翻开著名的《算法导论》，看一看当中是怎么证明的，你就知道我说的什么意思了。有时候这些证明是如此的企图追求正式和严谨，一上来就是定义符号一大摞，让人看了就想吐。

说了这么多，有没有可能把霍夫曼编码讲得更好呢？前面说过，霍夫曼编码我记了又忘，忘了又记，好几次了，有一次终于烦了，心想如果要自己去证明，会怎么去证，那个时候我已经忘了《算法概论》里面怎么讲的了，所以我得从头来。首先，对于算法问题，有一个一般性原则：先看一看解空间的构成。对于搜索问题（最优化问题可以看作搜索问题的一个特例），这一点尤其重要。霍夫曼编码的可能的编码树是有穷的，如果穷举所有的编码树，然后找到那棵代价最小的，这种方法至少是可行的，有了可行的方法（即便是穷举）至少让人感到踏实。

接下来便是提高搜寻效率。而提高搜寻效率的关键（同样也是一个一般性原则），便是**尽量去寻找问题条件能够推导出来的性质，然后利用这些性质去避免不必要的搜寻，**例如二分搜索的效率之所以高于“穷搜”（$O(n)$），便是因为它利用了问题中的性质（有序）来避免不必要的搜寻。有时候这个性质甚至可以直接将搜寻时间降为 $O(1)$，例如在一个有序数组中寻找出现次数大于 $n/2$ 的数（假设该数存在），利用“该数一定出现在数组正中间”这个性质，我们直接就避免了所有的计算。

不过，话虽如此，有时候这些性质并不是那么“显然”的，需要对问题进行深入的折腾才能有可能发现。第三个一般性原则：如果你要搜寻的元素是某个满足特定条件的元素（例如寻找最优解的时候，“最优”的定义就是这个“特定条件”），那么可以“**倒过来推**”（数学证明常用手法，结论当条件使），即假设你已经找到了你要找的元素，那么能得出哪些结论。每一个结论都是最优解的一个必要条件，而**每一个必要条件都能够帮助你避免不必要的搜寻，因为你只要发现某个候选解不满足某个必要条件，就可以立即将其丢弃**。前面提到的寻找出现次数大于 $n/2$ 的例子是一个极端情况，我们得出的必要条件导致我们可以直接丢弃除中点元素之外的一切其他元素，再例如如果有人叫你寻找有序数组中的最小元素，你会毫不犹豫地把该数组头尾元素中较小的那个给他，因为你知道“如果那个最小元素存在，那么它必然位于头尾”—— 这个必要条件直接允许你丢弃掉 $n-2$ 个候选解。

回到霍夫曼编码问题，按照这个原则，我们会去假设已经得到了最优编码树，那么我们能够发现关于它的什么性质呢？这里又要提到另一个适用于很多最优化问题的原则（前面提到的原则适用于一般性搜索问题）。**所谓最优解，就是说比其他所有解都要更好**。虽然这句话听上去像是废话，但是它的一个直接推论 —— **比与它邻近的所有候选解都要好** —— 就是一个非常有用的、不是废话的性质了。学过微积分的都知道，光滑函数的最值点必然是大（小）于其邻域内的所有点的，然后再根据这个就自然推出该点的一阶导数（切线斜率）必然为 0 的性质，这个性质（必要条件）让我们直接省掉了去整个区间内搜索的麻烦，从而可以直接锁定有限几个候选解。那么，既然我们说最优霍夫曼树一定比它“附近”的树更好，我们就想看看，怎么来找到它附近的树。我们知道要从一个点到它附近，往往是对这个点进行一些调整，例如 $N+1$ 是到达附近的另一个整数。霍夫曼树是一棵树，所以对这棵树的所有的一次“改动”（或“折腾”）都能够到达与它的“改动”距离为 1 的点（是不是想起“编辑距离”这个概念了）。怎么改动呢？最符合直觉的（虽然并不是唯一的）改动便是把叶子节点进行互换。

于是我们得到一个重要的推论：

- 在最优霍夫曼树中，无论互换哪两个叶子节点，得到的树都变得更“差”。（严格来说是不会变得更“好”，因为最优树未必唯一。）

这个性质看上去有点像废话，值得费这么多事吗？值得。因为虽然前文说了很多，但都是大多数人大脑里面既有的、一般性的法则。前面说过，如果我们能够从我们已经掌握的一般性法则出发来推导出问题的解，那么记忆负担是最小的，因为这里面用到的所有法则我们都很清楚，也知道怎么一步步往下走。

上面这个性质究竟意味着什么呢？如果你假设这两个叶子节点的频率为 f1 和 f2，深度为 d1 和 d2，互换它们的时候，其他叶子节点的 cost 保持不变，设为常量 C，那么互换前总 cost 为 $C+f_1d_1+f_2d_2$，互换后为 $C+f_1d_2+f_2d_1$，既然互换之后的树一定更“差”，那么就是说 $f_1d_1+f_2d_2<f_1d_2+f_2d_1$，简单变换一下就得到结论：$f_1(d_1-d_2)<f_2(d_1-d_2)$，也就是说如果 $d_1<d_2$，那么 f_1 必然 $>f_2$，如果 $d_1>d_2$，那么 f_1 必然 $<f_2$。换言之就是叶子节点的深度越高，频率必须越低，否则就不可能是最优霍夫曼树。那么，之前我们觉得不那么显然的结论便呼之欲出了：频率最低的叶子节点必然位于树的最底层，频率最高的叶子节点必然位于树的最高层。

有了这个结论之后，我们便能够对最优霍夫曼树的构建走出确定性的一步，即，将频率最低的两个叶子节点放在最底层。别小看这一步，这一步已经排除了大量的可能性。这里，我们容易一开始天真地觉得最底层只有这两个叶子节点，于是它们拥有共同的父节点，**这样一来霍夫曼树的整个拼图便已经拼好了一个小小的角落**。

然后我们会产生疑问：要是它们不是兄弟怎么办呢？这里提到另一个一般性法则——**归约**。不是兄弟的情况能否归约为是兄弟的情况？反正我们要求的是一个最优解，而不是所有的最优解，我们只需证明，如果这两个最低频率的叶子不是兄弟的时候的确存在着某棵最优霍夫曼树，那么通过交换它们各自的兄弟，从而让这两个叶子团聚，修改后的树仍然是最优的就可以了。事实情况也的确如此，证明非常直接——既然这里涉及的所有 4 个节点都在最底层同一个高度上，那么互相交换的时候不会改变它们任何一个的深度值，所以总 cost 不会改变。

但是接下来我们犯了难，整个树的一个小小的樱桃状的局部是确定下来了，接下来怎么办呢？一个最自然的思路就是考虑第三小的叶子，因为前面说了，元素频率越低就越位于树的底部嘛。第三小的叶子有两种可能的归属，一是跟最小的两个叶子同样位于最底层（这不会违反我们前面得到的推论），这个时候第三小的叶子的兄弟叶子肯定是第四小的叶子，如下图：

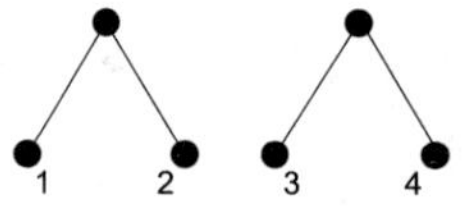

图 2

另一种归属就是往上一层去（注意，一旦第三小的叶子往上去了一层，那么剩下的所有叶子都必须至少在这个层以上），往上一层去了之后，它的兄弟是谁呢？不妨将它和刚才的第一与第二叶子的父节点结为兄弟（前面证明过，同层节点之间互换不会改变编码的 cost），如下图：

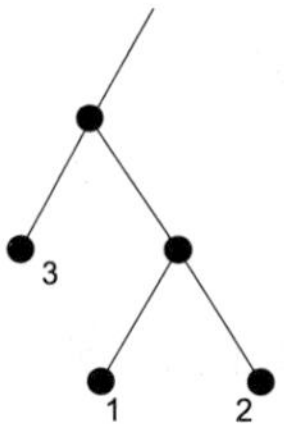

图 3

可是现在问题出现了：虽然第一步构建（最小的两个叶子节点）是确定的，但是到了第二步摆在我们面前的就有两种选择了，到底选择哪种呢？一个办法就是把两种选择都记下来，然后继续往下走。可别小看两种选择，接下去每一步都有两种选择的话就变成指数复杂度了。所以现在我们便有了动机**回头看一看，看问题中是否有什么没有发现的性质能够帮助我们再排除掉其中一种选择**。理想情况下如果每一步都是必然的、确定的，那么 N 步我们就可以构建出整棵树，这是我们希望看到的。抱着这个良好的愿望，我们仔细观察上面两种构型，一个自然而然的问题是，这两种构型都有潜质成为最优解吗？如果我们能够证明其中一种构型不能成为最优解那该多好？就省事多了嘛。这里引入另一个一般性的解题法则：**特例**。我们的**大脑喜欢具体的东西，在特例中折腾和观察会方便得多**。

上面这个 $\{1, 2, 3, 4\}$ 的例子就是个很好的特例，如下图（图中节点旁的数字一概为频率值，而非编号）：

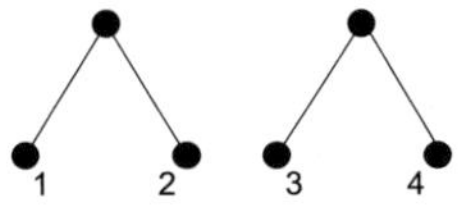

图 4

多加折腾一番也许我们不难发现，如果将 1、2 及其父节点跟叶子 4 进行交换（注意：交换时 1、2 也被一同带走了，因为反正 1、2 两个节点已确定是好兄弟永远不会分家了，折腾时只能作为一个整体移动，所以这里也可以说是**交换子树**），那么树的编码将会变得更优，因为这样一次交换会将 1 和 2 的深度 $+1$，意味着整棵树的代价 $+3$，而同时会将叶子 4 的深度 -1，也就是说整棵树的代价-4，总体上整棵树的代价就是 $+3-4=-1$（注意，在计算的时候我们只需考虑被交换的局部，因为树的其他部分的代价保持不变）。如下图：

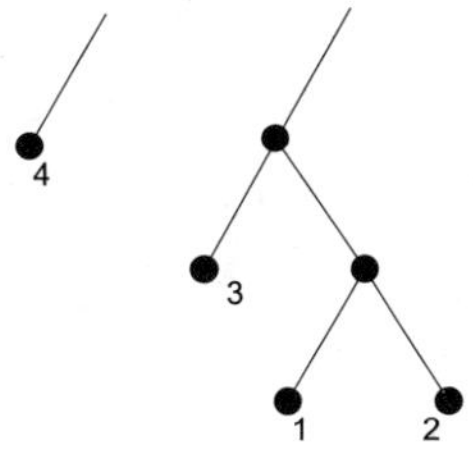

图 5

这个交换启发了我们，其实前面一开始说的交换两个叶子节点**可以推广为交换内部节点和叶子节点**，然后很快我们就会意识到其实可以推广到交换任意两个节点。（注意，当我们**说交换内部节点的时候，其实是连同该内部节点作为局部根节点的整个子树都交换过去**。）于是前面我们的推论就可以推广为：

- 在最优霍夫曼树中，无论互换哪两个节点，得到的树都变得更“差”。（交换内部节点则是连同该内部节点作为局部根的子树一同带走。）

这个推论很容易理解，只不过是多增加了一种“编辑”最优霍夫曼树的方法罢了（记住：**最优霍夫曼树无论怎么“编辑”都不会变得更“好”，包括“交换子树”这种“编辑”**）。我们前面没有想到这种“编辑”方法是因为它不那么显然，而且当时我们已经想到一种最直接的“编辑”方法了，即交换叶子，就容易顺着那个思路一直走下去，直到我们发现必须寻找新的性质，才回过头来看看有没有其他法子。

当然，并不排除一开始就想到这种推广的可能性，问题求解的过程并不是这么线性的。如果我们习惯了推而广之的思维，也许一下就能想到这个推广来。类似地，也不排除从另一种思路出发想到这种推广的可能性。所以这里只是可能的思维轨迹中的一种，重点在于其中并没有某处忽然出现一个不知从哪里冒出来的、神启一般的结论。

刚才提到，构造最优树的第二步是考虑第三小的叶子，但也有另一种常见的思维：考虑到第一步（即选取频率最小的两个叶子）所做的事情是从 N 个叶子中选择两个粘在一起作为兄弟，那么也许对于一些人来说自然而然的第二步就是试图继续选取两个节点粘在一起作为兄弟（注意，这里不仅可以选择叶子，也可以选择已经生成的内部节点），然后依次类推来拼完整棵树。按照这一思路，第二步的选项仍然还是集中在第三小的叶子上，因为这个选择要么是让第三和第四小的叶子结拜为兄弟，要么是让最小两个叶子的父节点和第三小的叶子结拜。

回到刚才我们的推论：在最优霍夫曼树中，无论互换哪两个节点，得到的树都变得更“差”(交换内部节点则是连同该内部节点作为局部根的子树一同带走)。根据这个推论我们容易计算出，**在最优霍夫曼树当中，两个内部节点 n_1 和 n_2，如果 n_1 比 n_2 更深，那么 n_1 下面所有叶子的频率之和必然要小于 n_2 下面所有叶子的频率之和**。如果交换的是一个内部节点和一个叶子节点，则道理是类似的。这个性质的证明和上面的类似，就不赘述了。

这个性质暗示了一个重要的推广结论：**如果我们把每个内部节点的所有叶子的频率之和标在它旁边，那么整棵树的每个节点便都有了一个数值，这个数值遵循统一的规律：越往深层越小**。这就意味着，我们刚才的二选一困境有办法了！将最小的两个叶子 f_1 和 f_2 合并，会生成一个新的节点 M，这个节点有一个数字（为两个叶子的频率之和 f_1+f_2），根据上面的推论，这个数字 f_1+f_2 跟所有频率一样，遵循最小的在最底层的原则，所以我们下一步必须在剩下的那些互相之间关系待确定的节点（叶子节点和内部节点）之中，即 $\{(f_1+f_2), f_3, f_4\}$ 中选择最小的两个数字结合成兄弟（由于 f_1 和 f_2 这两个节点已经铁板钉钉结为整体了，所以可以视作从集合里移除）。到这里，我们就发现递归已经出现了，接下去的过程对于绝大多数人应该就真的很显然了。

以上的解释，比《算法概论》更简短吗？显然不是，反而要长得多。其实真正的思维过程比这要更长，因为中间还会涉及各种不成功的尝试。但是它比《算法概论》中的版本更不容易被忘记，因为其中关键的思维拐点并不是毫无来由的，而是从你已经熟知的，或者说虽然不知道，但容易理解的一般性解题法则出发自然推导出来的，所以你基本上不需要记忆什么东西，因为你需要记的已经在你脑海中了。

在上面的证明过程中，还有一点不像看上去那么显然：在寻找最优霍夫曼树时，我们曾经试图去比较假想的最优树和它的“邻近”的树，从而去探索最优树的性质。但是，究竟什么是邻近的树？在前面的讲解中，我们说如果交换 A 和 B 这两个叶子节点，便得到一棵不同的树，可以看作和原树的“编辑距离”为 1 的树。但是，真的这么显然吗？难道除了交换叶子的位置，就没有其他办法去“折腾”这棵树了？后来我们看到，可以**交换子树**而不仅仅是叶子，而交换子树让我们得到了至关重要的推论。此外，如果不是交换，而是像 AVL 树那样“旋转”呢？说到底，二叉树是一个离散的东西，并不像连续值那样，天生就有“距离”这个概念。如果我们离散而孤立地去看待所有的树，那么没有什么邻近不邻近的。邻近本是一个距离的概念，除非我们定义树和树之间的距离函数，才能说邻近与否，而距离函数怎么定义才是“显然”的呢？

还有，其实以上只是试图给出最优霍夫曼树的**证明**的一个更自然的过程，而**当年霍夫曼面临这个问题的时候根本还没有人想到要用二叉树呢！更不要说在二叉树的前提之下进行证明了**。根据维基百科的介绍，霍夫曼同学当年还在读博士，而这个问题是坑爹的导师罗伯特·马利欧·法诺（Robert M. Fano）给他们作为大作业的，法诺和香农合作给出了一个不是最优的编码方案，因为得不到最优方案而寝食难安，情急之下便死马当活马医扔给他的学生们了。当年霍夫曼因为这个问题憔悴了一个学期，最后就快到截止时间时“忽然”想到二叉树这个等价模型，然后在这个模型下三下五除二就搞定了一篇流芳千古的论文，超越了其导师。

最后说两个有趣的现象，也许很多人会觉得，越是大师来写入门教科书越好。其实很多时候并非如此，尤其是在算法设计和数学领域，往往越是在其中浸淫久了的人越难写出贴近初学者的书，因为大量对初学者来说一点都不显然的事情在他看来已经是“不假思索”的了，成了他的内隐记忆，尤其是当他想要和你解释一个复杂的东西时，你就会发现他常常逻辑跳跃，满嘴跑术语，完全没有意识到别人对有些术语和隐含的逻辑根本没有像他那样的理解。

最适合将一个东西讲给别人听的时候并不是等懂了很多年以后，而是刚刚弄懂的时候。这个时候从不懂到懂的差别记忆还非常鲜明，能够清清楚楚地记得到底是哪些关键的地方是最折磨人的，也最能够站在不懂者的角度来思考问题。像波利亚这样，成了大师还能够站在不懂者角度去换位思考的，可以说是凤毛麟角；所以说前 Amazon 首席算法官（CAO）乌迪·曼博的《算法引论》绝对是本罕见的好算法书。

正如本书“知其所以然（一）：寻找那只下金蛋的鸡”一文提到的，要弄清来龙去脉，最好去看看原始作者是怎么想的，可是正如上文所说，即便是最初的发明者，在讲述的时候也会有意无意地“线性化”，我就去查看了霍夫曼最初的论文[1]，那叫一个费解，不信你可以自己看看。

1
详见勒口处“本书网址链接合集”第61条。

一般来说，可以归约为搜索算法的问题（非常多）相对还是有一些头绪的，因为搜索空间一般还比较容易界定，难点在于要从问题的条件中推导出用于节省搜索的性质。而策略设计问题则完全是另一个世界，因为策略的设计空间貌似是可列无穷的，常常让人感觉无从下手，摸不着头绪，许多让人挠头的智力问题就有这个特点（例如著名的100个囚徒和1个灯泡的房间就让很多人有这种感觉），策略设计问题也有一些较通用的法则，以后再说。

学算法时怎样才能学到背后的东西呢？以下几点很重要：

1. **不要觉得每个步骤都很显然**，每个有一定复杂度的算法背后都有一段艰辛的探索经历，觉得显然的话必然是一种幻觉。**Stay foolish**，才能发现某些环节其实并不是那么显然的。
2. 检验是否真正理解的最佳方法就是**过一段时间之后，自己试着证明一次**。如果真正理解了，你的证明便会比较顺畅，否则，凡是那些你当时觉得显然但其实不显然的地方，都会成为你证明里面缺失的环节。
3. 对于一个算法，**多寻找各种来源的资料**，也许能够找到一个讲得比较深刻的。我在本书的“数学之美番外篇：快排为什么那么快”和“知其所以然（一）：寻找那只下金蛋的鸡”里面都举到了这样的例子。
4. **多试着去抽象背后的一般性法则**，即便后来发现抽象得到的是错的，也比不去抽象要好。抽象是推广的基础。只有抽象出更深层的法则，才能让你事半功倍，触类旁通，否则一个萝卜永远是一个坑。注意，其实我们的下意识会进行一定程度的抽象，例如前面提到的原始人的例子。小溪和小河（或者小沟）在细节上是不同的，但本质上是一样的，我们的大脑会自动进行这种简单抽象，提取事物的共性。正因此，即便你不去有意识地总结一般性规律，只要你看得足够多，练得足够多，必然就会越来越谙熟。

最后留个问题：虽然按照上文的方式来构造霍夫曼树一定能够得到一个最优树，但是怎么证明一定能得到呢？乍一看这个问题似乎很多余，因为证明很简单：我们拼装整棵树的每一步都没得选，而且每一步都必然拼凑出最优树的一个小小局部，如果最终还没有得到最优树，只能说最优树不存在了，然而最优树是一定存在的，因为所有树的集合是有穷的，有穷集必有最值，因此证毕。这个证明固然是没问题的，但它其实是一个间接证明，换句话说，我们在构建树的过程中的逻辑是这样的："之所以我们选择粘接 n_1 和 n_2，是因为其他粘法必然违反最优树的两个性质，所以我们别无选择。"但是，这并没有说，我们选择了粘接 n_1 和 n_2，一定就符合了最优树的性质，也就是说"其他做法都是错"并不能推出"这种做法必然对"。这就像是你在一大堆豆子当中寻找一个特殊的豆子，你拿起一个，看看不是，扔掉，又拿起一个，还不是，扔掉，排除到最后只剩一个豆子了，假设你又知道这个特殊的豆子必然存在，那么这个时候你根本不用看就知道这个豆子一定就是你要找的。那么，你能否直接证明，拼装最优树的过程的每一步都符合最优树的性质呢？

数学之美番外篇

快排为什么那样快

猜数字

我们先来玩一个猜数字游戏：我心里默念一个 1 ~ 64 之间的数，你来猜（你只能问答案是“是”或“否”的问题）。为了保证不论在什么情况下都能以尽量少的次数猜中，你应该采取什么策略呢？很显然，二分。先猜是不是位于 1 ~ 32 之间，排除掉一半可能性，然后对区间继续二分。这种策略能够保证无论数字怎么跟你捉迷藏，都能在 $\log_2 N$ 次以内猜中。用算法的术语来说就是它的下界是最好的。

我们再来回顾一下这个游戏所蕴含的本质：为什么这种策略具有最优下界？答案也很简单，这个策略是平衡的。反之如果策略不是平衡的，比如问是不是在 1 ~ 10 之间，那么一旦发现不是在 1 ~ 10 之间的话就会剩下比 $N/2$ 更多的可能性需要去考察了。

徐宥在我们的一次讨论中提到，这种策略的本质可以概括成“让未知世界无机可乘”。它是没有“弱点的”，**答案的任何一个分支都是等概率的**。反之，一旦某个分支蕴含的可能性更多，当情况落到那个分支上的时候你就郁闷了。比如猜数字游戏最糟糕的策略就是一个一个地猜：是 1 吗？是 2 吗？…… 因为这种猜法最差的情况下需要 64 次才能猜对，下界非常糟糕。二分搜索为什么好，就是因为它每次都将可能性排除一半，并且无论如何都能排除一半（它是最糟情况下表现最好的）。

称球

给定一架天平和 12 个小球，其中有一个是坏球，需要你用最少的称量次数来确定哪个小球是坏的并且它到底是轻还是重。

这个问题是一道流传已久的智力题。网络上也有很多讲解，还有泛化到 N 个球的情况下的严格证明。也有零星的一些地方提到从信息论的角度来看待最优解法。本来我一直认为这道题目除了试错没有其他高妙的思路了，只能一个个方法试，并尽量从结果中寻找信息，然后看看哪种方案最优。

然而，实际上它的确有其他的思路，一个更本质的思路，而且根本用不着信息论这么拗口的知识。

我们先回顾一下猜数字游戏。为了保证任何情况下以最少次数猜中，我们的策略是每次都排除恰好一半的可能性。类比到称球问题上：坏球可能是 12 个球中的任意一个，这就是 12 种可能性；而其中每种可能性下坏球可能轻也可能重。于是“坏球是哪个球，是轻是重”这个问题的答案就有 12 × 2=24 种可能性。现在我们用天平来称球，就等同于对这 24 种可能性发问，由于天平的输出结果有三种，即“平衡、左倾、右倾”，这就相当于我们的问题有三个答案，即可以将所有的可能性切成三份，根据猜数字游戏的启发，我们应当尽量让这三个分支概率均等，即平均切分所有的可能性为三等分。如此一来，一次称量就可以将答案的可能性缩减为原来的 1/3，三次就能缩减为 1/27。而总共才有 24 种可能性，所以理论上是完全可以 3 次称出来的。

如何称的指导原则有了，构造一个称的策略就不是什么太困难的事情了。首先不妨解释一下为什么最直观的称法不是最优的 —— 6、6 称：在 6、6 称的时候，天平平衡的可能性是 0。刚才说了，最优策略应该使得天平三种状态的概率均等，这样才能三等分答案的所有可能性。

为了更清楚地看待这个问题，我们不妨假设有 6 个球，来考虑一下 3、3 称和 2、2 称的区别。

在称之前，一共有 12 种可能性：1 轻、1 重、2 轻、2 重、……、6 轻、6 重。现在将 1、2、3 号放在左边，4、5、6 号放在右边。3、3 称了之后，不失一般性假设天平左倾，那么小球的可能性就变成了原来的一半（6 种）：1 重、2 重、3 重、4 轻、5 轻、6 轻，即这种称法能排除一半可能性。

现在再来看 2、2 称法，即 1、2 号放左边，3、4 号放右边，剩下的 5、6 号不称，放一边。假设结果是天平平衡，那么可能性剩下 4 种：5 重、5 轻、6 重、6 轻。假设天平左倾，可能性也剩下 4 种：1 重、2 重、3 轻、4 轻。右倾和左倾的情况类似。总之，这种称法，不管天平结果如何，情况都被我们缩小到了原来的 1/3！我们充分利用了**"天平的结果状态可能有三种"这个条件来三等分所有可能性**，而不是二等分。

说到这里，剩下的事情就实在很简单了：第二步称法，只要记着这样一个指导思想——你选择的称法必须使得当天平平衡的时候答案剩下的可能性和天平左倾（右倾）的时候答案剩下的可能性一样多。实际上，这等同于你得选择一种称法，使得天平输出三种结果的概率是均等的，因为天平输出某个结果的概率就等同于所有支持这个结果（左倾、右倾、平衡）的答案可能性的和，并且答案的每个可能性都是等概率的。

戴维·麦凯（David J.C. MacKay）在他的书《信息论、推理与学习算法》（*Information Theory: Inference and Learning Algorithms*）[1]（作者开放免费电子书）里面的 4.1 节专门讲了这个称球问题，还画了一张相当直观的图：

1

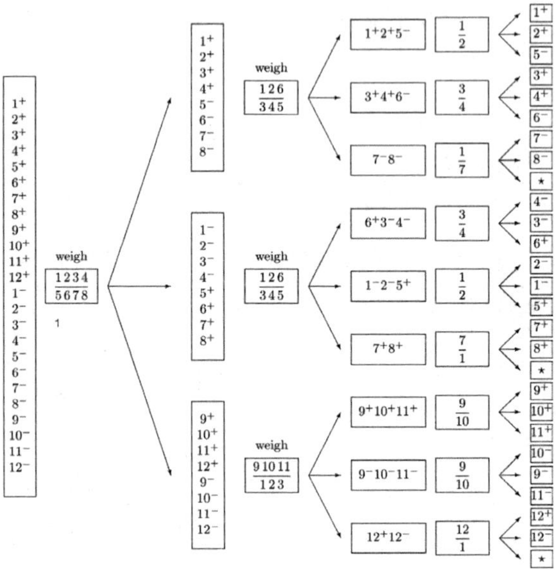

称小球的决策分支

上图中“1⁺”是指“1 号小球为重”这一可能性，一开始一共有 24 种可能性。4、4 称了之后不管哪种情况（分支），剩下来的可能性总是 4 种。这是一个完美的三等分。然后对每个分支构造第二次称法，这里你只要稍加演算就可以发现，分支 1 上的第二次称法，即“1、2、6 对 3、4、5”这种称法，天平输出三种结果的可能性是均等的（严格来说是几乎均等）。这就是这个称法能够在最坏的情况下也能表现最好的原因；没有哪个分支是它的弱点，它必然能将情况缩小到原来的 1/3。

排序

用前面看问题的视角，排序的本质可以这样来表述：一组未排序的 N 个数字，它们一共有 $N!$ 种排法，其中只有一种排列是满足题意的（例如从大到小排列）。换句话说，排序问题的可能性一共有 $N!$ 种。任何基于比较的排序的基本操作单元都是“比较 a 和 b”，这就相当于猜数字游戏里面的一个问句，显然这个问句的答案只能是“是”或“否”。一个只有两种输出的问题最多只能将可能性空间切成两半，根据上面的思路，最佳切法就是切成 1/2 和 1/2。也就是说，

我们希望在比较了 a 和 b 的大小关系之后，如果发现 $a<b$ 的话剩下的排列可能性就变成 $N!/2$，如果发现 $a>b$ 也是剩下 $N!/2$ 种可能性。由于假设每种排列的概率是均等的，所以这也就意味着支持 $a<b$ 的排列一共有 $N!/2$ 个，支持 $a>b$ 的也是 $N!/2$ 个，换言之，$a<b$ 的概率等于 $a>b$ 的概率。

我们希望每次在比较 a 和 b 的时候，$a<b$ 和 $a>b$ 的概率是均等的，这样我们就能保证无论如何都能将可能性缩小为原来的一半了！最优下界。

一个直接的推论是，如果每次都像上面这样的完美比较，那么 N 个元素的 $N!$ 种可能排列只需要 $\log_2\{N!\}$ 就排查完了，而 $\log_2\{N!\}$ 近似于 $N\log N$。这正是快排的复杂度。

1. 为什么堆排 (Heapsort) 比快排慢。回顾一下堆排的过程：

1） **建立最大堆**：堆顶的元素大于其两个儿子，两个儿子又分别大于它们各自下属的两个儿子，以此类推 。
2） **将堆顶的元素和最后一个元素对调**：相当于将堆顶元素（最大值）拿走，并将堆底的那个元素补上它的空缺，然后让那最后一个元素从顶上往下滑到恰当的位置（重新使堆最大化）。
3） **重复第二步**。

这里的关键问题就在于第二步，堆底的元素肯定很小，将它拿到堆顶和原本属于最大元素的两个子节点比较，它比它们大的可能性是微乎其微的。实际上它肯定小于其中的一个儿子，而大于另一个儿子的可能性非常小。于是，这一次比较的结果就是概率不均等的。根据前面的分析，概率不均等的比较是不明智的，因为它并不能保证在糟糕情况下也能将问题的可能性削减到原本的 1/2。可以想象一种极端情况，如果 a 肯定小于 b，那么比较 a 和 b 就会什么信息也得不到 —— 原本剩下多少可能性还是剩下多少可能性。

在堆排里面有大量这种近乎无效的比较，因为被拿到堆顶的那个元素几乎肯定是很小的，而靠近堆顶的元素又几乎肯定是很大的，将一个很小的数和一个很大的数比较，结果几乎肯定是“小于”的，这就意味着问题的可能性只被排除掉了很小一部分。

这就是为什么堆排比较慢。堆排虽然和快排一样复杂度都是 $O(N\log N)$，但堆排复杂度的常系数更大。

麦凯也提供了一个修改版的堆排 [1]：每次不是将堆底的元素拿到上面去，而是直接比较堆顶（最大）元素的两个儿子，即选出次大的元素。由于这两个儿子之间的大小关系是很不确定的，两者都很大，说不好哪个更大哪个更小，所以这次比较的两个结果就是概率均等的了（具体参见“扩展阅读”）。

2. 为什么快排其实也不是那么快。我们考虑快排的过程：随机选择一个元素做“轴元素”，将所有大于轴元素的移到左边，其余移到右边。根据这个过程，快排的第一次比较就是将一个元素和轴元素比较，这个时候显而易见的是，“大于”和“小于”的可能性各占一半。这是一次漂亮的比较。

然而，快排的第二次比较就不那么高明了：我们不妨令轴元素为 pivot，第一次比较结果是 a_1<pivot，那么可以证明第二次比较 a_2 也小于 pivot 的可能性是 2/3！这容易证明：如果 a_2>pivot 的话，那么 a_1，a_2，pivot 这三个元素之间的关系就完全确定了 —— a_1<pivot<a_2，剩余元素排列的可能性我们不妨记为 P（不需要具体算出来）。而如果 a_2<pivot 呢？那么 a_1 和 a_2 的关系就仍然是不确定的，也就是说，这个分支里面含有两种情况：a_1<a_2<pivot，以及 a_2<a_1<pivot。对于其中任一种情况，剩下的元素排列的可能性都是 P，于是这个分支里面剩下的排列可能性就是 $2P$。所以当 a_2<pivot 的时候，还剩下 2/3 的可能性需要排查。

再进一步，如果第二步比较果真发现 a_2<pivot 的话，第三步比较就更不妙了，模仿上面的推理，a_3<pivot 的概率将会是 3/4！

这就是快排也不那么快的原因，因为它也没有做到每次比较都能将剩下的可能性砍掉一半。

3. 基排 (Radix Sort) 为什么又那么快呢？ 传统的解释是，基排不是基于比较的，所以没有对应的局限性。话是没错，但其实还可以将它和基于比较的排序做一个类比。

基排的过程也许是源于我们理顺一副牌的过程：如果你有 N（$N \leqslant 13$）张牌，乱序，如何理顺呢？我们假想桌上有 13 个位置，然后我们将手里的牌一张一张放出去，如果是 3，就放在位置 3 上，如果是 J，就放在位置 11 上，放完了之后从位置 1 到位置 13 收集所有的牌（没有牌的位置上不收集任何牌）。

我们可以这样来理解基排高效的本质原因：假设前 i 张牌都已经放到了它们对应的位置上，第 i+1 张牌放出去的时候，实际上就相当于"一下子"就确立了它和前 i 张牌的大小关系，用 $O(1)$ 次的操作就可以将这张牌正确地插入前 i 张牌中的正确位置上，这个效果就相当于插入排序的第 i 轮原本需要比较 $O(i)$ 次的，现在只需要 $O(1)$ 次了。

但是，为什么基排能够达到这个效果呢？上面只是解释了过程，解释了过程不代表解释了本质。

当 i 张牌放到位之后，放置第 i+1 张牌的时候有多少种可能性？大约 i+1 种。因为前 i 张牌将 13 个位置分割成了 i+1 个区间——第 i+1 张牌可以落在任意一个区间，所以放置第 i+1 张牌就好比是询问这样一个问题："这张牌落在哪个区间呢？"而这个问题的答案有 i+1 种可能性，所以它就将剩下来的可能性均分成了 i+1 份（换句话说，砍掉了 i/i+1 的可能性！）。再看看基于比较的排序吧：由于每次比较只有两种结果，所以最多只能将剩下的可能性砍掉一半。

这就是为什么基排要快得多，而所有基于比较的排序都逃脱不了 $N\log N$ 的宿命。

信息论！信息论?

本来麦凯写那篇文章 [1] 是想用信息论来解释为什么堆排慢，以及为什么快排也慢的。麦凯在他的文章中的解释是，只有提出每种答案的概率都均等的问题，才能获得最大信息量。然而，仔细一想，其实这里信息论并不是因，而是果。这里不需要用信息论就完全能够解释，而且更明白。信息论只是对这个解释的一个形式化。当然，信息论在其他地方还是有应用的。但这里其实用不着信息论这么重量级的东西（也许具体计算一些数据的时候是需要的），而是只需要一种看问题的本质视角：将排序问题看成和猜数字一样，是通过问问题来缩小 / 排除（Narrow down）结果的可能性区间，这样一来你就会发现，“最好的问题”就是那些能够均分所有可能性的问题，因为那样的话不管问题的答案如何，都能排除掉 $k-1/k$(k 为问题的答案有多少种输出 —— 猜数字里面是 2，称球里面是 3）的可能性，而不均衡的问题总会有一个或一些答案分支排除掉的可能性要少于 $k-1/k$。于是策略的下界就被拖累了。

后续

徐宥在我们后来的讨论中继续提到：

另外，我重新把 TAOCP 第三卷 (第二版) 翻出来看了看高德纳怎么说这个问题的。
先说性能。
pp148, section 5.2.3 说：

> When N = 1000, the approximate average running time on MIX are
>
> 160000u for heapsort
>
> 130000u for shellsort
>
> 80000u for quicksort

这里高德纳发现一般情况下堆排表现很不好。于是，在下文他就说，习题 18 (第 156 页，难度 21)：

(R.W.Floyd) During the selection phase of heapsort, the key K tends to be quite small, so that nearly all the comparisons in step H6 find $K<K_j$. Show how to modify the algorithm so that K is not compared with K_j in the main loop of the computation, thereby nearly cutting the average number of comparisons in half.

答案里面的方法和麦凯的方法是一样的（我觉得麦凯是看了这个论文或 TAOCP 的）。这里说“in half”，就正好和快排差不多了。

再说信息论分析。

在 5.3.1 小节（第 181 页）高德纳就说，“排序问题可以看成是一个树上的鸟儿排排站的问题”（还特地画了一棵树）。下一段就说，“其实这个也有等价说法，就是信息论，我们从称球问题说起……”

然后后面一直讲信息论和最小比较排序……

扩展阅读

[1] 麦凯修改后的堆排请详见勒口处 “本书网址链接合集” 第 62 条。

数学之美番外篇

平凡而又神奇的贝叶斯方法

概率论只不过是把常识用数学公式表达了出来。[1]

——拉普拉斯（Pierre-Simon Laplace）

1 Probability is nothing but common sense reduced to calculation.

前言

这是一篇关于贝叶斯方法的科普文，我会尽量少用公式，多用平白的语言叙述，多举实际例子。更严格的公式和计算，我会在相应位置注明参考资料。贝叶斯方法是一个强大的推理框架，适用范围非常广，你会看到很多有趣的应用。

历史

贝叶斯方法源于托马斯·贝叶斯（Thomas Bayes）[1] 为解决逆概率（Inverse Probability）问题而写的一篇文章，而这篇文章是在他死后才由他的一位朋友发表出来的。在贝叶斯写这篇文章之前，人们已经能够计算“正向概率”，如“假设袋子里有 N 个白球，M 个黑球，你伸手进去摸一把，摸出黑球的概率是多大”。而一个自然而然的问题是反过来：“如果事先并不知道袋中黑白球的比例，我们闭着眼睛摸出一个（或好几个）球，观察这些球的颜色，据此可以对袋中黑白球的比例做出什么样的推测？”这个问题就是逆概率问题。

实际上，贝叶斯的那篇文章只是尝试直接求解这个问题，至于贝叶斯当时是否已经意识到其中包含的深刻思想，不得而知。然而后来，贝叶斯方法席卷了概率论，其应用也延伸到各个问题领域，所有需要做出概率预测的地方都可以见到贝叶斯方法的影子。贝叶斯方法同样也是机器学习的核心方法之一。

这背后的深刻原因在于，现实世界本身就是不确定的，人类的观察能力是有局限性的，否则有很大一部分科学就没有必要做了——设想我们能够直接观察到电子的运行，还需要对原子模型争吵不休吗？我们日常所观察到的只是事物表面上的结果，沿用刚才那个袋中取球的比方，我们往往只能知道从里面取出来的球是什么颜色，而并不能直接看到袋子里的实际情况。这个时候，我们就需要提出一个猜测（Hypothesis），更为严格的说法是“假设”，这里用“猜测”更通俗易懂一点。所谓猜测，当然就是不确定的，很可能有好多种乃至无数种猜测都能满足目前的观测，但也绝对不是两眼一抹黑瞎蒙。具体来说，我们需要做两件事情。

1. 算出各种不同猜测的可能性大小。
2. 算出最靠谱的猜测是什么。

第一个就是计算特定猜测的后验概率，对于连续的猜测空间则是计算猜测的概率密度函数。第二个则是所谓的模型比较，如不考虑先验概率，就是最大似然方法。

自然语言的二义性

下面举一个关于自然语言不确定性的例子。

The girl saw the boy with a telescope.

看到这句话，你对它的含义有什么猜测？一般都会说：那个女孩拿望远镜看见了那个男孩，即对于这个句子背后的实际语法结构，你的猜测是“The girl *saw-with-a-telescope* the boy”。然而，仔细一想，你会发现这个句子完全可以解释成：那个女孩看见了那个拿着望远镜的男孩（即 The girl saw *the-boy-with-a-telescope*）。那为什么日常生活中我们每个人都能迅速消解这种二义性呢？这背后到底隐藏着什么样的思维法则？我们留到后面解释。

贝叶斯公式

贝叶斯公式是怎么来的？我们还是使用维基百科上的一个例子：

> 在一所学校里，男生占 60%，女生占 40%。男生总是穿长裤，女生则一半穿长裤一半穿裙子。有了这些信息之后，比较容易计算“随机选取一个学生，他（她）穿长裤的概率和穿裙子的概率是多大”，这就是“正向概率”的计算。然而，假设你漫步校园，迎面走来一个穿长裤的学生。很遗憾，你是高度近视，只看得见他（她）穿的是否为长裤，而无法确定他（她）的性别，你能够推断出他（她）是男生的概率是多大吗？

2

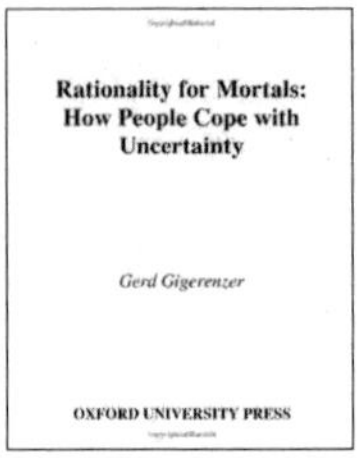

一些认知科学的研究表明（《决策与判断》及 *Rationality for Mortals* [2] 第 12 章：小孩也可以解决贝叶斯问题），我们不擅长形式化的贝叶斯问题，但很擅长以频率形式呈现的等价问题。在这里，我们不妨把问题重新叙述成：你在校园里随机游走，遇到了 N 个穿长裤的学生（仍然假设你无法直接观察到他们的性别），问这 N 个学生里有多少女生多少男生。

你会说这还不简单：算出学校里有多少穿长裤的，然后在这些人里面再算出有多少女生，不就行了？

我们来算一算：假设学校里一共有 U 个学生。男生占 60%，全都穿长裤，于是我们得到 $U \times P(\text{Boy}) \times P(\text{Pants}|\text{Boy})$ 个穿长裤的（男生）。其中 $P(\text{Boy})$ 为男生的概率 =60%，这里可以简单理解为男生的比例；$P(\text{Pants}|\text{Boy})$ 是条件概率，即在 Boy 这个条件下穿长裤的概率，这里为 100%，因为所有男生都穿长裤。

40% 的女生里又有一半（50%）是穿长裤的，于是我们又得到了 $U \times P(\text{Girl}) \times P(\text{Pants}|\text{Girl})$ 个穿长裤的（女生）。

穿长裤的学生一共是 $U \times P(\text{Boy}) \times P(\text{Pants}|\text{Boy}) + U \times P(\text{Girl}) \times P(\text{Pants}|\text{Girl})$，

其中有 $U \times P(\text{Girl}) \times P(\text{Pants}|\text{Girl})$ 个女生。两者一比就是你要求的答案。

下面我们把这个答案形式化一下：我们要求的是 $P(\text{Girl}|\text{Pants})$（穿长裤的学生里有多少女生），计算的结果是 $U \times P(\text{Girl}) \times P(\text{Pants}|\text{Girl})$ / $[U \times P(\text{Boy}) \times P(\text{Pants}|\text{Boy}) + U \times P(\text{Girl}) \times P(\text{Pants}|\text{Girl})]$。显然这里的学生总数 U 可以消去，于是得到：

$$\boldsymbol{P(\text{Girl}|\text{Pants}) = P(\text{Girl}) \times P(\text{Pants}|\text{Girl}) / [P(\text{Boy}) \times P(\text{Pants}|\text{Boy}) + P(\text{Girl}) \times P(\text{Pants}|\text{Girl})]}$$

注意，简化上面的式子，其实分母就是 $P(\text{Pants})$，分子为 $P(\text{Pants, Girl})$。而这个比例很自然地就读作：在穿长裤的学生（$P(\text{Pants})$）中有多少穿长裤的女孩（$P(\text{Pants, Girl})$）。

上式中的 Pants 和 Boy/Girl 可以指代一切东西，故一般形式就是：

$$\boldsymbol{P(\text{B}|\text{A}) = P(\text{A}|\text{B}) \times P(\text{B}) / [P(\text{A}|\text{B}) \times P(\text{B}) + P(\text{A}|\sim\text{B}) \times P(\sim\text{B})]}$$

可简化为：

$$\boldsymbol{P(\text{B}|\text{A}) = P(\text{A}|\text{B}) \times P(\text{B}) / P(\text{A})}$$

也就是通过 $P(\text{A}|\text{B})$（正向概率）来表达 $P(\text{B}|\text{A})$（逆向概率）。

其实这个就等于：

$$P(\text{B}|\text{A}) \times P(\text{A}) = P(\text{AB})$$

难怪拉普拉斯说**概率论只是把常识用数学公式表达了出来**。

然而，后面我们会逐渐发现，看似这么平凡的贝叶斯公式，背后却隐含着非常深刻的原理。

拼写纠正

经典著作《人工智能：现代方法》[3] 的作者之一彼得·诺威格（Peter Norvig）写过一篇文章，介绍如何开发一个拼写检查 / 纠正器，就用到了贝叶斯方法，这里我们不打算复述他写的文章，只简要介绍其核心思想。

3
《人工智能：现代方法》

首先，我们需要询问：**"问题是什么？"**

问题是看到用户输入了一个不在字典中的单词，我们需要去猜测："这个家伙到底真正想输入什么单词呢？"用形式化的语言来叙述就是，我们需要求下面这个概率：

P (我们猜测用户想输入的单词 | 用户实际输入的单词)

并找出那个使得这个概率最大的猜测单词。显然，我们的猜测未必是唯一的，就像前面那个自然语言歧义性的例子一样。比如用户输入 thew，那么他到底是想输入 the 还是 thaw？哪个猜测可能性更大呢？幸运的是我们可以用贝叶斯公式来直接算出它们各自的概率，不妨将我们的多个猜测记为 h_1, h_2, …（h 代表 hypothesis，即猜测），它们都属于一个有限且离散的猜测空间 H（单词总共就那么多而已），将用户实际输入的单词记为 D（D 代表 Data，即观测数据），于是，

P (我们的猜测 1 | 用户实际输入的单词)

可以抽象地记为：

$P(h_1|D)$

类似地，对于我们的猜测 2，则是 P (h_2|D)。不妨统一记为：

$P(h|D)$

运用一次贝叶斯公式可得：

$$\boldsymbol{P(h|D) = P(h) \times P(D|h) / P(D)}$$

对于不同的具体猜测 $h_1, h_2, h_3, \ldots$，P(D) 都是一样的，所以在比较 $P(h_1 \mid D)$ 和 $P(h_2 \mid D)$ 时可以忽略这个常数，即我们只需要知道：

$P(h \mid D) \propto P(h) \times P(D \mid h)$（注：$\propto$ 的意思是“正比于”）

这个式子的抽象含义是，对于给定观测数据，一个猜测（假设）是好是坏，取决于“这个猜测本身独立的可能性大小（即 P(h)，先验概率，Prior）”和“这个猜测生成我们观测到的数据的可能性大小”（即 $P(D \mid h)$，似然，Likelihood）的乘积。

具体到那个 thew 的例子，含义就是，用户实际是想输入 the 的可能性大小取决于 the 在词汇表中被使用的可能性（频繁程度）大小（先验概率）和想打 the 却打成 thew 的可能性大小（似然）的乘积。

下面的事情就很简单了，对于我们猜测为可能的每个单词计算一下 $P(h) \times P(D \mid h)$，然后取最大值，得到的就是最靠谱的猜测。

诺威格的拼写纠正器里面只提取了编辑距离为 2 以内的所有已知单词。这是为了避免去遍历字典中每个单词计算它们的 $P(h) \times P(D \mid h)$，但这种做法节省了时间却带来了一些误差。但话说回来难道我们人类真的会去遍历每个可能的单词来计算它们的后验概率吗？不可能。实际上，根据认知神经科学的观点，我们首先根据错误的单词进行逐层往上（Bottom-up）的关联提取，提取出有可

能是实际单词的那些候选单词。这个提取过程就是所谓的基于内容的提取，可以根据错误单词的一些模式片段提取出有限的一组候选，快速缩小搜索空间。比如我输入 explaination，其中就有充分的信息使得我们的大脑在常数时间内把可能性缩减到 explanation 这个单词上，至于具体是根据音节还是其他线索来提取，提取机制又是如何在生物神经网络中实现的，目前尚未完全弄清楚。然后，我们对这有限的几个猜测进行逐层往下（Top-down）预测，看看到底哪个对于观测数据（即错误单词）的预测效力最好，而如何衡量预测效率则就是用贝叶斯公式里的那个 $P(\mathrm{h}) \times P(\mathrm{D}|\mathrm{h})$ 了 —— 虽然我们很可能使用了一些启发法来简化计算。后面我们还会提到这样逐层往上的关联提取。

模型比较与奥卡姆剃刀

1. 再访拼写纠正。介绍了贝叶斯拼写纠正之后，接下来就是一系列的“为什么”。为什么要用贝叶斯公式？为什么贝叶斯公式可以用在这里？我们可以很容易地领会为什么贝叶斯公式用在前面男生女生长裤裙子的问题里是正确的。但为什么用在这里也是合理的呢？

为了回答这些问题，一个常见的思路就是想想：**非得这样吗？**因为如果你想到了另一种做法并且证明了它也是靠谱的，那么将它与现在这个做法一比较，也许就能得出很有价值的信息。那么对于拼写纠错问题你能想到其他方案吗？

一个最常见的替代方案就是，选择离 thew 的编辑距离最近的。然而 the 和 thaw 离 thew 的编辑距离都是 1。这可咋办？你说，不慌，那还是好办。我们就看到底哪个更有可能被错打为 thew 就是了。我们注意到键盘上字母 e 和字母 w 紧挨着，无名指一抽筋就不小心多按了一下 w 键，the 就变成 thew 了。而另一方面 thaw 被错打成 thew 的可能性就相对小一点，因为 e 和 a 两个键相距较远而且使用的指头相差一个指头（一个是中指一个是小指，不像 e 和 w 使用的指头靠在一块 —— 神经科学的证据表明紧邻的手指更容易串位）。很好，因为你现在已经是在用最大似然方法了，或者直白一点，你就是在计算那个使得 $P(\mathrm{D}|\mathrm{h})$ 最大的 h。

而贝叶斯方法计算的是什么？是 $P(\mathrm{h}) \times P(\mathrm{D}|\mathrm{h})$。多出来了一个 $P(\mathrm{h})$。前面提到这个 $P(\mathrm{h})$ 是特定猜测的先验概率。为什么要掺和进一个先验概率？刚才说的那个最大似然不是挺好么？它很雄辩地指出了 the 是更靠谱的猜测。有什么问题呢？既然这样，我们就从给最大似然找茬开始吧 —— 我们假设两者的似然程度是一样或非常相近，这样不就难以区分哪个猜测更靠谱了吗？例如用户输入 trlp，那到底他是想打 trop 还是 trip 呢？这个时候，最大似然不能做出决定性的判断，先验概率就可以插手进来给出指示 ——“既然你无法决定，那么我告诉你，一般来说 trip 出现的可能性要高许多，所以更可能他想打的是 trip。”

以上只是最大似然的一个问题，即并不能提供决策的全部信息。

最大似然还有另一个问题：即便一个猜测与数据非常符合，也并不代表这个猜测就是更好的猜测，因为这个猜测本身的可能性也许就非常低。比如麦凯在《信息论、推理与学习算法》中就举了一个很好的例子：–1 3 7 11，你说是等差数列更有可能，还是 $-X^3/11+9/11\times X^2+23/11$ 的每项把前项作为 X 代入后计算得到的数列？此外曲线拟合也是，平面上 N 个点总是可以用 $N-1$ 阶多项式来完全拟合，当 N 个点近似但不精确共线时，用 $N-1$ 阶多项式来拟合能够精确通过每一个点，然而用直线来做拟合 / 线性回归却会使得某些点不能位于直线上。你说到底哪个好呢？多项式？还是直线？一般来说肯定是越低阶的多项式越靠谱（当然前提是也不能忽视“似然”$P(\mathrm{D}|\mathrm{h})$，明摆着一个多项式分布你愣是去拿直线拟合也是不靠谱的，这就是为什么要把它们两者乘起来考虑），原因之一就是低阶多项式更常见，先验概率（$P(\mathrm{h})$）较大（原因之二则隐藏在 $P(\mathrm{D}|\mathrm{h})$ 中），这就是为什么我们要用样条来插值，而不是直接搞一个 $N-1$ 阶多项式来通过任意 N 个点的原因。

以上分析当中隐含的哲学是，观测数据总是会有各种各样的误差，比如观测时一不留神手一抖一个误差出现了，所以如果过分去寻求能够完美解释观测数据的模型，就会落入所谓的数据过配（Overfitting）的境地。一个过配的模型试图连误差（噪声）都去解释（而实际上噪声又是不需要解释的），显然就过犹不及了。所以 $P(\mathrm{D}|\mathrm{h})$ 大不代表你的 h（猜测）就是更好的 h，还要看 $P(\mathrm{h})$ 是

怎样的。所谓奥卡姆剃刀的精神就是，如果两个理论具有相似的解释力度，那么优先选择那个更简单的（往往也正是更平凡、更简洁、更常见的）。

过配的另一个原因在于，当观测的结果并不是因为误差而显得“不精确”，而是因为真实世界中对数据的结果产生影响的因素太多太多了，跟噪声不同，这些偏差是一些其他难以观测的，因而并未被模型所涵盖的因素集体贡献的结果（之前说噪声那是不需要模型来解释，现在这是模型解释不了）。一个现实的模型往往只提取出几个与结果相关度很高、很重要的因素（Cause）。这个时候观察数据会倾向于围绕你的有限模型的预测结果呈正态分布，于是你实际观察到的结果就是这个正态分布的随机取样，这个取样很可能受到其余因素的影响偏离你的模型所预测的中心。此时不能贪心不足地试图通过改变模型来“完美”匹配数据，因为那些使结果偏离你的预测的贡献因素不是你这个有限模型里面含有的因素所能概括的，硬要打肿脸充胖子只能导致不实际的模型。

举个教科书中的例子：身高和体重的实际关系近似于一个二阶多项式的关系，但大家都知道并不是只有身高才会对体重产生影响，物理世界影响体重的因素太多了，有人个子高但瘦如竹竿，有人却是横长竖不长。但不可否认的是，总体上来说，那些特殊情况越是特殊就越是稀少，呈围绕最普遍情况（胖瘦适中）的正态分布，这个分布就保证了我们的身高 / 体重相关模型能够在大多数情况下做出靠谱的预测。但是，特例总是存在的，就算不是特例，人有胖瘦，密度也有大小，所以完美符合身高 / 体重的某个假想二阶多项式关系的人是不存在的，我们又不是欧几里得几何世界当中的理想多面体。

因此，对人群随机抽取了 N 个样本（数据点），并试图对这 N 个数据点拟合出一个多项式。我们就得注意，它肯定得是二阶多项式，我们要做的只是去根据数据点计算出多项式各项的参数（一个典型的方法就是最小二乘）；它肯定不是直线（我们又不是稻草），也不是三阶多项式、四阶多项式……如果硬要完美拟合这 N 个点，你可能会整出一个 $N-1$ 阶多项式来（这就是强行用有限的模型去解释无限复杂度的世界了）——设想身高和体重的关系是 5 阶多项式看看？

2. 模型比较理论（Model Comparasion）与贝叶斯奥卡姆剃刀（Bayesian Occam's Razor）。实际上，模型比较就是去比较哪个模型（猜测）更可能隐藏在观察数据的背后，其基本思想前面已经用拼写纠正的例子来说明了。我们对用户实际想输入的单词的猜测就是模型，用户输错的单词就是观测数据。我们通过下面的公式来比较哪个模型最为靠谱：

$$P(\mathrm{h}|\mathrm{D}) \propto P(\mathrm{h}) \times P(\mathrm{D}|\mathrm{h})$$

前面提到，光靠 $P(\mathrm{D}|\mathrm{h})$（即似然）是不够的，有时候还需要引入 P(h) 这个先验概率。奥卡姆剃刀就是 $P(\mathrm{h})$ 较大的模型有较大的优势，而最大似然则是说最符合观测数据的（即 $P(\mathrm{D}|\mathrm{h})$ 最大的）最有优势。整个模型比较就是这两方力量的拉锯。

为了进一步说明这一精神，不妨再举一个简单的例子：随便找枚硬币，掷一下，并观察结果。好，你观察到的结果要么是"正"，要么是"反"，不妨假设你观察到的是"正"。现在你要去根据这个观测数据推断这枚硬币掷出"正"的概率是多大。根据最大似然估计的精神，我们应该猜测这枚硬币掷出"正"的概率是 1，因为这个才是能最大化 $P(\mathrm{D}|\mathrm{h})$ 的那个猜测。然而每个人都会大摇其头 —— 很显然，你随机摸出一枚硬币这枚硬币居然没有反面的概率是"不存在的"。我们对一枚随机硬币是否是一枚有偏硬币，偏了多少，有一个先验的认识。这个认识就是绝大多数硬币都是基本公平的，偏得越多的硬币越少见（可以用一个贝塔分布来表达这一先验概率）。将这个先验正态分布 $p(\theta)$（其中 θ 表示硬币掷出正面的比例，p 代表这是概率密度函数）结合到我们的问题中，我们便不是去最大化 $P(\mathrm{D}|\mathrm{h})$，而是最大化 $P(\mathrm{D}|\theta) \times p(\theta)$。显然 $\theta = 1$ 是不行的，因为 $P(\theta=1)$ 为 0，导致整个乘积也为 0。实际上，只要对这个式子求一个导数就可以得到最值点。

以上说的是当我们知道先验概率 $P(\mathrm{h})$ 时，光用最大似然是不靠谱的，因为最大似然的猜测可能先验概率非常小。然而，有些时候，我们对于先验概率一无所知，只能假设每种猜测的先验概率是均等的，这个时候就只有用最大似然了。实际上，统计学家和贝叶斯支持者有一个有趣的争论，统计学家说：我们让数据自己说话。言下之意就是要摒弃先验概率。而贝叶斯支持者则说：数据总会有各种各样的偏差，而一个靠谱的先验概率则可以使模型对这些随机噪声做到健壮（Robust）。

事实证明贝叶斯派胜利了，胜利的关键在于所谓先验概率其实也是经验统计的结果，譬如为什么我们会认为绝大多数硬币是基本公平的？为什么我们认为大多数人的肥胖适中？为什么我们认为肤色是与种族相关的，而体重则与种族无关？**先验概率中的“先验”并不是指先于一切经验，而是仅指先于我们“当前”给出的观测数据而已**，在硬币的例子中先验指的只是先于我们知道投掷的结果这个经验，而并非“先天”。

话说回来，有时候我们必须得承认，就算是基于以往的经验，我们手头的先验概率还是均匀分布，这个时候就必须依赖最大似然，我们用前面那个自然语言二义性问题来说明这一点：

The girl saw the boy with a telescope.

到底是 The girl *saw-with-a-telescope* the boy 这一语法结构，还是 The girl saw *the-boy-with-a-telescope* 呢？两种语法结构的常见程度都差不多。你可能会觉得后一种语法结构的常见程度较低，这是事后偏见，你只需想想 The girl saw the boy with a book 就知道了。当然，实际上从大规模语料统计结果来看后一种语法结构的确稍稍不常见一丁点，但是绝对不足以解释我们对第一种结构的强烈倾向。那么到底为什么呢？

我们不妨先来看看《信息论、推理与学习算法》中举的一个漂亮的例子：

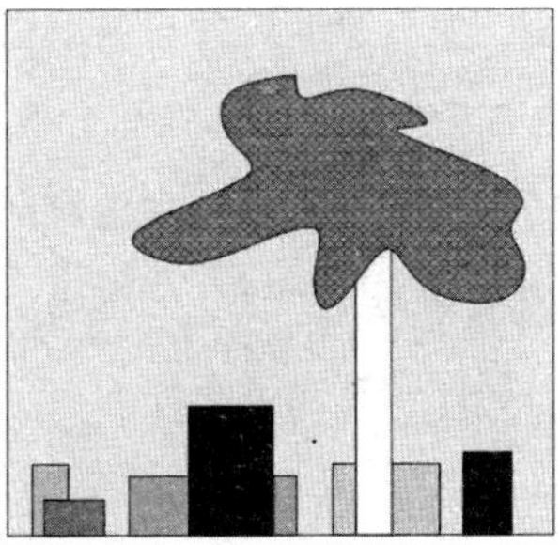

树后面到底有多少个箱子?

上图中有多少个箱子?特别地,那棵树后面到底是一个箱子?还是两个箱子?还是三个箱子?还是……你可能会觉得树后面肯定是一个箱子,但为什么不是两个呢?如下图:

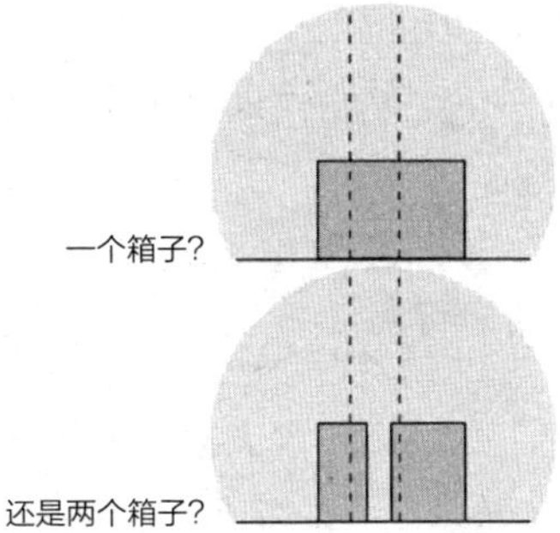

两种可能的解释

很简单,你会说:要是真的有两个箱子那才怪了,怎么就那么巧这两个箱子刚刚好颜色相同,高度相同呢?

用概率论的语言来说,你刚才的话就翻译为,猜测 h 不成立,因为 $P(D|h)$ 太小(太巧合)了。我们的直觉是,巧合(小概率)事件不会发生。所以当一个猜测(假设)使得我们的观测结果成为小概率事件的时候,我们就说“才怪呢,哪能那么巧?!”

现在我们可以回到那个自然语言二义性的例子,并给出一个完美的解释了:如果语法结构是 The girl saw the-boy-with-a-telecope，怎么那个男孩偏偏手里拿的就是望远镜 —— 一个可以被用来 saw-with 的东西呢？这也忒小概率了吧。他咋就不会拿本书呢？拿什么都好，怎么偏偏就拿了望远镜？所以唯一的解释是，这个“巧合”背后肯定有它的必然性，这个必然性就是，如果我们将语法结构解释为 The girl saw-with-a-telescope the boy，就跟数据完美吻合了 —— 既然那个女孩是用某个东西去看这个男孩的，那么这个东西是一个望远镜就完全可以解释了（不再是小概率事件了）。

事实上自然语言二义性很常见，譬如上文中就有这么一段话。

> 参见《决策与判断》及 *Rationality for Mortals* 第12章：小孩也可以解决贝叶斯问题。

就有二义性：到底是参见这两本书的第 12 章，还是仅指第二本书的第 12 章呢？如果是这两本书的第 12 章那就是咄咄怪事了，怎么恰好两本书都有第 12 章，都是讲同一个问题，更诡异的是，标题还相同呢？

注意，以上做的是似然估计（即只看 $P(\mathrm{D} \mid \mathrm{h})$ 的大小），不含先验概率。通过这两个例子，尤其是那个树后面的箱子的例子我们可以看到，似然估计里面也蕴含着奥卡姆剃刀：树后面的箱子数目越多，这个模型就越复杂。单个箱子的模型是最简单的。似然估计选择了更简单的模型。

这个就是所谓的**贝叶斯奥卡姆剃刀（Bayesian Occam's Razor）**，因为这个剃刀工作在贝叶斯公式的似然（$P(\mathrm{D}|\mathrm{h})$）上，而不是模型本身的先验概率（$P(\mathrm{h})$）上，后者是传统的奥卡姆剃刀。

关于贝叶斯奥卡姆剃刀，我们再来看一个前面提到的曲线拟合的例子：如果平面上有 N 个点，近似构成一条直线，但绝不精确地位于一条直线上，这时我们既可以用直线来拟合（模型 1），也可以用二阶多项式（模型 2）拟合，也可以用三阶多项式（模型 3），……特别地，用 $N-1$ 阶多项式便可以保证肯定能完美通过 N 个数据点。那么，这些可能的模型之中到底哪个是最靠谱的呢？

前面提到，一个衡量的依据是奥卡姆剃刀：越是高阶的多项式越是繁复和不常见的。然而，我们其实并不需要依赖于这个先验的奥卡姆剃刀，因为有人可能会争辩说：你怎么就能说越高阶的多项式越不常见呢？我偏偏觉得所有阶多项式都是等可能的。好吧，既然如此那我们不妨就扔掉 $P(\mathrm{h})$ 项，看看 $P(\mathrm{D}|\mathrm{h})$ 能告诉我们什么。我们注意到越是高阶的多项式，它的轨迹弯曲程度越大，到了八九阶简直就是直上直下，于是我们不禁要问：一个比如说八阶多项式在平面上随机生成的一堆 N 个点偏偏恰好近似构成一条直线的概率（即 $P(\mathrm{D}|\mathrm{h})$）有多大？太小太小了。反之，如果背后的模型是一条直线，那么根据该模型生成一堆近似构成直线的点的概率就大得多了。这就是贝叶斯奥卡姆剃刀。

这里只是简要介绍贝叶斯奥卡姆剃刀，强调直观解释，更多理论公式请参考《信息论、推理与学习算法》第 28 章。

3. 最小描述长度原则。贝叶斯模型比较理论与信息论有一个有趣的关联：

$$P(\mathrm{h}|\mathrm{D}) \propto P(\mathrm{h}) \times P(\mathrm{D}|\mathrm{h})$$

两边求对数，将右式的乘积变成相加：

$$\ln P(\mathrm{h}|\mathrm{D}) \propto \ln P(\mathrm{h}) + \ln P(\mathrm{D}|\mathrm{h})$$

显然，最大化 $P(\mathrm{h}|\mathrm{D})$ 也就是最大化 $\ln P(\mathrm{h}|\mathrm{D})$，而 $\ln P(\mathrm{h}) + \ln P(\mathrm{D}|\mathrm{h})$ 则可以解释为模型（或者称“假设”“猜测”）h 的编码长度加上在该模型下数据 D 的编码长度。使这个和最小的模型就是最佳模型。

而究竟如何定义一个模型的编码长度，以及数据在模型下的编码长度则是一个问题，更多可参考汤姆 · 米切尔（Tom Mitchell）的《机器学习》（*Machine Learning*[4]）的 6.6 节，或《信息论、推理与学习算法》的 28.3 节。

4
《机器学习》

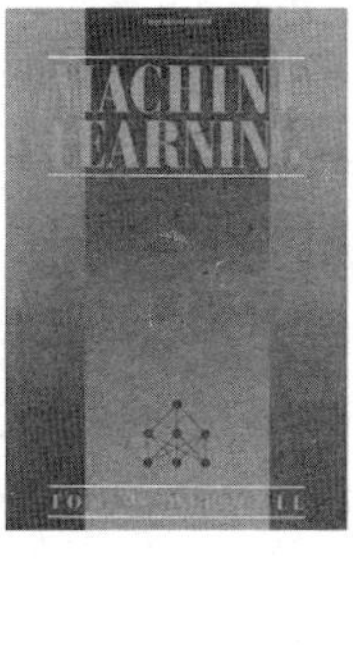

4. 最优贝叶斯推理。所谓的推理，分为两个过程：第一步是对观测数据建立

一个模型，第二步则是使用这个模型来推测未知现象发生的概率。我们前面都是讲就观测数据给出最靠谱的那个模型。然而很多时候，虽然某个模型是所有模型中最靠谱的，但是别的模型也并不是一点机会都没有。譬如第一个模型在观测数据下的概率是 0.5，第二个模型是 0.4，第三个是 0.1。如果我们只想知道对于观测数据哪个模型最有可能，那么只要取第一个就行了，故事到此结束。我们建立模型是为了推测未知事情的发生概率，这三个模型对未知事情发生的概率都会有自己的预测，仅仅因为某一个模型概率稍大一点就只听它的就太不民主了。所谓的最优贝叶斯推理就是将三个模型对于未知数据的预测结论加权平均起来（权值就是模型相应的概率）。显然，这个推理是理论上的制高点，无法再优了，毕竟它已经考虑了所有可能性。

实际上我们基本不会使用这个框架，因为：一来计算模型可能非常费时间；二来模型空间可能是连续的，即有无穷多个模型（这个时候需要计算模型的概率分布）。结果还是非常费时间。所以这个被看作是一个理论基准。

无处不在的贝叶斯

下面再举一些实际例子来说明贝叶斯方法应用之广泛，这里主要集中在机器学习方面，另外经济学领域也有大量的应用案例。

1. 中文分词。贝叶斯方法是机器学习的核心方法之一，比如中文分词领域就用到了贝叶斯方法。原 Google 资深研究员、前腾讯副总裁吴军先生在《数学之美》一书中就有一篇专门介绍中文分词，这里只介绍一下核心的思想，更多细节请参考吴军的《数学之美》。

分词问题的描述为，给定一个句子（字串），如：

南京市长江大桥

如何对这个句子进行分词（词串）才是最靠谱的？例如：

1. 南京市 / 长江大桥
2. 南京 / 市长 / 江大桥

这两个分词，到底哪个更靠谱呢？

我们用贝叶斯公式来形式化地描述这个问题，令 X 为字串（句子），Y 为词串（一种特定的分词假设）。我们就是需要寻找使得 $P(\mathrm{Y}|\mathrm{X})$ 最大的 Y，使用一次贝叶斯公式可得：

$$P(\mathrm{Y}|\mathrm{X}) \propto P(\mathrm{Y}) \times P(\mathrm{X}|\mathrm{Y})$$

用自然语言来说就是"这种分词方式（词串）的可能性"乘以"这个词串生成我们的句子的可能性"。我们进一步容易看到：可以近似地将 $P(\mathrm{X}|\mathrm{Y})$ 看作恒等于 1，因为在任意假想的一种分词方式之下句子总是精准地生成的（只需把分词之间的分界符号扔掉即可）。于是，我们只需最大化 $P(\mathrm{Y})$，也就是寻找一种分词，使得这个词串（句子）的概率最大。而如何计算一个词串：

$$\mathrm{W}_1, \mathrm{W}_2, \mathrm{W}_3, \mathrm{W}_4 \cdots$$

的可能性呢？我们知道，根据联合概率的公式展开：$P(\mathrm{W}_1, \mathrm{W}_2, \mathrm{W}_3, \mathrm{W}_4 \cdots) = P(\mathrm{W}_1) \times P(\mathrm{W}_2|\mathrm{W}_1) \times P(\mathrm{W}_3|\mathrm{W}_2, \mathrm{W}_1) \times P(\mathrm{W}_4|\mathrm{W}_1, \mathrm{W}_2, \mathrm{W}_3) \times \cdots$ 于是通过一系列条件概率（右式）的乘积，可求得整个联合概率。随着条件数目的增加（$P(\mathrm{W}_n|\mathrm{W}_{n-1}, \mathrm{W}_{n-2}, \cdots, \mathrm{W}_1)$ 的条件有 $n-1$ 个），数据稀疏问题也会越来越严重，即便语料库再大也无法统计出一个靠谱的 $P(\mathrm{W}_n|\mathrm{W}_{n-1}, \mathrm{W}_{n-2}, \cdots, \mathrm{W}_1)$。为了缓解这个问题，计算机科学家们一如既往地使用了"天真"假设：假设句子中一个词的出现概率只依赖于它前面有限的 k 个词 [k 一般不超过 3，如果只依赖于前面的一个词，就是 2 元语言模型（2-gram），同理有 3-gram、4-gram 等]，这个就是所谓的"有限地平线"假设。虽然这个假设很傻很天真，但结果表明它往往很好很强大，后面要提到的朴素贝叶斯方法使用的假设跟这个精神上是完全一致的，我们会解释为什么像这样一个天真的假设能够得到强大的结果。

目前我们只要知道，有了这个假设，刚才那个乘积就可以改写成：$P(W_1) \times P(W_2|W_1) \times P(W_3|W_2) \times P(W_4|W_3)$ …（假设每个词只依赖于它前面的一个词）。而统计 $P(W_2|W_1)$ 就不再受到数据稀疏问题的困扰了。对于前面的例子“南京市长江大桥”，如果按照自左到右的贪婪方法分词，结果就成了“南京市长 / 江大桥”。但如果按照贝叶斯分词（假设使用 3-gram），由于“南京市长”和“江大桥”在语料库中一起出现的频率为 0，这个整句的概率便会被判定为 0，从而使得“南京市 / 长江大桥”这一分词方式胜出。

有人可能会疑惑，难道我们人类也是基于这些天真的假设来进行推理的？不是的。事实上，统计机器学习方法所统计的东西往往处于相当表层（Shallow）的层面，在这个层面机器学习只能看到一些非常表面的现象。有一点科学研究的理念的人都知道：越是往表层去，世界就越是繁复多变。从机器学习的角度来说，特征（Feature）就越多，成百上千维度都是可能的。特征一多，好了，高维诅咒就产生了，数据就稀疏得要命，不够用了。而我们人类的观察水平显然比机器学习的观察水平要更高一些，为了避免数据稀疏，我们不断地发明各种装置（最典型的就是显微镜），直接深入更深层的事物层面去观察更本质的联系，而不是在浅层对表面现象做统计归纳。举一个简单的例子，通过对大规模语料库的统计，机器学习可能会发现这样一个规律：所有的“他”都是不会穿胸罩的，所有的“她”则都是穿的。然而，作为男性，却完全无需进行任何统计学习，因为深层的规律就决定了绝大部分男性根本不会去穿胸罩。至于机器学习能不能完成后者（像人类那样的）这个推理，则是人工智能领域的经典问题。至少在那之前，声称统计学习方法能够终结科学研究纯粹是外行人的说法。

2. 统计机器翻译。统计机器翻译因为简单、自动（无需手动添加规则），迅速成为机器翻译的事实标准。而统计机器翻译的核心算法也使用了贝叶斯方法。

问题是什么？统计机器翻译的问题可以描述为，给定一个句子 e，它可能的外文翻译 f 中哪个最靠谱。即我们需要计算：$P(f|e)$。一旦出现条件概率，贝叶

斯总是挺身而出：

$$P(f|e) \propto P(f) \times P(e|f)$$

这个式子的右端很容易解释：那些先验概率较高，并且更可能生成句子 e 的外文句子 f 将会胜出。我们只需简单统计（结合上面提到的 N-gram 语言模型）就可以得出任意一个外文句子 f 的出现概率。然而 $P(e|f)$ 却不是那么好求的，给定一个候选的外文句子 f，它生成（或对应）句子 e 的概率是多大呢？我们需要定义什么叫“对应”，这里需要用到一个分词对齐的平行语料库，有兴趣的读者可以参考《统计自然语言处理基础》（*Foundations of Statistical Natural Language Processing*[5]）第 13 章，这里摘选其中的一个例子：假设 e 为 John loves Mary。我们需要考察的首选 f 是：Jean aime Marie（法文）。我们需要求出 $P(e|f)$ 是多大，为此我们考虑 e 和 f 有多少种对齐的可能性，如：

5

John (Jean) loves (aime) Marie (Mary)

就是其中的一种（最靠谱的）对齐，为什么要对齐？因为一旦对齐后，就可以容易地计算在这个对齐之下的 $P(e|f)$ 是多大，只需计算：

$$P(\text{John}|\text{Jean}) \times P(\text{loves}|\text{aime}) \times P(\text{Marie}|\text{Mary})$$

即可。

然后我们遍历所有的对齐方式，并将每种对齐方式之下的翻译概率求和（Σ），便可以获得整个的 $P(e|f)$ 是多大。

话说回来，难道我们人类真的是用这种方式进行翻译的？可能性太小。这种计算的复杂性非常高，连三位数乘法都搞不定的我们才不会笨到去使用呢。根据认知神经科学的认识，很可能我们是先从句子到语义（逐层往上抽象的 folding 过程），然后从语义根据另一门语言的语法展开为另一门语言（逐层往下的具体化 unfolding 过程）。如何可计算地实现这个过程，目前仍然是个难题。我们看到很多地方都有逐层往上或逐层往下这样一个对称的过程，实际上有人猜测这正是生物神经网络原则上的运作方式，对视觉神经系统的研究尤其证明了这一点，杰夫·霍金斯（Jeff Hawkins）在《智能时代》（*On Intelligence*）中提出了一种（Hierarchical Temporal Memory，HTM）模型正是使用了这个原则。

3. 贝叶斯图像识别，Analysis by Synthesis。贝叶斯方法是一个非常具有一般性的推理框架，其核心理念可以描述成：通过合成来分析（Analysis by Synthesis）。2006 年的《认知科学发展趋势》期刊上有一篇论文就是讲用贝叶斯推理来解释视觉识别的，一图胜千言，下图就是摘自这篇论文。

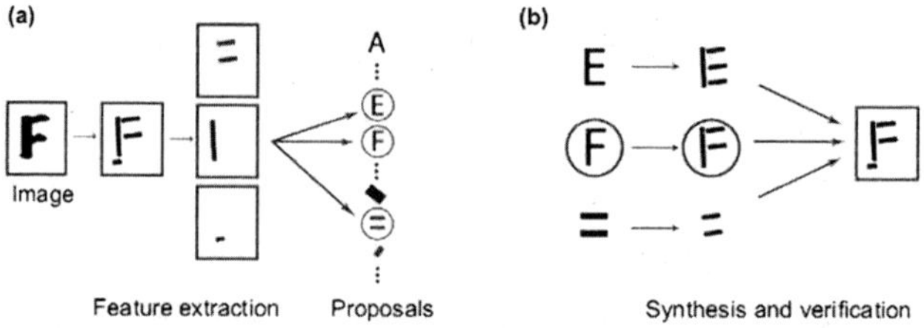

贝叶斯图像识别

首先是视觉系统提取图形的边角特征，然后使用这些特征自底向上地激活高层的抽象概念（比如是 E 还是 F 或是等号），然后使用一个自顶向下的验证来比较到底哪个概念最佳地解释了观察到的图像。

4. EM 算法与基于模型的聚类。聚类是一种无指导的机器学习问题，问题描述：给定一堆数据点，如何将它们最靠谱地分成一堆一堆的。聚类算法很多，不同的算法适用于不同的问题，这里仅介绍一个基于模型的聚类。该聚类算法假设这些数据点分别是围绕 *K* 个核心的 *K* 个正态分布源所随机生成的，借用韩家炜（Jiawei Han）的《数据挖掘：概念与技术》（*Data Ming: Concepts and Techniques*）中的图。

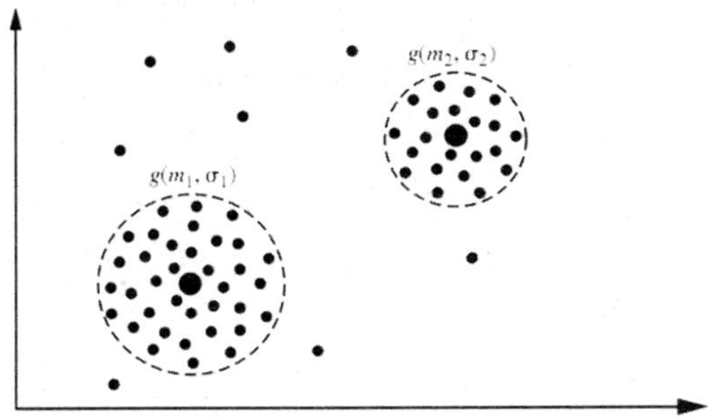

聚类

上图中有两个正态分布核心，生成了大致两堆点。我们的聚类算法就是需要根据给定的那些点，算出这两个正态分布的核心在什么位置，以及分布的参数是多少。这很明显又是一个贝叶斯问题，但这次不同的是，答案是连续的且有无穷多种可能性，更糟的是，只有当我们知道了哪些点属于同一个正态分布圈的时候才能够对这个分布的参数做出靠谱的预测，现在两堆点混在一块我们又不知道哪些点属于第一个正态分布，哪些属于第二个。反过来，只有当我们对分布的参数做出了靠谱的预测时，才能知道到底哪些点属于第一个分布，哪些点属于第二个分布。这就成了一个先有鸡还是先有蛋的问题了。为了解决这个循环依赖，总有一方要先打破僵局，说："不管了，我先随便整一个值出来，看你怎么变，然后我再根据你的变化调整我的变化。"然后如此迭代着不断互相推导，最终收敛到一个解。这就是 EM 算法。

EM 全称为"Expectation-Maximazation"（最大期望），在这个聚类问题里面，我们先随便猜一下这两个正态分布的参数：如核心在什么地方，方差是多少。然后计算出每个数据点更可能属于第一个还是第二个正态分布圈，这个是属于 Expectation（期望）一步。有了每个数据点的归属，我们就可以根据属于第一个分布的数据点来重新评估第一个分布的参数（从蛋再回到鸡），这个是 Maximazation（最大化）。如此往复，直到参数基本不再发生变化为止。这个迭代收敛过程中的贝叶斯方法在第二步，根据数据点求分布的参数上面。

5. 最大似然与最小二乘。学过线性代数的读者大概都知道用经典的最小二乘方法来做线性回归。问题描述是，给定平面上 N 个点（这里不妨假设我们想用一条直线来拟合这些点 —— 回归可以看作是拟合的特例，即允许误差的拟合），找出一条描述了这些点的最佳直线。

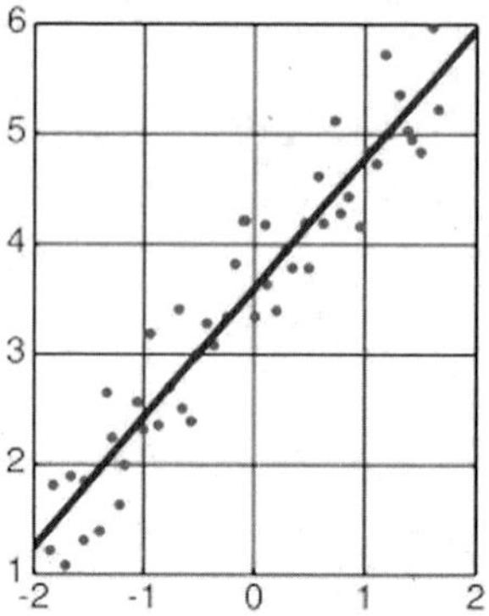

最小二乘

一个接踵而来的问题就是，我们如何定义最佳？设每个点的坐标为 (X_i, Y_i)，若直线为 $y = f(x)$，那么 (X_i, Y_i) 跟直线对这个点的"预测" $[X_i, f(X_i)]$ 就相差了一个 $\Delta Y_i = |Y_i - f(X_i)|$。最小二乘就是说寻找直线使得 $(\Delta Y_1)^2+(\Delta Y_2)^2+\cdots$（即误差的平方和）最小，至于为什么是误差的平方和而不是误差的绝对值和，统计学上也没有什么好的解释。然而贝叶斯方法却能对此提供一个完美的解释。

假设直线对于坐标 X_i 给出的预测 $f(X_i)$ 是最靠谱的预测，所有纵坐标偏离 $f(X_i)$ 的那些数据点都含有噪声，是噪声使得它们偏离了完美的一条直线，一个合理的假设就是偏离路线越远的概率越小，具体小多少，可以用一个正态分布来模拟，这个正态分布以直线对 X_i 给出的预测 $f(X_i)$ 为中心。根据正态分布概率密度函数的定义，可推出实际纵坐标为 Y_i 的点 (X_i, Y_i) 发生的概率就正比于 $\mathrm{EXP}[-(\Delta Y_i)^2]$。EXP (…) 代表以常数 e 为底的多少次方。

现在回到问题的贝叶斯方面，我们要想最大化的后验概率是：

$$P(\mathrm{h}|\mathrm{D}) \propto P(\mathrm{h}) \times P(\mathrm{D}|\mathrm{h})$$

这里 h 就是指一条特定的直线，D 就是指这 N 个数据点。我们需要寻找一条直线 h，使得 $P(\text{h}) \times P(\text{D}|\text{h})$ 最大。很显然，$P(\text{h})$ 这个先验概率是均匀的，因为哪条直线也不比另一条更优越。所以我们只需要看 $P(\text{D}|\text{h})$ 这一项，这一项是指这条直线生成这些数据点的概率，刚才说过了，生成数据点 (X_i, Y_i) 的概率为 $\text{EXP}[-(\Delta Y_i)^2]$ 乘以一个常数。而 $P(\text{D}|\text{h}) = P(\text{d}_1|\text{h}) \times P(\text{d}_2|\text{h}) \times \cdots$ 即假设各个数据点是独立生成的，所以可以把每个概率乘起来。于是生成 N 个数据点的概率为 $\text{EXP}[-(\Delta Y_1)^2] \times \text{EXP}[-(\Delta Y_2)^2] \times \text{EXP}[-(\Delta Y_3)^2] \times \cdots = \text{EXP}\{-[(\Delta Y_1)^2 + (\Delta Y_2)^2 + (\Delta Y_3)^2 + \cdots]\}$ 最大化这个概率就是要最小化 $(\Delta Y_1)^2 + (\Delta Y_2)^2 + (\Delta Y_3)^2 + \cdots$。熟悉这个式子吗？

朴素贝叶斯方法

朴素贝叶斯方法非常特别，我们用朴素贝叶斯方法在垃圾邮件过滤中的应用来举例说明。

1. 贝叶斯垃圾邮件过滤器。问题是什么？问题是，给定一封邮件，判定它是否属于垃圾邮件。按照先例，我们还是用 D 来表示这封邮件，注意 D 由 N 个单词组成。我们用 h+ 来表示垃圾邮件，h- 表示正常邮件。问题可以形式化地描述为求：

$$P(\text{h}+|\text{D}) = P(\text{h}+) \times P(\text{D}|\text{h}+) / P(\text{D})$$
$$P(\text{h}-|\text{D}) = P(\text{h}-) \times P(\text{D}|\text{h}-) / P(\text{D})$$

其中 $P(\text{h}+)$ 和 $P(\text{h}-)$ 这两个先验概率都很容易求得，只需要计算一个邮件库中垃圾邮件和正常邮件的比例就行了。然而 $P(\text{D}|\text{h}+)$ 却不容易求，因为 D 里面含有 N 个单词 $\text{d}_1, \text{d}_2, \text{d}_3, \cdots$，所以 $P(\text{D}|\text{h}+) = P(\text{d}_1,\text{d}_2,\cdots,\text{d}_n|\text{h}+)$。我们又一次遇到了数据稀疏性，为什么这么说呢？$P(\text{d}_1,\text{d}_2,\cdots,\text{d}_n|\text{h}+)$ 就是说在垃圾邮件当中出现跟我们目前这封邮件一模一样的一封邮件的概率是多大！开玩笑，每封邮件都是不同的，世界上有无穷多封邮件。瞧，这就是数据稀疏性，因为可以肯定地说，你收集的训练数据库不管包含多少封邮件，

也不可能找出一封跟目前这封一模一样的。结果呢？我们又该如何来计算 $P(d_1,d_2,\cdots,d_n|h+)$ 呢？

我们将 $P(d_1,d_2,\cdots,d_n|h+)$ 扩展为 $P(d_1|h+)\times P(d_2|d_1, h+)\times P(d_3|d_2, h+)\times\cdots$。熟悉这个式子吗？这里我们会使用一个更激进的假设，我们假设 d_i 与 d_{i-1} 是完全条件无关的，于是式子就简化为 $P(d_1|h+)\times P(d_2|h+)\times P(d_3|h+)\times\cdots$。这个就是所谓的条件独立假设，也正是朴素贝叶斯方法的朴素之处。而计算 $P(d_1|h+)\times P(d_2|h+)\times P(d_3|h+)\times\cdots$就太简单了，只要统计单词 d_i 在垃圾邮件中出现的频率即可。关于贝叶斯垃圾邮件过滤更多的内容可以参考扩展阅读 [4]，注意其中提到的其他资料。

这里为什么有这个数据稀疏问题，还是因为统计学习方法工作在浅层面。世界上的单词就算不再变多也是非常之多的，单词组成的句子也是千变万化，更不用说一篇文章了，文章数目则是无穷的，所以在这个层面做统计，肯定要被数据稀疏性困扰。我们要注意，虽然句子和文章的数目是无限的，然而就拿邮件来说，如果我们只关心邮件中句子的语义，在这个层面上可能性便大大缩减了，我们关心的抽象层面越高，可能性越小。单词集合和句子的对应是多对一的，句子和语义的对应又是多对一的，语义和意图的对应还是多对一的，这是个层级体系。神经科学的发现也表明大脑的皮层大致有一种层级结构，对应着越来越抽象的层面。

2. 为什么朴素贝叶斯方法令人诧异的好 —— 一个理论解释。朴素贝叶斯方法的条件独立假设看上去很傻很天真，为什么结果却很好很强大呢？就拿一个句子来说，我们怎么能鲁莽地声称其中任意一个单词出现的概率只受到它前面的三个或四个单词的影响呢？别说三个，有时候一个单词出现的概率就完全有可能受到上一句话的影响。那么为什么这个假设在实际中的表现却不比决策树差呢？对此，有人提出了一个理论解释，并且建立了什么时候朴素贝叶斯方法的效果能够等价于非朴素贝叶斯方法的充要条件，这个解释的核心就是，有些独立假设在各个分类之间的分布都是均匀的，所以对于似然的相对大小不产生影响；即便不是如此，也有很大的可能性使各个独立假设所产生的消极影响或积极影响互相抵消，最终导致结果受到的影响不大。具体的数学公式请参考扩展阅读[6]。

层级贝叶斯模型

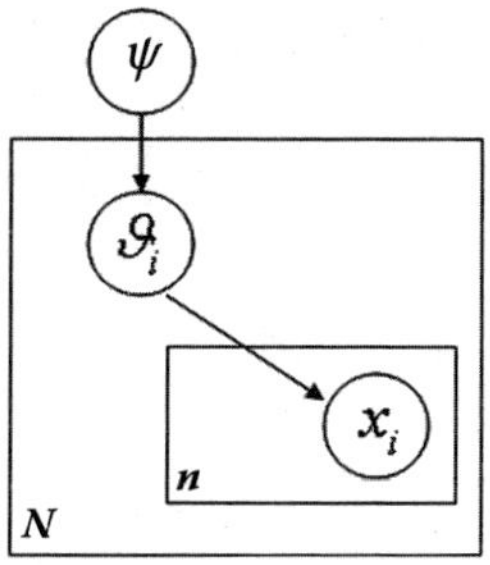

层级贝叶斯

层级贝叶斯模型是现代贝叶斯方法的标志性模型之一。前面讲的贝叶斯，都是在同一个事物层次上的各个因素之间进行统计推理，然而层次贝叶斯模型在哲学上更深入了一层，将这些因素背后的因素（原因的原因，以此类推）囊括进来。举一个教科书中的例子：如果你手头有 N 枚硬币，均由同一个工厂铸造，你把每一枚硬币掷出一个结果，然后基于这 N 个结果对这 N 个硬币的 θ（出现正面的比例）进行推理。如果根据最大似然，每个硬币的 θ 不是 1 就是 0（这个前面提到过的），然而我们又知道每个硬币的 $p(\theta)$ 是有一个先验概率的，也许是一个贝塔分布（Beta Distribution）。也就是说，每个硬币的实际投掷结果 x_i 服从以 θ 为中心的正态分布，而 θ 又服从另一个以 ψ 为中心的贝塔分布。层层因果关系就体现出来了。进而 ψ 还可能依赖于因果链上更上层的因素，以此类推。

1. 隐马可夫模型（HMM）。吴军在《数学之美》里介绍的隐马可夫模型（Hidden Markov Model，HMM）就是一个简单的层级贝叶斯模型。

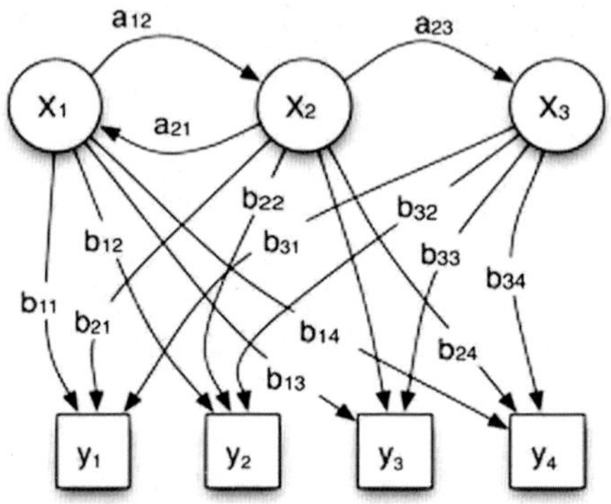

隐马尔可夫模型

那么怎么根据接收到的信息来推测说话者想表达的意思呢？我们可以利用隐马尔可夫模型来解决这些问题。以语音识别为例，当我们观测到语音信号 o_1,o_2,o_3 时，我们要根据这组信号推测出发送的句子 s_1, s_2, s_3。显然，我们应该在所有可能的句子中找最有可能性的一个。用数学语言来描述，就是在已知 $o_1,o_2,o_3\cdots$ 的情况下，求使得条件概率 $P(s_1,s_2,s_3,\cdots|o_1,o_2,o_3,\cdots)$ 达到最大值的那个句子 $s_1, s_2, s_3, \cdots$

吴军的书中省掉没说的是，$s_1,s_2,s_3,\cdots$这个句子的生成概率同时又取决于一组参数，这组参数决定了 $s_1,s_2,s_3,\cdots$这个马尔可夫链的先验生成概率。如果将这组参数记为 λ，我们实际上要求的是 $P(S|O, \lambda)$，其中 O 表示 $o_1,o_2,o_3,\cdots$，S 表示 $s_1,s_2,s_3,\cdots$。

当然，上面的概率不容易直接求出，不过我们可以间接地计算它。利用贝叶斯公式并且省掉一个常数项，可以把上述公式等价变换成：

$$P(o_1,o_2,o_3,\cdots|s_1,s_2,s_3,\cdots) \times P(s_1,s_2,s_3,\cdots)$$

其中：

$P(o_1,o_2,o_3,\cdots|s_1,s_2,s_3,\cdots)$ 表示某句话 $s_1,s_2,s_3,\cdots$ 被读成 $o_1,o_2,o_3,\cdots$ 的可能性，而

$P(s_1,s_2,s_3,\cdots)$ 表示字串 $s_1,s_2,s_3,\cdots$本身能够成为一个合乎情理的句子的可能性，所以这个公式的意义是用发送信号为 s_1, s_2, $s_3,\cdots$这个数列的可能性乘以 s_1, s_2, $s_3,\cdots$本身可以成为一个句子的可能性，得出概率。

这里，s_1, s_2, s_3, …本身可以成为一个句子的可能性其实就取决于参数 λ，也就是语言模型。所以简而言之就是发出的语音信号取决于背后实际想发出的句子，而后者的独立先验概率又取决于语言模型。

贝叶斯网络

吴军已经对贝叶斯网络做了科普，请直接阅读他的《数学之美》。

扩展阅读

[1] Wikipedia：Thomas Bayes（托马斯·贝叶斯）。

[2] 彼得·诺威格的文章请详见勒口处“本书网址链接合集”第 63 条。

[3] Wikipedia: Probability density function（概率密度函数）。

[4] 参见吴军《数学之美》（第三版）第 4 章：“谈谈分词”。

[5] Wikipedia：Bayesian spam filtering（贝叶斯垃圾邮件过滤）。

[6] 参见 Harry Zhang 的文章：The Optimality of Naive Bayes。

[7] 参见吴军《数学之美》（第三版）第 24 章：“马尔可夫链的扩展 —— 贝叶斯网络”。

康托尔、哥德尔、图灵

永恒的金色对角线

1
《数学——确定性的丧失》

2
也称递归论，是数理逻辑的一个分支。

3
也有观点认为函数式编程语言之所以没有广泛流行起来是因为一些实际的商业因素。

我看到了它，却不敢相信它[1]。

——康托尔

计算机是数学家一次失败思考的产物。

——无名氏

哥德尔（Kurt Gödel）的不完备性定理震撼了 20 世纪数学界的天空，其数学意义颠覆了希尔伯特的形式化数学的宏伟计划，其哲学意义至今仍不断被延伸到各个自然学科，深刻影响着人们的思维。图灵（Alan Mathison Turing）为了解决希尔伯特著名的第十问题而提出有效计算模型，进而做出了可计算理论[2]和现代计算机的奠基性工作，著名的停机问题给出了机械计算模型的能力极限，其深刻的意义和漂亮的证明，使它成为可计算理论中的标志性定理之一。丘齐（Alonzo Church），与图灵同时代的天才，则从另一个抽象角度提出了 λ 演算（Lambda Calculus）的思想。与图灵机抽象地倾向于硬件性不同，丘齐的 λ 演算理论是从数学的角度进行抽象，不关心运算的机械过程而只关心运算的抽象性质，只用最简洁的几条公理便建立起了与图灵机完全等价的计算模型，其体现出来的数学抽象美催生出了函数式编程语言 Lisp、Scheme、Haskell……这些以抽象性和简洁美为特点的语言至今仍然活跃在计算机科学界，虽然由于其本质上源于 λ 演算理论的抽象方式不符合人的思维习惯，从而无法成为主流的编程语言[3]，不过这并不妨碍它们成为编程理论乃至计算机学科的最佳教本，例如 MIT 那本著名的《计算机程序的构造与解释》（*Structure and Interpretation of Computer Programs*）。而神奇的 Y Combinator 仍是函数式编程语言当中最有意思的主题之一……

然而，这一切的一切，看似不很相关却又有点相关，认真思考其关系，却又有点一头雾水，背后其实隐隐藏着一条线，这条线把它们从本质上串到了一起。迎着时光的河流逆流而上，我们将会看到，这条线的尽头，不是别人，正是只手拨开被不严密性问题困扰的 19 世纪数学界阴沉天空的天才数学家康托尔，他创造性地将一一对应和对角线方法运用到无穷集合理论的建立当中。被希尔伯特称为“谁也无法将我们从康托尔为我们创造的乐园中驱逐出去”、被罗素称为“19 世纪最伟大的智者之一”的康托尔，在集合论方面的工作终于驱散了不严密性问题带来的阴霾，仿佛一道金色的阳光刺破乌云，19 世纪的数学终于看到了真正严格化的曙光，数学终于得以站在了前所未有的坚固的基础之上；集合论至今仍是数学里最基础和最重要的理论之一。而康托尔当初在研究无穷集合时最具天才的方法之一 —— 对角线方法则带来了极其深远的影响，其纯粹而直指事物本质的思想如黄钟大吕般响彻数学和哲学的每一个角落。侯世达（Douglas R.Hofstadter）的著作《哥德尔、艾舍尔、巴赫—集异璧之大成》（*Gödel, Escher, Bach: An Eternal Golden Braid* [4]）可谓围绕这一思想写就的一本奇书，值得一读。

4

随着本文的展开，你将会看到，刚才提到的一切，哥德尔的不完备性定理，图灵的停机问题，λ 演算理论中神奇的 Y Combinator，乃至著名的罗素悖论、理发师悖论，等等，其实都源自这个简洁、纯粹而同时又是最优美的数学方法。反过来说，从康托尔的对角线方法出发，我们可以轻而易举地推导出哥德尔的不完备性定理，而由后者又可以轻易导出停机问题和 Y Combinator。实际上，我们将会看到，后两者也可以直接由康托尔的对角线方法导出。尤其是 Y Combinator，这个形式上绕来绕去，看上去神秘莫测的算子，其实只是一个非常自然而然的推论，如果从哥德尔的不完备性定理出发，它甚至比停机问题还要来得直接简单。总之，你将会看到这些看似深奥的理论是如何由一个至为简单而又至为深刻的数学方法得出的，你将会看到最纯粹的数学之美。

图灵的停机问题（The Halting Problem）

了解停机问题的读者可以直接跳过这一节，阅读下一节“Y Combinator”，了解后者的再跳到下一节“哥德尔的不完备性定理”。

我们还是从图灵著名的停机问题说起，一来它相对来说是我们要说的几个定理当中最简单的，二来它也最贴近程序员。我之前也写过一篇关于图灵机的文章，有兴趣的读者可以从那篇开始，那篇主要是从理论上阐述，所以这里我打算避开抽象的理论，换一种符合程序员思维习惯的直观方式来加以解释。

停机问题

不存在这样一个程序（算法），它能够计算任何程序（算法）在给定输入上是否会结束（停机）。

那么，如何来证明这个停机问题呢？反证。假设我们某一天真做出了这么一个极度聪明的万能算法（就叫God_algo吧），你只要给它一段程序（二进制描述），再给它这段程序的输入，它就能告诉你这段程序在这个输入上会不会结束（停机），我们来编写一下这个算法吧：

```
bool God_algo(char* program, char* input)
{
    if(<program> halts on <input>)
        return true;
    return false;
}
```

假设 if 判断语句里是你天才思考的结晶，它能够像上帝一样洞察一切程序的宿命。现在，我们从这个 God_algo 出发导出一个新的算法：

```
bool Satan_algo(char* program)
{
    if( God_algo(program, program) ){
        while(1); // loop forever!
        return false; // can never get here!
    }
    else
        return true;
}
```

正如它的名字所暗示的那样，这个算法便是一切邪恶[5]的根源了。将这个算法

5 特指上面那个算法的名字 Satan。

运用到它自身，会发生什么呢？

```
Satan_algo(Satan_algo);
```

我们来分析一下这行简单的调用：

显然，Satan_algo(Satan_algo) 这个调用要么能够运行结束返回（停机），要么不能返回（loop forever）。

如果它能够结束，那么 Satan_algo 算法中那个 if 判断就会成立（因为 God_algo(Satan_algo, Satan_algo) 将会返回 true），从而程序便进入那个包含无穷循环 while(1); 的 if 分支，于是这个 Satan_algo(Satan_algo) 调用便永远不会返回（结束）了。

而如果 Satan_algo(Satan_algo) 不能结束（停机）呢，则 if 判断就会失败，从而选择另一个 if 分支并返回 true，即 Satan_algo(Satan_algo) 又能够返回（停机）。

总之，我们有：

```
Satan_algo(Satan_algo) 能够停机 => 它不能停机
Satan_algo(Satan_algo) 不能停机 => 它能够停机
```

所以它停也不是，不停也不是。左右矛盾。

于是，我们的假设，即 God_algo 算法的存在性，便不成立了。正如拉普拉斯所说："陛下，我们不需要（上帝）这个假设[6]。"

6 《数学——确定性的丧失》

这个证明相信每个程序员都能够容易地看懂。然而，这个看似不可捉摸的技巧背后，其实隐藏着深刻的数学原理（甚至是哲学原理）。在认识到这一数学原理之前，至少我当时无法理解图灵是如何想出这一绝妙证明的。但后面，在介绍了与图灵的停机问题“同构”的 Y Combinator 之后，我们会深入哥德尔的不完备性定理，而后从这一同样绝妙的定理出发，就会突然发现，离停机问题和神奇的 Y Combinator 只是咫尺之遥而已。当然，最后我们会回溯到一切的尽头，到康托尔那里，看看停机问题、Y Combinator，以及不完备性定理是如何自然而然地由康托尔的对角线方法推导出来的，我们将会看到这些看似神奇的构造性证明的背后，其实是一个简洁优美的数学方法在起作用。

Y Combinator

了解 Y Combinator 的读者请直接跳过这一节，阅读下一节“哥德尔的不完备性定理”。

让我们暂且搁下但记住绕人的图灵停机问题，走进函数式编程语言的世界，走进由跟图灵机理论等价的 λ 演算发展出来的另一个平行的语言世界。让我们来看一看被人们一代一代吟唱着的神奇的 Y Combinator。

著名逻辑学家哈斯格尔·柯里（Haskell B. Curry）师从希尔伯特，研究组合逻辑（combinatory logic），Haskell 语言和函数式编程语言中的柯里化（Currying）均以他的名字命名。哈斯格尔“发明”的组合算子 Y Combinator 仿佛有种神奇的魔力，它能够算出给定 `lambda` 表达式（函数）的不动点，从而使得递归成为可能。我们待会就会看到，Y Combinator 在神奇的表面之下，其实隐藏着深刻的意义，其背后体现的意义，曾经开出过历史上最灿烂的数学之花。

当然，要了解这个神奇的算子，我们需要一点点 λ 演算理论的基础知识，不过别担心，λ 演算理论是我目前见过的最简洁的公理系统，这个系统仅仅由三条非常简单的公理构成，而我们只需关注其中前两条。

> 下面的“λ 演算”小节专门为没有接触过 λ 演算理论的读者准备，并不属于本文的重点，不过要讨论 Y Combinator 就必须先了解一下 `lambda`。当然，从编程语言入手也行，但是你会看到，丘齐最初提出的 λ 演算理论才是最简洁和漂亮的，学起来也最省事。

λ 演算

先来看一下 lambda 表达式的基本语法（BNF，以巴克斯范式表示）：

```
<expr> ::= <identif ier>
<expr> ::= lambda <identif ier-list>. <expr>
<expr> ::= (<expr> <expr>)
```

前两条语法用于生成 lambda 表达式（lambda 函数），如：

```
lambda x y. x + y
```

为了简洁起见，Haskell 用形似的“\”来代替希腊字母 λ（lambda），故而上面的定义也可以写成：

```
\ x y. x + y
```

这是一个匿名的加法函数，它接受两个参数，返回两值相加的结果。当然，为了方便起见，这里赋予了 lambda 函数直观的计算意义，而实际上 λ 演算里一切都只不过是文本替换，有点像 C 语言的宏。此外，我们假设这里的“+”已经是一个具有原子语义的运算符（关于如何在 λ 演算系统里实现“+”操作符及自然数等等，可参见扩展阅读 [8]），为了方便我们还使用了中缀表达（按照 λ 演算系统的语法实际上应该写成“(+ x y)”才对——参考第三条语法）。

那么，函数定义出来了，怎么使用呢？最后一条规则就是用来调用一个 lambda 函数的：

```
((lambda x y. x + y) 2 3)
```

以上这一行就是把刚才定义的加法函数运用到 2 和 3 上，这个调用语法形式跟命令式语言（Imperative Language）惯用的调用形式有点区别，后者是“f(x, y)”，而这里是“(f x y)”，不过好在顺序没变。为了表达简洁，我们可以给 (lambda x y. x + y) 起个名字，像这样：

```
let Add = (lambda x y. x + y)
```

之后就可以用 Add 来表示该 lambda 函数了：

```
(Add 2 3)
```

不过还是为了方便起见，后面调用时一般写作“Add(2, 3)”，即我们熟悉的形式。

有了语法规则之后，我们便可以看一看这个语言系统的两条简单至极的公理了。

Alpha 转换公理：例如，“lambda x y. x + y”转换为“lambda a b. a + b”。换句话说，函数的参数起什么名字没有关系，可以随意替换，只要函数体中使用参数的地方也同步做相应替换即可。

Beta 转换公理：例如，“(lambda x y. x+y) 2 3”转换为“2+3”。这个就更简单了，也就是说，当把一个 lambda 函数用到参数身上时，只需用实际的参数来替换掉其函数体中的相应变量。

就这些。是不是感觉有点太简单了？但事实就是如此，λ 演算系统从根本上其实就这些东西，然而你却能够从这几个简单的公理中推演出神奇无比的 Y Combinator。我们这就开始！

递归的迷思

敏锐的你可能会发现，就以上这两条公理，我们在 λ 演算中无法表示递归函数，为什么呢？假设我们要计算经典的阶乘，递归描述肯定像这样：

```
f(n):
if n == 0 return 1
return n*f(n-1)
```

当然，上面这个程序是假定 n 为正整数。这个程序显示了一个特点，f 在定义的过程中用到了它自身。那么如何在 λ 演算系统中表达这一函数呢？理所当然的想法如下：

```
lambda n. If_Else n==0 1 n*<self>(n-1)
```

当然，上面的程序假定了 If_Else 是一个已经定义好的三元操作符，不妨比对 C 语言的“?:”操作符，后面跟的三个参数分别是判断条件、成功后求值的表达式、失败后求值的表达式。那么很显然，这个定义里面有一个地方没法解决，那就是 <self> 处应该填入什么呢？很显然，熟悉 C 这类命令式语言的读者都知道应该填入这个函数本身的名字，然而 λ 演算系统中 lambda 表达式（或称函数）是没有名字的。

怎么办？难道就没有办法实现递归了？或者说，丘齐做出的这个 λ 演算系统根本没法实现递归，在计算能力上存在重大缺陷？显然不是。马上你就会看到 Y Combinator 是如何把一个看上去非递归的 lambda 表达式像变魔术那样变成一个递归版本的。在成功之前我们再失败一次，注意下面的尝试：

```
let F = lambda n. IF_Else n==0 1 n*F(n-1)
```

看上去不错，是吗？可惜还是不行。因为 let F 只是起到一个语法糖[7]的作用，在它所代表的 lambda 表达式完全定义出来之前，无法使用 F 这个名字。更何况实际上丘齐当初的 λ 演算系统里也并没有这个语法元素，这只是刚才为了简化代码而引入的语法糖。当然，了解这个 let 语句还是有意义的，后面还会用到。

7
语法糖是编程语言中的一种语法，其作用在于使对象便于阅读和表达。

一次成功的尝试

在上面几次失败的尝试之后，我们是不是就一筹莫展了呢？别忘了软件工程里面的一条黄金定律：“任何问题都可以通过增加一个间接层来解决。”不妨将它应用到我们面临的递归问题上：没错，我们的确没办法在一个 lambda 函数的定义里面直接（按名字）来调用其自身。那可不可以间接调用呢？

我们回顾一下刚才不成功的定义：

```
lambda n. If_Else n==0 1 n*<self>(n-1)
```

现在 <self> 处不是缺少“这个函数自身”嘛，既然不能直接填入“这个函数自身”，我们可以增加一个参数，也就是说，把 <self> 参数化：

```
lambda self n. If_Else n==0 1 n*self(n-1)
```

上面这个 lambda 函数总是合法定义了吧。现在，调用这个函数时，只要加传一个参数 self，这个参数不是别人，正是这个函数自身。还是为了简单起见，我们用 let 语句来给上面这个函数起个别名：

```
let P = lambda self n. If_Else n==0 1 n*self(n-1)
```

要计算 3 的阶乘，我们可以这样调用：

```
P(P, 3)
```

也就是说，把 P 自己作为 P 的第一个参数。注意，调用时 P 已经定义完毕了，所以我们当然可以使用它的名字了。这样一来，P 里的 self 处不就等于是 P 本身了吗？自身调用自身，递归！

可惜这只是个美好的设想，还差一点点。我们分析一下 P(P, 3) 这个调用。利用前面讲的 Beta 转换公理，这个函数调用展开其实就是（你可以完全把 P 当成一个宏来进行展开！）：

```
IF_Else n==0 1 n*P(n-1)
```

看出问题了吗？这里的 P(n-1) 虽然调用到了 P，然而只给出了一个参数；而从 P 的定义来看，它是需要两个参数的（分别为 self 和 n）！也就是说，为了让 P(n-1) 变成良好的调用，还需要加一个参数才行，所以我们得稍微修改一下 P 的定义：

```
let P = lambda self n. If_Else n==0 1 n*self(self, n-1)
```

请注意，我们在 P 的函数体内调用 self 时增加了一个参数。现在，在调用 P(P, 3) 时，展开就变成了：

```
IF_Else 3==0 1 3*P(P, 3-1)
```

而 P(P, 3-1) 是对 P 合法的递归调用。这次我们真的成功了！

不动点原理

然而，看看我们的 P 的定义，是不是很丑陋？“n*self(self, n-1)”？什么玩意？为什么要多出一个多余的 self？ DRY[8]！怎么办呢？想起我们一开始定义的那个失败的 P，虽然行不通，但最初的努力往往是大脑最先想到的最直观的做法，我们来回顾一下：

8 “Don’t Repeat Yourself”的缩写。

```
let P = lambda self n. If_Else n==0 1 n*self(n-1)
```

这个 P 的函数体就非常清晰，没有冗余成分，虽然参数列表里面多出一个 self，但我们其实根本不用管它，看函数体就行了，self 这个名字已经可以说明一切了对不对？但很可惜这个函数不能用。我们再来回想一下为什么不能用呢？因为在调用 P(P, n) 时，里面的 self(n-1) 会展开为 P(n-1)，而 P 是需要两个参数的。唉，要是这里的 self 是一个“真正”的，只需要一个参数的递归阶乘函数，那该多好啊。为什么不呢？干脆我们假设出一个“真正”的递归阶乘函数：

```
power(n):
if(n==0) return 1;
return n*power(n-1);
```

但是，前面不是说过了，这个理想的版本无法在 λ 演算系统中定义出来吗（由于 lambda 函数都是没名字的，无法自己内部调用自己）？不急，我们并不需要它被定义出来，只需要在头脑中“假设”它以“某种”方式被定义出来了，现在我们把这个真正完美的 power 传给 P，这样：

```
P(power, 3)
```

注意它跟 P(P, 3) 的不同，P(P, 3) 中我们传入了一个有缺陷的 P 为参数，而 P(power, 3) 中传递的则是一个真正的递归函数 power。我们试着展开 P(power, 3)：

```
IF_Else 3==0 1 3*power(3-1)
```

发生了什么？power(3-1) 将会计算出 2 的阶乘（别忘了，power 是我们设想的完美递归函数），所以这个式子将会忠实地计算出 3 的阶乘！

回想一下我们是怎么完成这项任务的：我们设想了一个以某种方式构造出来的完美的能够内部自己调用自己的递归阶乘函数 power，我们发现若将这个 power 传给 P，P(power, n) 的展开式就是真正的递归计算 n 阶乘的代码了。

你可能要说：废话！都有 power 了我们还要费那事把它传给 P 来个 P(power, n) 干嘛？直接 power(n) 不就得了？！别急，之所以设想出这个 power 只是为了引入不动点的概念，而不动点的概念将会带领我们发现 Y Combinator。

什么是不动点？一点都不神秘。让我们考虑刚才的 power 与 P 之间的关系。一个是真正可递归的函数，另一个呢，则是以一个额外的 self 参数来试图实现递归的伪递归函数，我们已经看到了把 power 交给 P 为参数发生了什么，对吧？不，似乎还没有，我们只是看到了，“把 power 加上一个 n 一起交给 P 为参数”能够实现真正的递归。现在我们想考虑 power 跟 P 之间的关系，直接把 power 交给 P 如何？

```
P(power)
```

这是什么？这叫函数的部分求值（Partial Evaluation）。换句话说，第一个参数是给出来了，但第二个参数还悬在那里，等待给出。那么，光给一个参数得到的是什么呢？是“还剩一个参数待给的一个新的 3 函数”。其实也很简单，只要按照 Beta 转换公理做就是了，把 P 的函数体里面的 self 出现处皆替换为 power 就可以了。我们得到：

```
IF_Else n==0 1 n*power(n-1)
```

当然，这个式子里面还有一个变量没有绑定，那就是n，所以这个式子还不能求值，你需要给它一个n才能具体求值，对吧。这么说，这可不就是一个以n为参数的函数么？实际上就是的。在λ演算系统里，如果给一个lambda函数的参数不足，则得到的就是一个新的lambda函数，这个新的lambda函数所接受的参数也就是你尚未给出的那些参数。换句话来说，调用一个lambda函数可以分若干步来进行，每次只给出一部分参数，而只有等所有参数都给齐了，函数的求值结果才能出来，否则你得到的就是一个“中间函数”。

那么，这跟不动点定理有什么关系？关系大了，刚才不是说了，P(power)返回的是一个新的“中间函数”嘛？这个“中间函数”的函数体我们刚才已经看到了，就是简单地展开P(power)而已，回顾一遍：

```
IF_Else n==0 1 n*power(n-1)
```

我们已经知道，这是个函数，参数n待定。因此我们不妨给它加上一个“lambda n”的帽子，这样好看一点：

```
lambda n. IF_Else n==0 1 n*power(n-1)
```

这是什么呢？这可不就是power本身的定义（当然，如果我们能够定义power的话）？不信我们看看power如果能够定义出来像什么样子：

```
let power = lambda n. IF_Else n==0 1 n*power(n-1)
```

一模一样！也就是说，P(power)展开后跟power是一样的。即：

```
P(power) = power
```

以上就是所谓的不动点。即对于函数P来说power是这样一个“点”：当把P用到power身上的时候，得到的结果仍然还是power，也就是说，power这个“点”在P的作用下是“不动”的。

可惜的是，这一切居然都建立在一个不存在的power的基础之上，又有什么用呢？可别过早提“不存在”这个词，你觉得一样东西不存在或许只是你没有找到使它存在的正确方法。我们已经看到 power 与 P 有着密切联系。密切到什么程度呢？对于伪递归的 P，存在一个 power，满足 P(power)=power。注意，这里所说的“伪递归”的 P，是指这样的形式：

```
let P = lambda self n. If_Else n==0 1 n*self(n-1) // 注意，不是self(self,n-1)
```

一般化的描述就是，对任一伪递归 F（回想一下伪递归的 F 如何得到 —— 是我们为了解决 lambda 函数不能引用自身的问题，于是给理想的 f 加一个 self 参数从而得到的），必存在一个理想 f（F 就是从这个理想 f 演变而来的），满足 F(f) = f。

那么，现在的问题就归结为如何针对 F 找到它的 f 了。根据 F 和 f 之间的密切联系（F 就比 f 多出一个 self 参数而已），我们可以从 F 得出 f 吗？假设我们可以（又是假设），也就是说假设我们找到了一根魔棒，朝任意一个伪递归的 F 一挥，眼前一花，它就变成了真正的 f 了。这根魔棒如果存在的话，它具有什么性质？我们假设这个神奇的函数叫做 Y，把 Y 用到任何伪递归的函数 F 上就能够得到真正的 f，也就是说：

```
Y(F) = f
```

结合上面的 F(f) = f，我们得到：

```
Y(F) = f = F(f) = F(Y(F))
```

也就是说，Y 具有性质：

```
Y(F) = F(Y(F))
```

性质倒是找出来了，怎么构造出这个 Y 却又成了难题。一个办法就是使用抽象法，这是从工程学的思想的角度，也就是通过不断迭代、重构，最终找到问题的解。然而对于这里的 Y Combinator，接近问题解的过程却显得复杂而费力，甚至过程中的有些点上的思维跳跃有点如羚羊挂角无迹可寻。然而，在这整个 Y Combinator 介绍完了之后我们将会介绍著名的哥德尔不完备性定理，然后我们就会发现，通过哥德尔不完备性定理证明中的一个核心构造式，只需一步自然的推导就能得出我们的 Y Combinator。而且，最美妙的是，还可以再往下归约，把一切都归约到康托尔当初提出的对角线方法，到那时我们就会发现原来同样如羚羊挂角般的哥德尔的证明其实是对角线方法的一个自然推论。数学竟是如此奇妙，我们由简单得无法再简单的 λ 演算系统的两条公理居然能够导出如此复杂如此令人目眩神迷的 Y Combinator，而这些复杂性其实也只是荡漾在定理海洋中的涟漪，拨开复杂性的迷雾，我们重又发现它们居然寓于极度的简洁之中。这就是数学之美。

让我们先来看一看 Y Combinator 的费力而复杂的工程学构造法，我会尽量让这个过程显得自然而流畅[9]。

9
g9 的 Blog（负暄琐话）上有一系列介绍 λ 演算的文章。有两篇就是介绍 Y Combinator 的，其中有一篇以 JavaScript 语言描述了迭代式逐步抽象出 Y Combinator 的过程。

我们再次回顾一下那个伪递归的求阶乘函数：

```
let P = lambda self n. If_Else n==0 1 n*self(n-1)
```

我们的目标是找出 P 的不动点 power，根据不动点的性质，只要把 power 传给 P，即 P(power)，便能够得到真正的递归函数了。

现在，关键的地方到了，由于：

```
power = P(power) // 不动点原理
```

这就意味着，power 作为一个函数（λ 演算里一切都是函数），它是自己调用了自己的。那么，我们如何实现这样一个能够自己调用自己的 power 呢？回顾我们当初成功的一次尝试，要实现递归，我们是通过增加一个间接层来进行的：

```
let power_gen = lambda self. P(self(self))
```

还记得 self(self) 这个形式吗？我们在成功实现出求阶乘递归函数的时候不就是这么做的？那么对于现在这个 power_gen，怎么递归调用？

```
power_gen(power_gen)
```

不明白的话可以回顾一下前面我们调用 P(P, n) 的地方。这里 power_gen(power_gen) 展开后得到的是什么呢？我们根据刚才 power_gen 的定义展开看一看，原来是：

```
P(power_gen(power_gen))
```

看到了吗？也就是说：

```
power_gen(power_gen) => P(power_gen(power_gen))
```

现在，我们把 power_gen(power_gen) 当成整体看，不妨令其为 power，就看得更清楚了：

```
power => P(power)
```

这不正是我们要的答案么？

综上，对于给定的 P，只要构造出一个相应的 power_gen 如下：

```
let power_gen = lambda self. P(self(self))
```

我们就会发现，power_gen(power_gen) 这个调用展开后正是 P(power_gen(power_gen))。也就是说，power_gen(power_gen) 就是我们苦苦寻找的不动点了！

铸造 Y Combinator

现在我们终于可以铸造我们的 Y Combinator 了，Y Combinator 只要生成一个形如 power_gen 的 lambda 函数，然后把它应用到自身，就大功告成：

```
let Y = lambda F
let f_gen = lambda self. F(self(self))
return f_gen(f_gen)
```

稍微解释一下，Y 是一个 lambda 函数，它接受一个伪递归 F，在内部生成一个 f_gen(还记得我们刚才看到的 power_gen 吧)，然后把 f_gen 应用到它自身（记得 power_gen(power_gen) 吧），得到的这个 f_gen(f_gen) 也就是 F 的不动点了（因为 f_gen(f_gen) = F(f_gen(f_gen))），而根据不动点的性质，F 的不动点也就是那个对应于 F 的真正的递归函数！

如果你还是半信半疑，我们稍微展开一下看看，还是拿阶乘函数说事，首先我们定义阶乘函数的伪递归版本：

```
let Pwr = lambda self n. If_Else n==0 1 n*self(n-1)
```

将这个 Pwr 交给 Y，看会发生什么（根据刚才 Y 的定义展开吧）：

```
Y(Pwr) =>
let f_gen = lambda self. Pwr(self(self))
return f_gen(f_gen)
```

Y(Pwr) 的求值结果就是里面返回的那个 f_gen(f_gen)，我们再根据 f_gen 的定义展开 f_gen(f_gen)，得到：

```
Pwr(f_gen(f_gen))
```

也就是说：

```
Y(Pwr) => f_gen(f_gen) => Pwr(f_gen(f_gen))
```

我们来看看得到的这个 Pwr(f_gen(f_gen)) 到底是不是真有递归的魔力。我们展开它（注意，因为 Pwr 需要两个参数，而我们这里只给出了一个，所以 Pwr(f_gen(f_gen)) 得到的是一个单参（即 n）的函数）：

```
Pwr(f_gen(f_gen)) => If_Else n==0 1 n*f_gen(f_gen) (n-1)
```

而里面的那个 f_gen(f_gen)，根据 f_gen 的定义，又会展开为 Pwr(f_gen(f_gen))，所以：

```
Pwr(f_gen(f_gen)) => If_Else n==0 1 n* Pwr(f_gen(f_gen)) (n-1)
```

看到加粗的部分了吗？因为 Pwr(f_gen(f_gen)) 是一个接受 n 为参数的函数，所以不妨把它令成 f（f 的参数是 n），这样上面的式子就是：

```
f => If_Else n==0 1 n*f(n-1)
```

完美的阶乘函数！

哥德尔的不完备性定理

了解哥德尔不完备性定理的读者可以跳到下一节。

然而，漫长的 Y Combinator 征途仍然并非本文的最终目的，对于 Y Combinator 的构造和解释，只是给不了解 λ 演算或 Y Combinator 的读者看的。关键是马上你会看到 Y Combinator 可以由哥德尔不完备性定理证明的一个核心构造式一眼瞧出来！

让我们的思绪回到 1931 年，那个数学界风起云涌的年代，一个名不见经传的 20 出头的学生，在他的博士论文中证明了一个惊天动地的结论。

在那个年代，希尔伯特的数学天才就像太阳的光芒一般夺目，在关于数学严格化的大纷争中希尔伯特带领的形式主义派系技压群雄，得到许多当时有名望的数学家的支持。希尔伯特希望借助于形式化的手段，抽掉数学证明中的意义，把数学证明抽象成一堆无意义的符号转换，就连我们人类赖以自豪的逻辑推导，也不过只是一堆堆符号转换而已（想起 λ 演算系统了吧）。这样一来，一个我们日常所谓的、带有直观意义和解释的数学系统就变成了一个纯粹由无意义符号表达的、公理加上推导规则所构成的形式系统，而数学证明呢，只不过是在这个系统内玩的一个文字游戏。令人惊讶的是，这样一种做法，真的是可行的！数学的意义，似乎竟然真的可以被抽掉！另一方面，一个形式系统具有非常好的性质，平时人们证明一个定理所动用的推导，变成了纯粹机械的符号变换。希尔伯特希望能够证明，在任一个无矛盾的形式系统中所能表达的所有陈述都要么能够证明要么能够证伪。这看起来是个非常直观的结论，因为一个结论要么是真要么是假，而它在它所处的领域 / 系统中当然应该能够证明或证伪了（只要我们能够揭示出该系统中足够多的真理）。

然而，哥德尔的证明无情地击碎了这一企图，哥德尔的证明揭示出，任何足够强到蕴含了皮亚诺算术系统（PA）的一致（即无矛盾）的系统都是不完备的，所谓不完备，也就是说在系统内存在一个为真但无法在系统内推导出的命题。这在当时的数学界掀起了轩然大波，其证明不仅具有数学意义，而且蕴含了深刻的哲学意义。从那时起这一不完备性定理就被引申到自然科学乃至人文科学的各个角落……至今还没有任何一个数学定理居然能够产生这么广泛而深远的影响。

哥德尔的证明非常长，达到了 200 多页纸，但其中很大的部分是用在了一些辅助性的工作上面，比如超过1/3的篇幅是关于一个形式系统如何映射到自然数，也就是说，如何把一个形式系统中的所有公式都表示为自然数，并可以从这一自然数反过来得出相应的公式。这其实就是编码，在我们现在看来是很显然的，因为一个程序就可以被编码成二进制数，反过来也可以解码。但是在当时这是一个全新的思想，也是最关键的辅助性工作之一，另一方面，这正是“程序即数据”的最初想法。

现在我们知道，要证明哥德尔的不完备性定理，只需在假定的形式系统 T 内表达出一个为真但无法在 T 内推导出（证明）的命题。于是哥德尔构造了这样一个命题，用自然语言表达就是：命题 P 说的是“P 不可在系统 T 内证明”（这里的系统 T 当然就是我们的命题 P 所处的形式系统了），也就是说“我不可以被证明”，跟著名的说谎者悖论非常相似，只是把“说谎”改成了“不可以被证明”。我们注意到，一旦这个命题能够在 T 内表达出来，我们就可以得出“P 为真但无法在 T 内推导出来”的结论，从而证明 T 的不完备性。为什么呢？我们假设 T 可以证明出 P，而因为 P 说的就是 P 不可在系统 T 内证明，于是我们又得到 T 无法证明出 P，矛盾产生，说明我们的假设“T 可以证明 P”是错误的，根据排中律，我们得到 T 不可以证明 P，而由于 P 说的正是“T 不可证明 P”，所以 P 就成了一个正确的命题，同时无法由 T 内证明！

如果你足够敏锐，你会发现上面这番推理本身不就是证明吗？其证明的结果不就是 P 是正确的？然而实际上这番证明是位于 T 系统之外的，它用到了一个关于T 系统的假设“T 是一致（无矛盾）的”，这个假设并非 T 系统里面的内容，所以我们刚才其实是在 T 系统之外推导出了 P 是正确的，这跟 P 不能在 T 内推导出来并不矛盾。所以别担心，一切都正常。

那么，剩下来最关键的问题就是如何用形式语言在 T 内表达出这个 P，上面的理论虽然漂亮，但若是 P 根本没法在 T 内表达出来，我们又如何能证明“T 内存在这个为真但无法被证明的 P”呢？那一切还不是白搭？

于是，就有了哥德尔证明里面最核心的构造，哥德尔构造了这样一个公式：

```
N(n) is unprovable in T
```

这个公式由两部分构成，n 是这个公式的自由变量，它是一个自然数，一旦给定，那么这个公式就变成一个明确的命题。而 N 则是从 n 解码出的货真价实的（即我们常见的符号形式的）公式（记得哥德尔的证明第一部分就是把公式编码吗）。“is unprovable in T”则是一个谓词，这里我们没有用形式语言而是用自然语言表达出来的，但哥德尔证明了它是可以用形式语言表达出来的，大致思路就是：一个形式系统中的符号数目是有限的，它们构成这个形式系统的符号表。于是，我们可以依次枚举出所有长度为 1 的串，长度为 2 的串，长度为 3 的串……此外根据形式系统给出的语法规则，我们可以检查每个串是否是良构的公式（well formed formula，简称 wff，其实也就是说，是否符合语法规则，前面我们在介绍 λ 演算时看到了，一个形式系统是需要语法规则的，比如逻辑语言形式化之后我们就会看到 P->Q 是一个 wff，而 ->PQ 则不是），因而我们就可以枚举出所有的 wff 来。最关键的是，我们观察到形式系统中的证明也不过就是由一个个的 wff 构成的序列（想想推导的过程，不就是一个公式接一个公式嘛）。而 wff 构成的序列本身同样也是由符号表内的符号构成的串。所以我们只需枚举所有的串，对每一个串检查它是否是一个由 wff 构成的序列（证明），如果是，则记录下这个 wff 序列（证明）的最后一个 wff，也就是它的结论。这样我们便枚举出了所有的可由 T 推导出的定理。然后为了表达出“X is unprovable in T”，本质上我们只需说“不存在这样一个自然数 S，它所解码出来的 wff 序列以 X 为终结”！这也就是说，我们表达出了“is unprovable in T”这个谓词。

我们用 UnPr(X) 来表达“X is unprovable in T”，于是哥德尔的公式变成了：

```
UnPr( N(n) )
```

现在，到了最关键的部分，首先我们把这个公式简记为 G(n) —— 别忘了 G 内有一个自由变量 n，所以 G 现在还不是一个命题，而只是一个公式，所以谈不上真假：

```
G(n): UnPr( N(n) )
```

又由于 G 也是个 wff，所以它也有自己的编码 g，当然 g 是一个自然数，现在我们把 g 作为 G 的参数，也就是说，把 G 里面的自由变量 n 替换为 g，于是得到一个真正的命题：

```
G(g): UnPr( G(g) )
```

用自然语言来说，这个命题 G(g) 说的就是“我是不可在 T 内证明的”。看，我们在形式系统 T 内表达出了“我是不可在 T 内证明的”这个命题。而我们一开始已经讲过了如何用这个命题来推断出 G(g) 为真但无法在 T 内证明，于是这就证明了哥德尔的不完备性定理。实际上这只是第一不完备性定理，它还有一个推论，被称为第二不完备性定理，说的是任一个系统 T 内无法证明这个系统本身的一致性。这个定理的证明核心思想如下：我们前面证明第一不完备性定理的时候用的推断其实就表明 Con/T -> G(g)（自然语言描述就是，由系统 T 的无矛盾，可以推出 G(g) 成立），而这个“Con/T -> G(g)”本身又是可以在 T 内表达且证明出来的（具体怎么表达就不再多说了）—— 只需要用排中律即可。于是我们立即得到，T 里面无法推出 Con/T，因为一旦推出 Con/T 就立即推出 G(g)，从而推出 UnPr(G(g))，这就矛盾了。所以，Con/T 无法在 T 内推出（证明）。

哥德尔的不完备性定理被称为 20 世纪数学最重大的发现（不知道有没有“之一”）现在我们知道为真但无法在系统内证明的命题不仅仅是这个诡异的“哥德尔命题”，还有很多真正有意义的明确命题，其中最著名的就是连续统假设[10]，此外哥德巴赫猜想也有可能是个没法在数论系统中证明的真命题。

10 在数学中，连续统假设是关于无限集合的可能大小的假设，这一假设是由康托尔于 1877 年提出的。

从哥德尔公式到 Y Combinator

哥德尔的不完备性定理证明了数学是一个未完结的学科，永远有需要我们以人的头脑从系统之外去用我们独有的直觉发现的东西。罗杰·彭罗斯在《皇帝新脑》（*The Emperor's New Mind*[11]）中用它来证明人工智能的不可实现。当然，这个结论是很受质疑的。但哥德尔的不完备性定理的确还有很多有趣的推论，数学的和哲学上的。哥德尔的不完备性定理最深刻的地方就是它揭示了自指（或称自引用，递归调用自身，等等）结构的普遍存在性，我们再来看一看哥德尔命题的绝妙构造：

11 《皇帝新脑》

```
G(n): UnPr( N(n) )
```

我们注意到，这里的 UnPr 其实是一个形式化的谓词，它不一定要说“X 在 T 内可证明”，我们可以把它泛化为一个一般化的谓词 P：

```
G(n): P( N(n) )
```

也就是说，对于任意一个单参的谓词 P，都存在上面这个哥德尔公式。然后我们算出这个哥德尔公式的自然数编码 g，然后把它扔给 G，就得到：

```
G(g): P( G(g) )
```

是不是很熟悉这个结构？我们的 Y Combinator 的构造不就是这样一个形式？我们把 G 和 P 都看成一元函数，G(g) 可不正是 P 这个函数的不动点么！于是，**我们从哥德尔的证明里面直接看到了 Y Combinator！**

至于如何从哥德尔的证明联系到停机问题，就留给你去解决吧，因为更重要的还在后面。我们看到，哥德尔的证明虽然巧妙至极，然而其背后的思维过程仍然不可捉摸，至少我当时看到 G(n) 的时候搞不懂他怎么想到的。难道是某一个瞬间“灵光一现”？一般我是不信这一说的，已经有越来越多的科学研究表明一瞬间的“灵感”往往是潜意识长期思考的结果。哥德尔天才的证明也不例外，我们马上就会看到，在这个神秘的构造背后，其实隐藏着某种更深的东西，这就是康托尔在 19 世纪 80 年代研究无穷集合和超限数时引入的对角线方法。这个方法仿佛有种神奇的力量，能够揭示出某种自指的结构来，而同时，这又是一个极度简单的手法，通过它我们能够得到数学里面一些非常奇妙的性质。无论是哥德尔的不完备性定理还是再后来丘齐建立的 λ 演算，抑或我们非常熟悉的图灵机理论里的停机问题，其实都只是这个手法简单推演的结果！

大道至简——康托尔的天才

“大道至简”这个名词或许更多出现在文学和哲学里面，一般用在一些模糊玄乎的哲学观点上。然而，用在这里，数学上，这个名词才终于适得其所。大道至简，看上去最复杂的理论其实建立在一个最简单最纯粹的道理之上。

康托尔在无穷集合和超限数方面的工作主要集中在两篇突破性的论文上，这也是我所见过的最纯粹最美妙的数学论文。现代的数学理论充斥了太多复杂的符号和概念，很多时候让人看不到最本质的东西。当然，不否认这些东西很多也是有用的，然而，要领悟真正的数学之美，像集合论和数论这种纯粹的东西，真的非常适合。不过这里就不过多谈论数学的细节了，只说康托尔引入对角线方法的动机和什么是对角线方法。

神奇的一一对应

康托尔在研究无穷集合的时候，富有洞察性地看到了对于无穷集合的大小问题，不能再使用直观的“所含元素的个数”来描述，于是他创造性地将一一对应引入进来，两个无穷集合“大小”一样当且仅当它们的元素之间能够构成一一对应。这是一个非常直观的概念，一一对应嘛，当然个数相等了，是不是呢？然而这同时就是它不直观的地方了。对于无穷集合，我们日常的所谓“个数”的概念不管用了，因为无穷集合里面的元素个数本就是无穷多个。不信我们来看一个小小的例子。我们说自然数集合能够跟偶数集合构成一一对应，从而自然数集合跟偶数集合里面元素“个数”是一样多的。怎么可能？偶数集合是自然数集合的真子集，所有偶数都是自然数，但自然数里面还包含奇数呢，说起来应该是二倍的关系不是？不是！我们只要这样来构造一一对应：

```
1 2 3 4…
2 4 6 8…
```

用函数来描述就是 `f(n) = 2n`。检验一下是不是一一对应的？不可思议对吗？还有更不可思议的，自然数集是跟有理数集一一对应的！对应函数的构造就留给你解决吧，一点提示，按如下方式来挨个数所有的有理数：

```
1/1 1/2 2/1 1/3 2/2 3/1 1/4 2/3 3/2 4/1 ……
```

用这种一一对应的手法还可以得到很多惊人的结论，如一条直线上所有的点跟一个平面上所有的点构成一一对应（也就是说复数集合跟实数集合构成一一对应）。以至于连康托尔自己都不敢相信自己的眼睛了，这也就是为什么他在给戴得金（Julius Wilhelm Richard Dedekind）的信中会说“我看到了它，却不敢相信它”。

然而，除了一一对应，还有没有不能构成一一对应的两个无穷集合呢？有。实数集合就比自然数集合要“大”，它们之间实际上无法构成一一对应。这就是康托尔的对角线方法要解决的问题。

实数集和自然数集无法构成一一对应？！

我们只需将实数的小数位展开，并且我们假设实数集能够与自然数集一一对应，也就是说假设实数集可列，所以我们把它们与自然数一一对应列出，如下：

1 $a_{10}.a_{11}a_{12}a_{13}$……

2 $a_{20}.a_{21}a_{22}a_{23}$……

3 $a_{30}.a_{31}a_{32}a_{33}$……

4 ……

5 ……

现在，我们构造一个新的实数，它的第 i 位小数不等于 a_{ii}。也就是说，它跟上面列出的每一个实数都至少有一个对应的小数位不等，也就是说，它不等于我们上面列出的所有实数，这跟我们上面假设已经列出了所有实数的说法相矛盾。所以实数集只能是不可列的，即不可与自然数集一一对应！这是对角线方法的最简单应用。

对角线方法——停机问题的深刻含义

对角线方法有很多非常奇妙的结论。其中之一就是开头提到的停机问题。我想绝大多数人刚接触停机问题的时候都有一个问题，图灵怎么能够想到这么诡异的证明，怎么能构造出那个诡异的“说停机又不停机，说不停机又停机”的悖论机器。马上我们就会看到，这其实只是对角线方法的一个直接结论。

还是从反证开始，我们假设存在这样一个图灵机，它能够判断任何程序在任何输入上是否停机。由于所有图灵机构成的集合是一个可列集（也就是说，我们可以逐一列出所有的图灵机，严格证明见我以前的一篇文章“图灵机杂思”），所以我们可以很自然地列出下表，它表示每个图灵机分别在每一个可能的输入（1,2,3,……）下的输出，N 表示无法停机，其余数值则表示停机后的输出：

	1	2	3	4 ……
M1	N	1	N	N ……
M2	2	0	N	0 ……
M3	0	1	2	0 ……
M4	N	0	5	N ……
……				

M1，M2，M3 ……是逐一列出的图灵机，并且，注意，由于程序即数据，每个图灵机都有唯一编码，所以我们规定在枚举图灵机的时候 Mi 其实就代表编码为 i 的图灵机，当然这里很多图灵机将会是根本没用的玩意，但这不要紧。此外，

最上面的一行 1 2 3 4 ……是输入数据，如，矩阵的第一行代表 M1 分别在 1，2，3，……上面的输出，不停机的话就是 N。

我们刚才假设存在这样一个图灵机 H，它能够判断任何程序在任何输入上能否停机，换句话说，H(i,j)（i 是 Mi 的编码）能够给出 "Mi(j)" 是 N（不停）呢还是给出一个具体的结果（停）。

我们现在来运用康托尔的对角线方法，我们构造一个新的图灵机 P，P 在 1 上的输出行为跟 M1(1) "不一样"，在 2 上的输出行为跟 M2(2) "不一样"，……总之 P 在输入 i 上的输出跟 Mi(i) 不一样。只需利用我们万能的 H，就不难构造出图灵机 P，如下：

```
P(i):
if( H(i, i) == 1 ) then // Mi(i) halts
  return 1 + Mi(i)
else // if H(i, i) == 0 (Mi(i) doesn’t halt)
  return 0
```

也就是说，如果 Mi(i) 停机，那么 P(i) 的输出就是 Mi(i)+1，如果 Mi(i) 不停机，P(i) 就停机且输出 0。这就保证了 P(i) 的输出行为跟 Mi(i) 反正不一样。现在，我们注意到 P 本身是一个图灵机，而我们上面已经列出了所有的图灵机，所以必然存在一个 k，使得 Mk = P。而两个图灵机相等当且仅当它们对于所有的输入都相等，也就是说对于任取的 n，有 Mk(n) = P(n)，现在令 n=k，得到 Mk(k)=P(k)，根据上面给出的 P 的定义，这实际上就是：

```
Mk(k) = P(k) =
  1+Mk(k) if Mk(k) halts
  0 if Mk(k) doesn’t halt
```

看到这个式子里蕴含的矛盾了吗？如果 Mk(k) 停机，那么 Mk(k)=1+Mk(k)；如果 Mk(k) 不停机，则 Mk(k)=0（给出结果 0 即意味着 Mk(k) 停机）；不管哪种情况都是矛盾。于是我们得出，不存在那样的 H。

这个对角线方法实际上说明了，无论多聪明的 H，总存在一个图灵机的停机行为是它无法判断的。这跟哥德尔定理“无论多‘完备’的形式化公理系统，都存在一个‘哥德尔命题’是无法在系统内推导出来的”从本质上其实是一模一样的。只不过我们一般把图灵的停机问题称为“可判定问题”，而把数学的称为“可证明问题”。

等等！如果我们把那个无法判定是否停机的图灵机作为算法的特例纳入我们的 H 当中呢？我们把得到的新的判定算法记为 H1。然而，可惜的是，在 H1 下，我们又可以相应地以同样的手法从 H1 构造出一个无法被它（H1）判定的图灵机来。你再加，我再构造，无论你加多少个特例进去，我都可以由同样的方式构造出来一个你无法够到的图灵机，以彼之矛，攻彼之盾。其实这也是哥德尔定理最深刻的结论之一，哥德尔定理其实就说明了无论你给出多少个公理，即无论你建立多么完备的公理体系，这个系统里面都有由你的那些公理出发所推导不到的地方，这些黑暗的角落，就是人类直觉之光才能照射到的地方！

本节我们从对角线方法证明了图灵的停机问题，我们看到，对角线方法能够揭示出某种自指结构，从而构造出一个“悖论图灵机”。实际上，对角线方法是一种有深远影响的方法，哥德尔的证明其实也是这个方法的一则应用。证明与上面的停机问题证明如出一辙，只不过把 Mi 换成了一个形式系统内的公式 fi，具体的证明就留给聪明的你吧。我们现在来简单地看一下这个奇妙方法的几个不那么明显的推论。

罗素悖论

学过逻辑的人大都知道著名的罗素悖论，罗素悖论用数学的形式来描述就是：

```
R = {X:X 不属于 X};
```

这个悖论最初是从康托尔的无穷集合论里面引申出来的。当初康托尔在思考无穷集合的时候发现可以称“一切集合的集合”，这样一个集合由于它本身也是一个集合，所以它就属于它自身。也就是说，我们现在可以称世界上存在一类属于自己的集合，除此之外当然就是不属于自己的集合了。而我们把所有不属于自己的集合收集起来做成一个集合 R，这就是上面这个著名的罗素悖论了。

我们来看 R 是否属于 R，如果 R 属于 R，根据 R 的定义，R 就不应该属于 R。而如果 R 不属于 R，则再次根据 R 的定义，R 就应该属于 R。

这个悖论促使了集合论的公理化。后来德国数学家策梅罗（Ernst Zermelo）公理化的集合论里面就不允许 X 属于 X。不过可惜的是，尽管如此还是没法证明这样的集合论不可能产生出新的悖论。而且永远没法证明——这就是哥德尔第二不完备性定理的结论——一个包含了 PA 的形式化公理系统永远无法在内部证明其自身的一致（无矛盾）性。从而希尔伯特想从元数学推出所有数学系统的一致性的企图也就失败了，因为元数学的一致性又得由元元数学来证明，后者的一致性又得由元元元数学来证明……

这里我们只关心罗素是如何想出这个绝妙的悖论的。还是对角线方法！我们罗列出所有的集合，S1，S2，S3 ……

```
     S1   S2   S3 ……
S1   0    1    1  ……
S2   1    1    0  ……
S3   0    0    0  ……
……
```

左侧纵向列出所有集合，顶行横向列出所有集合。0/1 矩阵的 (i,j) 处的元素表示 Si 是否包含 Sj，记为 Si(j)。现在我们只需构造一个新的 0/1 序列 L，它的第 i 位与矩阵的 (i,i) 处的值恰恰相反：L(i) = 1-Si(i)。我们看到，这个新的序列其实对应了一个集合，不妨也记为 L，L(i) 表示 L 是否包含 Si。根据 L 的定义，如果矩阵的 (i,i) 处值为 0（也就是说，如果 Si 不包含 Si），那么 L 这个集合就包含 Si, 否则就不包含。我们注意到这个新的集合 L 肯定等于某个 Sk（因为我们已经列出了所有的集合），L = Sk。既然 L 与 Sk 是同一集合，那么它们肯定包含同样的元素，从而对于任意 n，有 L(n) = Sk(n)。于是通过令 n=k，得到 L(k) = Sk(k)，而根据 L 的定义，L(k) = 1- Sk(k)。这就有 Sk(k) = 1-Sk(k)，矛盾。

通过抽象简化以上过程可以看到，我们构造的 L 其实是“包含了所有不包含它自身的集合的集合”，用数学的描述正是罗素悖论！

敏锐的你可能会注意到所有集合的数目是不可数的，从而根本不能 S1,S2……地一一列举出来。没错，但通过假设它们可以列举出来，我们发现了一个与可列性无关的悖论。所以这里的对角线方法其实可以说是一种启发式方法。

同样的手法也可以用于证明 P(A)（A 的所有子集构成的集合，也叫幂集）无法跟 A 构成一一对应。证明就留给你了。

希尔伯特第十问题结出的硕果

在 1900 年巴黎数学家大会上，希尔伯特提出了著名的希尔伯特第十问题，简言之，是否存在一个算法，能够计算任意丢番图方程是否有整根。要解决这个问题，就得先严格定义“算法”这一概念。为此图灵和丘齐分别提出了图灵机和 λ 演算这两个概念，它们从不同的角度抽象出了“有效（机械）计算”的概念，著名的图灵 - 丘齐命题就是说所有可以有效计算出来的问题都可以由图灵机计算出来。实际上我们已经看到，丘齐的 λ 演算其实就是数学推理系统的一个形式化。而图灵机则是把这个数学概念物理化了。而也正因为图灵机的概念隐含了实际的物理实现，所以冯·诺依曼才据此提出了奠定现代计算机的体系结构，它遵循的正是图灵机的概念。而“程序即数据”，这个发端于数学家哥德尔的不完备性定理的证明之中的理念，则早就在黑暗中预示了可编程机器的必然问世。

对角线方法——回顾

我们看到了对角线方法是如何简洁而深刻地揭示出自指或递归结构的。我们看到了著名的不完备性定理、停机问题、Y Combinator、罗素悖论等如何通过这一简洁优美的方法推导出来。这一诞生于康托尔的天才手法如同一条金色的丝线，将不同年代的伟大发现串联了起来，并且一直延续下去……

注：

1. λ 演算中的“停机问题”

实际上 λ 演算中也有“停机问题”的等价版本。其描述就是：不存在一个算法能够判定任意两个 lambda 函数是否等价。所谓等价当然是对于所有的 n，有 f(n)=g(n) 了。这个问题的证明更加能够体现对角线方法的运用，仍然留给读者你吧。

2. 本章起名“康托尔、哥德尔、图灵—永恒的金色对角线”是为了纪念看过的一本好书《哥德尔、埃舍尔、巴赫 —— 集异璧之大成》。

3. 关于图灵的停机问题、Y Combinator、哥德尔的不完备性定理及其他种种与康托尔的对角线之间的本质联系，很难查到完整系统的深入介绍，甚至像《皇帝新脑》也只是介绍了与图灵停机问题之间的联系（已经非常的难得了），Google 的结果也是基本没有头绪。很多地方都是一带而过让人干着急。所以看到很多地方介绍这些定理和构造的时候都弄得人晕头转向，在面对如 Y Combinator、不完备性定理、停机问题时，大部分人都把注意力放在力图理解它们是怎么运作的上面了，却看不到其本质上从何而来，如隔靴搔痒。这也是写这篇文章的主要动机之一。

扩展阅读

[1] 哥德尔请搜索“Gödel's incompleteness theorems”。

[2] Wikipedia：Lambda calculus。

[3] Wikipedia：Functional programming（函数式编程）。

[4] 参见文章:《图灵机杂思》。

[5] Wikipedia：Combinatory logic（组合逻辑）。

[6] Wikipedia：Diophantine equation（丢番图方程）。

[7] 参见 g9 文章:《lambda 算子 5b：How of Y》。

[8] 参见 g9 文章:《lambda 算子 1》。

[9] 参见 g9 文章:《lambda 算子 2》。

[10] 参见 g9 文章:《lambda 算子 3》。

索引

A

B

C

D

E

F

G

H

J

K

L

M

N

O

P

Q

R

S

T

W

X

Y

Z

参考文献

思维改变生活

阿朱 . 走出软件作坊 [M]. 北京：电子工业出版社，2009.

Alice Schroeder. 滚雪球：巴菲特和他的财富人生 [M]. 覃扬眉，丁颖颖，张万伟，张春明，张艳云，译 . 北京：中信出版社，2009.

Barry Schwartz. *The Paradox of Choice – Why More is Less* [M]. Harper Perennial，2005.

Carnegie. 人性的优点 [M]. 刘祜，译 . 北京：中国城市出版社，2006.

Chip Heath，Dan Heath. *Made to Stick: Why Some Ideas Take Hold and Others Come Unstuck* [M]. Random House Business Books，2007.

Chris Frith. *Making Up the Mind: How the Brain Creates Our Mental World* [M]. Wiley-Blackwell，2007.

Darwin. 人类和动物的情绪表达 [M]. 周邦立，译 . 北京：科学出版社，1958.

Darwin. 物种起源 [M]. 谢蕴贞，译 . 北京：新世界出版社，2007.

David M.Buss . 进化心理学 : 心理的新科学 [M]. 熊哲宏，张勇 ，晏倩，译 . 上海：华东师范大学出版社，2007.

Douglas Richard Hofstadter. 哥德尔、艾舍尔、巴赫—集异璧之大成 [M]. 郭维德，等，译 . 北京：商务印书馆，1996.

E. T. Jaynes. *Programming Ruby : The Pragmatic Programmers' Guide* [M]. Cambridge University Press，2003.

Elisabeth Freeman，Eric Freeman，Bert Bates，Kathy Sierra. *Head First Design Pattern* [M]. O'Reilly Media，2004.

Erich Gamma，Richard Helm，Ralph Johnson，John Vlissides. 设计模式：可复用面向对象软件的基础 [M]. 李英军，马晓星，蔡敏，刘建中，等，译 . 北京：机械工业出版社，2000.

Ellen Langer. 专注力 [M]. 徐佳，译 . 北京：中国人民大学出版社，2007.

格拉宁 . 奇特的一生 [M]. 侯焕闳，唐其慈，译 . 郑州：海燕出版社，2001.

Gary Belsky，Thomas Gilovich. *Why Smart People Make Big Money Mistakes and How to Correct : Lessons from the Life-Changing Science of Behavioral Economics* [M]. Simon & Schuster，2010.

Gary Marcus. *Kluge : The Haphazard Evolution of the Human Mind* [M]. Mariner Books，2009.

金出武雄 . 像外行一样思考，像专家一样实践—科研成功之道 [M]. 马金成，王国强，译 . 北京：电子工业出版社，2006.

Jeffrey E. F. Friedl. 精通正则表达式 [M]. 第 3 版 . 余晟，译 . 北京：电子工业出版社，2007.

Jon Bentley. 编程珠玑 [M]. 黄倩，译 . 北京：人民邮电出版社，2008.

科学松鼠会 . 当彩色的声音尝起来是甜的 [M]. 上海：上海三联书店，2009.

李笑来 . 把时间当作朋友：运用心智 获得解放 [M]. 北京：电子工业出版社，2009.

刘慈欣 . 三体 II：黑暗森林 [M]. 重庆：重庆出版社，2008.

Lauren Slater.20 世纪最伟大的心理学实验 [M]. 郑雅方，译 . 北京：中国人民大学出版社，2007.

Malcolm Gladwell. *Blink : The Power of Thinking Without Thinking* [M]. Back Bay Books，2007.

Malcolm Gladwell. *Outliers : The Story of Success* [M]. Paperback，2010.

Malcolm Gladwell. 引爆点 [M]. 钱清，覃爱东，译 . 北京：中信出版社，2006.

Mark A. Changizi1，Andrew Hsieh，Romi Nijhawan，Ryota Kanai，Shinsuke Shimojo，*Perceiving the Present and a Systematization of Illusions* [M]. Cognitive Science Society，Inc，2008.

Martin Aigner，Günter M. Ziegler，*Proofs from THE Book* [M]. Springer，2003.

Morris Kline. 数学：确定性的丧失 [M]. 李宏魁，译 . 长沙：湖南科学技术出版社，1997.

Norman Doidge，*The Brain That Changes Itself : Stories of Personal Triumph from the Frontiers of Brain Science （James H. Silberman Books)* [M]. Viking Adult，2007.

Robert E. Franken. 人类动机 [M]. 郭本禹，等，译 . 西安：陕西师范大学出版社，2005.

Richard H. Thaler，Cass R. Sunstein. *Nudge : Improving Decisions About Health*[M]，Wealth，and Happiness. Penguin (Non-Classics)，2009.

Richard J. Gerrig, Philip George Zimbardo. 心理学与生活 [M]. 王垒，王甦，等，译 . 北京: 人民邮电出版社，2003.

Robert Axelrod. 合作的进化 [M]. 修订版 . 吴坚忠，译 . 上海：上海人民出版社，2007.

Robert Sedgewick，Kevin Wayne. *Algorithms* [M]. Addison-Wesley Educational Publishers Inc，2010.

Roger Penrose. *The Emperor's New Mind : Concerning Computers，Minds，and the Laws of Physics* [M]. Oxford University Press，New York，1990.

Russell，Nouwen. 人工智能：一种现代方法 [M]. 英文版 . 北京：人民邮电出版社，2002.

Stephen Covey. 高效能人士的七个习惯 [M]. 高新勇，王亦兵，葛雪蕾，译 . 北京：中国青年出版社，2008.

Terry Burnham，Jay Phelan. *Mean Genes : From Sex to Money to Food : Taming Our Primal Instincts* [M]. Perseus Publishing，2000.

V. S. Ramachandran，Sandra Blakeslee. *Phantoms in the Brain : Probing the Mysteries of the Human Mind* [M]. Harper Perennial，1999.

奚恺元 . 撬动幸福 [M]. 北京：中信出版社，2008.

Zbigniew Michalewicz，David B.Fogel. 如何解题：现代启发式方法 [M]. 曹宏庆，译 . 北京：中国水利水电出版社，2003.

判断与决策

Carol Tavris，Elliot Aronson. *Mistakes were Made，but not by Me : Why We Justify Foolish Beliefs，Bad Decisions，and Hurtful Acts* [M]. Mariner Books，2008.

Dan Ariely. 怪诞行为学 [M]. 赵德亮，夏蓓洁，译 . 北京：中信出版社，2008.

Dietrich dorner. 失败的逻辑：事情因何出错，世间有无妙策 [M]. 王志刚，译 . 上海：上海科技教育出版社，1999.

Gerd Gigerenzer，Reinhard Selten . *Bounded Rationality : The Adaptive Toolbox* [M]. The MIT Press，2002.

Gerd Gigerenzer. *Rationality for Mortals : How People Cope with Uncertainty （Evolution and Cognition）*[M]. Oxford University Press，2008.

Gerd Gigerenzer. *Gut Feelings : The Intelligence of the Unconscious* [M]. Viking Adult，2007.

Nassim Nicholas Taleb. 黑天鹅：如何应对不可知的未来 [M]. 万丹，译 . 北京：中信出版社，2008.

Ori Brafman，Rom Brafman. *Sway : The Irresistible Pull of Irrational Behavior* [M]. Broadway Business，2008.

Ori Brafman，Rom Brafman. 摇摆: 难以抗拒的非理性诱惑 [M]. 鲁刚伟，何伟，译 . 北京: 中信出版社，2009.

Scott Plous. 决策与判断 [M]. 施俊琦，王星，译 . 北京：人民邮电出版社，2004.

奚恺元 . 别做正常的傻瓜 [M]. 北京：机械工业出版社，2006.

思考的技术与艺术

Daniel L.Schacter. 找寻逝去的自我 [M]. 高申春，译 . 长春：吉林人民出版社，1998.

Donald C.Gause;Gerald M.Weinberg . 你的灯亮着吗？发现问题的真正所在 [M]. 章柏幸，刘敏，译 . 北京：清华大学出版社，2003.

Elliot Aronson. 社会性动物 [M]. 邢占军，译 . 上海：华东师范大学出版社，2007.

Eric R. Kandel. 追寻记忆的痕迹 [M]. 罗跃嘉，译 . 北京：中国轻工业出版社，2007.

G. Polya. 数学与猜想 [M]. 李心灿，王日爽，李志尧，译 . 北京：科学出版社，2001.

George Polya，*How To Solve It : A New Aspect of Mathematical Method* [M]. Princeton University Press，1973.

George Polya. 数学的发现：对解题的理解、研究和讲授 [M]. 刘景麟，曹之江，邹清莲，译 . 北京：科学出版社，2006.

Gilovich，Thomas. *How We Know What Isnt So : The Fallibility of Human Reason in Everyday Life* [M]. Simon & Schuster，1993.

Jacques Hadamard. *The Psychology of Invention in the Mathematical Field* [M]. Dover Publications，1954.

Jamie Whyte. *Crimes Against Logic：Exposing the Bogus Arguments of Politicians，Priests，Journalists，and Other Serial Offenders* [M]. McGraw-Hill，2006.

Janet E. Davidson，Robert J. Sternberg. *Psychology of Problem Solving* [M]. Cambridge University Press，2003.

Jonah Lehrer. *How We Decide* [M]. Houghton Mifflin Co，2009.

Keith E. Stanovich. 与“众”不同的心理学 [M]. 范照，邹智敏，译 . 北京：中国轻工业出版社，2005.

Lakatos. 证明与反驳：数学发现的逻辑 [M]. 康宏逵，译 . 上海：上海译文出版社，1987.

Neil Browne, Stuart M. Keeley . *Asking the Right Questions : A Guide to Critical Thinking (8th Edition)* [M]. Prentice Hall，2006.

Robert Cialdini. 影响力 [M]. 陈叙，译 . 北京：中国人民大学出版社，2006.

Robert J. Gula. Nonsense：*A Handbook of Logical Fallacies* [M]. Axios Press，2002.

Simon Singh. 费马大定理：一个困惑了世间智者 358 年的谜 [M]. 薛密，译 . 上海：上海译文出版社，2005.

Terence Tao. *Solving Mathematical Problems* : *A Personal Perspective* [M]. Oxford University Press，2006.

图书在版编目（CIP）数据

暗时间 ： 思维改变生活 ： 第 2 版纪念版 / 刘未鹏著 . 3 版 . -- 北京 ： 电子工业出版社 , 2025. 10. -- ISBN 978-7-121-51116-5

Ⅰ . B84-49

中国国家版本馆 CIP 数据核字第 2025072KR9 号

策划编辑：周 筠
责任编辑：张 昭
印 刷：北京启航东方印刷有限公司
装 订：北京启航东方印刷有限公司
出版发行：电子工业出版社
北京市海淀区万寿路 173 信箱 邮编：100036
开 本：720×1000 1/16 印张：24 字数：499.2 千字
版 次：2011 年 8 月第 1 版
2025 年 10 月第 3 版
印 次：2025 年 10 月第 1 次印刷
印 数：1 ～ 10000 册 定价：98.00 元

凡所购买电子工业出版社图书有缺损问题，请向购买书店调换。若书店售缺，请与本社发行部联系，联系及邮购电话：（010）88254888，88258888。

质量投诉请发邮件至 zlts@phei.com.cn，盗版侵权举报请发邮件至 dbqq@phei.com.cn。

本书咨询联系方式：（010）88254210，influence@phei.com.cn，微信：yingxianglibook。